CMOS 模拟集成电路版图设计与验证

——基于 Cadence Virtuoso 与 Mentor Calibre

尹飞飞　陈铖颖　范　军　王　鑫　编著

电子工业出版社.

Publishing House of Electronics Industry

北京·BEIJING

内 容 简 介

本书依托 Cadence Virtuoso 版图设计工具与 Mentor Calibre 版图验证工具，采取循序渐进的方式，介绍利用 Cadence Virtuoso 与 Mentor Calibre 进行 CMOS 模拟集成电路版图设计、验证的基础知识和方法，内容涵盖了 CMOS 模拟集成电路版图基础知识，Cadence Virtuoso 与 Mentor Calibre 的基本概况、操作界面和使用方法，CMOS 模拟集成电路从设计到流片的完整流程，同时又分章介绍了利用 Cadence Virtuoso 版图设计工具、Mentor Calibre 版图验证工具及 Synopsys Hspice 电路仿真工具进行 CMOS 电路版图设计与验证、后仿真的实例，包括运算放大器、带隙基准源、低压差线性稳压源、比较器和输入/输出单元。

本书通过实例讲解，可使读者深刻了解 CMOS 电路版图设计和验证的规则、流程和基本方法。本书适合从事 CMOS 模拟集成电路设计的工程技术人员阅读使用，也可作为高等院校相关专业的教学用书。

图书在版编目（CIP）数据

CMOS 模拟集成电路版图设计与验证：基于 Cadence Virtuoso 与 Mentor Calibre / 尹飞飞等编著. —北京：电子工业出版社，2016.9

ISBN 978-7-121-29807-3

Ⅰ．①C… Ⅱ．①尹… Ⅲ．①CMOS 电路—电路设计 Ⅳ．①TN432.02

中国版本图书馆 CIP 数据核字（2016）第 203214 号

责任编辑：张　剑（zhang@phei.com.cn）

印　　刷：北京七彩京通数码快印有限公司

装　　订：北京七彩京通数码快印有限公司

出版发行：电子工业出版社

　　　　　北京市海淀区万寿路 173 信箱　邮编　100036

开　　本：787×1092　1/16　印张：17　字数：435 千字

版　　次：2016 年 9 月第 1 版

印　　次：2025 年 5 月第 25 次印刷

定　　价：48.00 元

凡所购买电子工业出版社图书有缺损问题，请向购买书店调换。若书店售缺，请与本社发行部联系，联系及邮购电话：(010) 88254888，88258888。

质量投诉请发邮件至 zlts@phei.com.cn，盗版侵权举报请发邮件至 dbqq@phei.com.cn。

本书咨询联系方式：zhang@phei.com.cn。

前　言

集成电路（Integrated Circuit，IC）芯片作为 21 世纪信息社会的基石，在国民经济、国防建设及日常生活中发挥着不可替代的重要作用。版图设计与验证是集成电路设计中最重要的环节，对集成电路芯片的功能和性能的实现起着决定性作用。

本书依据 CMOS 模拟集成电路版图设计和验证的基本流程，依托 Cadence Virtuoso 版图设计工具、Mentor Calibre 物理验证工具和 Synopsys Hspice 电路仿真工具，结合实例详细介绍了运算放大器等多类基本电路的版图设计、验证及后仿真的方法，以供学习 CMOS 模拟集成电路版图设计与仿真的读者参考讨论之用。

本书内容分为 3 部分，共 8 章。

第 1 章介绍了 CMOS 模拟集成电路工艺基础和 CMOS 模拟集成电路设计的基本流程，并讨论了 CMOS 模拟集成电路版图的概念、设计、验证流程及通用的设计规则，使读者对版图设计有一个概括性的了解。

第 2 章至第 4 章详细介绍了 Cadence Virtuoso 版图设计工具、Mentor Calibre 物理验证工具及完整的 CMOS 模拟集成电路设计、验证流程。

第 5 章至第 8 章在分析各类电路概念和原理的基础上，通过实例介绍利用 Cadence Virtuoso 版图设计工具、Mentor Calibre 物理验证工具及 Synopsys Hspice 电路仿真工具进行运算放大器、带隙基准源、低压差线性稳压源、比较器和 I/O 单元等多类基本电路版图设计和后仿真方法。

本书内容丰富，具有较强的实用性。本书由辽宁大学物理学院尹飞飞老师主持编写，中国科学院微电子研究所助理研究员陈铖颖、高级工程师范军和北京中电华大电子设计有限责任公司工程师王鑫一同参与完成。其中，尹飞飞编写了第 2 章至第 5 章，陈铖颖编写了第 1 章和第 6 章，范军编写了第 7 章，王鑫编写了第 8 章。此外，北方工业大学微电子系戴澜副教授，北京理工大学微电子技术研究所王兴华老师，中国科学院微电子研究所胡晓宇副研究员、刘海南副研究员、辛卫华高级工程师、张锋副研究员、蒋见花副研究员，长沙航空职业技术学院李仲秋老师参与了全书的策划和审定。同时感谢北京立博信荣科技有限公司高级工程师王晶、华大九天科技有限公司工程师梁曼、中国科学院微电子研究所姚穆和杨亚光等在文稿审校、章节架构、查找资料和文档整理方面付出的辛勤劳动，正是有了大家的共同努力，才使本书得以顺利完成。

由于本书涉及知识面较广，加之时间和编者水平有限，书中难免存在不足和局限，恳请读者批评指正。

编著者

目　　录

第1章　CMOS 模拟集成电路版图基础

进入 21 世纪以来，互补金属氧化物半导体（Complementary Metal Oxide Semiconductor，CMOS）技术已成为集成电路（Integrated Circuit，IC）制造的主流工艺，其发展已进入深亚微米和片上系统（System-On-Chip，SOC）时代。CMOS 模拟集成电路不同于传统意义上的模拟电路，不再需要通过规模庞大的印制电路板（PCB）系统来实现电路功能，而是将数以万计的晶体管、电阻、电容或电感集成在一个仅数平方毫米的半导体芯片上。正是这种神奇的技术构成了人类信息社会的基础，而将这种奇迹带入现实的重要一环就是 CMOS 模拟集成电路版图技术。

CMOS 模拟集成电路版图是 CMOS 模拟集成电路的物理实现，是设计者需要完成的最后一道设计程序。它不仅关系到 CMOS 模拟集成电路的功能，而且也在很大程度上决定了电路的各项性能、功耗和生产成本。任何一个性能优秀芯片的诞生，都离不开集成电路版图的精心设计。

与数字集成电路版图全定制的设计方法不同，CMOS 模拟集成电路版图可以看做是一项具有艺术性的技术，它不仅需要设计者具有半导体工艺和电路系统原理的基本知识，更需要设计者自身的创造性、想象力，甚至是艺术性。这种技能既需要一定的天赋，也需要长期工作经验和知识结构的积累才能掌握。

本书将以 CMOS 模拟集成电路版图为切入点，介绍 CMOS 模拟集成电路版图的基础知识、EDA 工具、版图设计技巧等，使读者能在尽可能短的时间内掌握 CMOS 模拟集成电路版图设计的工具和基本规律、技巧。

1.1　CMOS 工艺基础及制造流程

CMOS 器件是 NMOS 和 PMOS 晶体管形成的互补结构，具有电流小、功耗低的特点。CMOS 器件具有多种不同的结构，如铝栅和硅栅 CMOS，以及 p 阱、n 阱和双阱 CMOS。铝栅 CMOS 和硅栅 CMOS 的主要差别是器件的栅极结构所用材料的不同。

p 阱 CMOS 是在 n 型硅衬底上制造 p 沟管，在 p 阱中制造 n 沟管，其阱可采用外延法、扩散法或离子注入法形成。该工艺应用得最早，也是应用得最广泛的工艺，适用于标准 CMOS 电路及 CMOS 与双极 npn 兼容的电路。

n 阱 CMOS 是在 p 型硅衬底上制造 n 沟晶体管，在 n 阱中制造 p 沟晶体管，其阱一般采用离子注入法形成。该工艺可使 NMOS 晶体管的性能最优化，适用于制造以 NMOS 为主的 CMOS，以及 E/D−NMOS 和 p 沟 MOS 兼容的 CMOS 电路。

双阱 CMOS 是在低阻 n＋衬底上再外延一层中高阻 n-硅层，然后在外延层中制造 n 阱和 p 阱，并分别在 n 阱、p 阱中制造 p 沟晶体管和 n 沟晶体管，从而使 PMOS 晶体管和 NMOS 晶体管都在高阻、低浓度的阱中形成，有利于降低寄生电容，增加跨导，增强 p 沟晶体管和 n 沟晶体管的平衡性，适用于高性能电路的制造。

下面以一个标准单层多晶硅两层金属 CMOS 器件为例，介绍标准的 CMOS 工艺流程。

1）初始清洗　就是将晶圆放入清洗槽中，利用化学或物理方法将在晶圆表面的尘粒或杂质去除，防止这些杂质尘粒对后续制造工艺造成影响。

2）前置氧化　利用热氧化法生长一层二氧化硅（SiO_2）薄膜，目的是为了降低后续生长氮化硅（Si_3N_4）薄膜工艺中的应力。氮化硅具有很强的应力，会影响晶圆表面的结构，因此要在这一层 Si_3N_4 及硅晶圆之间生长一层 SiO_2 薄膜，以此来减缓氮化硅与硅晶圆间的应力。

3）淀积 Si_3N_4　利用低压化学气相沉积（LPCVD）技术，沉积一层 Si_3N_4，用来作为离子注入的掩模板，同时在后续工艺中定义 p 阱的区域。

4）p 阱的形成　将光刻胶涂在晶圆上后，利用光刻技术，将所要形成的 p 型阱区的图形定义出来，即将所要定义的 p 型阱区的光刻胶去除。

5）去除 Si_3N_4　利用干法刻蚀的方法将晶圆表面的 Si_3N_4 去除。

6）p 阱离子注入　利用离子注入技术，将硼打入晶圆中，形成 p 阱；接着利用无机溶液（如硫酸）或干式臭氧烧除法将光刻胶去除。

7）p 阱退火及氧化层的形成　将晶圆放入炉管中进行高温处理，以达到硅晶圆退火的目的，并顺便形成一层 n 阱的离子注入掩模层，以阻止后续步骤中（n 阱离子注入）n 型掺杂离子被打入 p 阱内。

8）去除 Si_3N_4　利用热磷酸湿式蚀刻方法将晶圆表面的 Si_3N_4 去除掉。

9）n 阱离子注入　利用离子注入技术，将磷打入晶圆中，形成 n 阱。而在 p 阱的表面上，由于有一层 SiO_2 膜保护，所以磷元素不会打入 p 阱中。

10）n 阱退火　离子注入后，会严重破坏硅晶圆晶格的完整性。所以掺杂离子注入后的晶圆必须经过适当的处理以回复原始的晶格排列。退火就是利用热能来消除晶圆中晶格缺陷和内应力，以恢复晶格的完整性，同时使注入的掺杂原子扩散到硅原子的替代位置，使掺杂元素产生电特性。

11）去除 SiO_2　利用湿法刻蚀方法去除晶圆表面的 SiO_2。

12）前置氧化　利用热氧化法在晶圆上形成一层薄的氧化层，以减轻后续 Si_3N_4 沉积工艺所产生的应力。

13）Si_3N_4 的淀积　利用 LPCVD 技术淀积 Si_3N_4 薄膜，用于定义出元器件隔离区域，使不被 Si_3N_4 遮盖的区域可被氧化而形成组件隔离区。

14）元器件隔离区的掩模形成　利用光刻技术，在晶圆上涂覆光刻胶，进行光刻胶曝光与显影，接着将氧化绝缘区域的光刻胶去除，以定义出元器件隔离区。

15）Si_3N_4 的刻蚀　以活性离子刻蚀法去除氧化区域上的 Si_3N_4，再将所有光刻胶去除。

16）元器件隔离区的氧化　利用氧化技术，长成一层 SiO_2 膜，形成元器件的隔离区。

17）去除 Si_3N_4　利用热磷酸湿式蚀刻的方法将其去除。

18）利用氢氟酸（HF）去除电极区域的氧化层　除去 Si_3N_4 后，将晶圆放入 HF 化学槽中，去除电极区域的氧化层，以便能在电极区域重新成长品质更好的 SiO_2 薄膜作为电极氧化层。

19）电极氧化层的形成　此步骤为制作 CMOS 的关键工艺，即利用热氧化法在晶圆上形成高品质的 SiO_2 作为电极氧化层。

20）电极多晶硅的淀积　利用 LPCVD 技术在晶圆表面沉积多晶硅，以作为连接导线的电极。

21）电极掩模的形成　在晶圆上涂覆光刻胶，再利用光刻技术将电极区域定义出来。

22）活性离子刻蚀　利用活性离子刻蚀技术刻蚀出多晶硅电极结构，再将表面的光刻胶去除。

23）热氧化　利用氧化技术，在晶圆表面形成一层氧化层。

24）NMOS 源极和漏极形成　涂覆光刻胶后，利用光刻技术形成 NMOS 源极与漏极区域的屏蔽，再利用离子注入技术将砷元素注入源极与漏极区域，而后将晶圆表面的光刻胶去除。

25）PMOS 源极和漏极形成　利用光刻技术形成 PMOS 源极及漏极区域的屏蔽后，再利用离子注入技术将硼元素注入源极及漏极区域，而后将晶圆表面的光刻胶去除。

26）未掺杂的氧化层化学气相淀积　利用等离子体增强化学气相沉积（PECVD）技术沉积一层无掺杂的氧化层，保护元器件表面，使其免于受后续工艺的影响。

27）CMOS 源极和漏极的活化与扩散　利用退火技术，对经离子注入过的漏极和源极进行电性活化及扩散处理。

28）淀积含硼磷的氧化层　加入硼磷杂质的 SiO_2 有较低的熔点，当硼磷氧化层被加热到 800℃时会有软化流动的特性，可以利用这个特性进行晶圆表面初级平坦化，以利于后续光刻工艺条件的控制。

29）接触孔的形成　涂覆光刻胶，利用光刻技术形成第一层接触金属孔的屏蔽；再利用活性离子刻蚀技术刻蚀出接触孔。

30）溅镀 Metal1　利用溅镀技术，在晶圆上溅镀一层钛/氮化钛/铝/氮化钛的多层金属膜。

31）定义出第一层金属的图形　利用光刻技术，定义出第一层金属的屏蔽，然后利用活性离子刻蚀技术将铝金属刻蚀出金属导线的结构。

32）淀积 SiO_2　利用 PECVD 技术，在晶圆上沉积一层 SiO_2 介电质作为保护层。

33）涂上 SiO_2　将流态的 SiO_2（Spin on Glass，SOG）旋涂在晶圆表面上，使晶圆表面平坦化，以利于后续光刻工艺条件的控制。

34）将 SOG 烘干　由于 SOG 是将 SiO_2 溶于溶剂中，因此必须要将溶剂加热去除。

35）淀积介电层　淀积一层介电层在晶圆上。

36）Metal2 接触通孔的形成　利用光刻技术及活性离子刻蚀技术制作通孔（Via），以作为两个金属层之间连接的通道，之后去掉光刻胶。

37）Metal2 的形成　沉积第二层金属膜在晶圆上，利用光刻技术制作出第二层金属的屏蔽，然后蚀刻出第二层金属连接结构。

38）淀积保护氧化层　利用 PECVD 技术沉积出保护氧化层。

39）Si_3N_4 的淀积　利用 PECVD 技术沉积出 Si_3N_4 膜，形成保护层。

40）金属焊盘的形成　利用光刻技术在晶圆表层制作金属焊盘（Pad）的屏蔽图形。利用活性离子蚀刻技术蚀刻出焊盘区域，以作为后续集成电路封装工艺的连接焊线的接触区。

41）将元器件予以退火处理　目的是让元器件有最优化的金属电性接触与可靠性，至此就完成一个 CMOS 晶体管的工艺制作。

1.2　CMOS 模拟集成电路设计流程

　　模拟电路设计技术作为工程技术中最为经典和传统的"艺术"形式，仍然是许多复杂高性能系统中不可替代的设计方法。CMOS 模拟集成电路设计与传统分立元器件模拟电路设计最大的不同在于，所有的有源和无源元器件都是制作在同一个半导体衬底上，尺寸极其微小，无法再用 PCB 进行设计验证。因此，设计者必须采用计算机仿真和模拟的方法来验证电路性能。模拟集成电路设计包括若干个阶段，图 1-1 所示的是 CMOS 模拟集成电路设计流程。该流程包括系统规格定义、电路设计、电路仿真模拟、版图实现、物理验证、参数提取后仿真、导出设计文件（流片）、芯片制造、测试和验证。

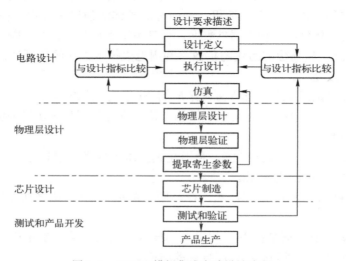

图 1-1　CMOS 模拟集成电路设计流程

　　一个设计流程是从系统规格定义开始的，设计者在这个阶段就要明确设计的具体要求和性能参数。下一步就是对电路应用模拟仿真的方法评估电路性能，这时可能要根据仿真结果对电路作进一步改进，反复进行仿真。一旦电路性能的仿真结果能够满足设计要求，就需要进行另一个主要设计工作——电路的版图设计。完成版图设计并经过物理验证后，需要将布局、布线形成的寄生效应考虑进去，然后再次进行计算机仿真。如果仿真结果仍满足设计要求，即可进行芯片制造。

　　与用分立元器件设计模拟电路不同的是，集成化的模拟电路设计不能用搭建线路板的方式进行。随着电子设计自动化（EDA）技术的发展，上述设计步骤都是通过计算机辅助进行的。通过计算机的模拟仿真，可在线路中的任何点监测信号，还可将反馈回路打开，也可比较容易地修改线路。但是计算机模拟仿真也存在一些限制，如模型的不完善，程序求解由于不收敛而得不到结果等。

　　1）系统规格定义　在这个阶段，系统工程师将整个系统及其子系统看做是一个个仅有输入/输出（I/O）关系的"黑盒子"，不仅要对其中的每个"黑盒子"进行功能定义，而且还要提出时序、功耗、面积、信噪比等性能参数要求。

2）**电路设计**　根据设计要求，设计者首先要选择合适的工艺库，然后合理地构架系统。由于 CMOS 模拟集成电路的复杂性和多样性，目前还没有 EDA 厂商能够提供完全解决 CMOS 模拟集成电路设计自动化的工具，因此基本上所有的模拟电路仍然通过手工设计来完成。

3）**电路仿真**　设计工程师必须确认设计是正确的，为此要基于晶体管模型，借助 EDA 工具进行电路性能的评估和分析。在这个阶段，要依据电路仿真结果来修改晶体管参数。依据工艺库中参数的变化来确定电路工作的区间和限制，验证环境因素的变化对电路性能的影响，最后还要通过仿真结果指导下一步的版图实现。

4）**版图实现**　电路的设计及仿真决定其组成及相关参数，但并不能直接送往晶圆代工厂进行制作。设计工程师需提供集成电路的物理几何描述，即通常所说的"版图"。这个环节就是要把设计的电路转换为图形描述格式。CMOS 模拟集成电路通常是以全定制方法进行手工的版图设计。在设计过程中，需要考虑设计规则、匹配性、噪声、串扰、寄生效应等对电路性能和可制造性的影响。虽然现在出现了许多高级的全定制辅助设计方法，但仍无法保证手工设计对版图布局和各种效应的考虑全面性。

5）**物理验证**　版图的设计是否满足晶圆代工厂的制造可靠性需求？从电路转换到版图是否引入了新的错误？物理验证阶段将通过设计规则检查（Design Rule Check，DRC）和版图网表与电路原理图的比对（Layout Versus schematic，LVS）解决上述两类验证问题。DRC 用于保证版图在工艺上的可实现性。它以给定的设计规则为标准，对最小线宽、最小图形间距、孔尺寸、栅和源漏区的最小交叠面积等工艺限制进行检查。LVS 用于保证版图的设计与其电路设计的匹配。LVS 工具从版图中提取包含电气连接属性和尺寸大小的电路网表，然后与原理图得到的电路网表进行比较，检查二者是否一致。

6）**参数提取后仿真**　在版图完成前的电路模拟都是比较理想的仿真，并不包含来自版图中的寄生参数，被称为"前仿真"；加入版图中的寄生信息进行的仿真被称为"后仿真"。相对数字集成电路来说，CMOS 模拟集成电路对寄生参数更敏感，因此前仿真结果满足设计要求并不代表后仿真结果仍能满足设计要求。在深亚微米阶段，寄生效应更加明显，因此后仿真分析尤为重要。与前仿真一样，当后仿真结果不满足要求时，需要修改晶体管参数，甚至某些地方的结构也要修改。对于高性能的设计，这个过程是需要多次反复进行的，直到后仿真满足系统的设计要求为止。

7）**导出流片数据**　通过后仿真后，设计的最后一步就是导出版图数据（GDSII）文件，将该文件提交给工艺厂进行芯片的制造。

1.3　CMOS 模拟集成电路版图定义

CMOS 模拟集成电路版图设计是对已创建电路网表进行精确的物理描述的过程，这一过程满足由设计流程、制造工艺及电路性能仿真验证为可行所产生的约束。这一过程包括了诸多信息含义，下面分别进行介绍。

☺ 创建：创建表示从无到有。与电路图的设计一样，版图创建使用图形实例来体现转化实现过程的创造性，且该创造性通常具有特异性。不同的设计者或工艺去实现同一个电路，也往往会得到完全不同的版图设计。

☺ 电路网表：电路网表是版图实现的先决条件，二者可以比喻为装扮完全不同的同一个体，神似而形异。

☺ 精确：虽然版图设计是一个需要创造性的过程，但版图的首要要求是在晶体管、电阻、电容等元器件图形及其连接关系上与电路图是完全一致的。

☺ 物理描述：版图技术是依据晶体管、电阻、电容等元器件及其连接关系在半导体硅片上进行绘制的技术，也是对电路的实体化描述或物理描述。

☺ 过程：版图设计是一个具有复杂步骤的过程，为了最优化设计结果，必须遵守一定的逻辑顺序。基本的顺序包括版图布局、版图绘制、规则检查等。

☺ 满足：指的是满足一定的设计要求，而不是尽可能最小化或最优化设计。为了达到这个目的，设计过程中需要做很多的折中，如可靠性、可制造性、可配置性等。

☺ 设计流程所产生的约束：这些约束包括建立一系列准则，建立这些准则的目的是为了使在设计流程中用到的设计工具可以有效地应用于整个版图。例如，一些数字版图设计工具以标准最小间距连接、布线，而模拟版图的则不一定如此。

☺ 制造工艺产生的约束：这些约束包括如金属线最小线宽、最小密度等版图设计规则，这些准则能提高版图的总体质量，从而提高制造良率和芯片性能。

☺ 电路性能仿真验证为可行产生的约束：在电路设计之初，设计者并不知道版图设计的细节，如面积、模块间线长等，那么就需要做出一定的假设，然后再将这些假设传递给版图设计者，对版图进行约束。版图设计者也必须将版图实现后的相关信息反馈给电路设计者，以便再次进行电路仿真验证。这个过程反复迭代，直到满足设计要求为止。

1.4　CMOS 模拟集成电路版图设计流程

图 1-2 所示的是 CMOS 模拟集成电路版图设计通用流程，主要包括版图规划、设计实现、版图验证和版图完成 4 个步骤。

1）版图规划　该步骤是进行版图设计的第一步。在该步骤中，设计者必须尽可能储备有关版图设计的基本知识，并考虑到后续 3 个步骤中需要准备的材料及记录的文档。准备的材料通常包括工艺厂提供的版图设计规则、验证文件，以及版图设计工具包和软件准备等；需要记录的文档包括模块电路清单、版图布局规划方案、设计规则、验证检查报告等。

2）设计实现　该步骤是版图设计中最重要的一步，设计者依据电路图对版图进行规划、布局、元器件/模块摆放及连线设计。这一过程又可以细分为"自顶向下规划"和"自底向上实现"两个步骤。概括地说，设计者首先会对模块位置和布线通道进行规划和考虑；之后，设计者就可以从底层模块开始，将其逐一放入规划好的区域内，然后进行连线设计，从而实现整体版图。相比于顶层规划布局，底层模块设计任务要容易一些，因为一个合理的规划，会使得底层连线变得容易实现。

3）版图验证　主要包括设计规则检查（DRC）、电路与版图一致性检查（LVS）、电学规则检查（Electrical Rule Check，ERC）和天线规则检查（Antenna Rule Check，ARC）4 个方面。这些检查主要是依靠工艺厂提供的规则文件来完成的，在计算机中通过验证工具来完成检查。但一些匹配性设计检查、虚拟管设计检查等仍需要设计者人工进行检查。

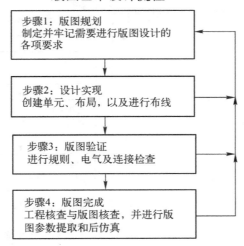

图 1-2　CMOS 模拟集成电路版图设计通用流程

4）版图完成　在该步骤中，首先是将版图提取成可供后仿真的电路网表，并进行电路后仿真验证，以保证电路的功能和性能。最后再导出可供工艺厂进行生产的数据文件，同时设计者还需要提供相应的记录文档和验证检查报告，并最终确定所有的设计要求和文档均没有遗漏。

上述 4 个步骤并不是以固定顺序进行实现的，就像流程图中右侧向上的箭头，任何一个步骤的修改都需要返回上一步骤重新进行。一个完整的设计往往需要上述步骤的多次反复才能完成。

1.4.1　版图规划

图 1-3 所示的是版图规划中细分的 5 个子步骤，即确定电源网格和全局信号，定义 I/O 信号，特殊设计考虑，模块层次划分和尺寸估计，以及版图设计完整性检查。就实际工程而言，还有一个隐含步骤，就是设计者应当熟悉所要设计版图对应的电路结构，并尽可能参考现有的、成熟的版图设计，这样才可以使设计更加优化。

1）确定电源网格和全局信号　版图中电源连线往往纵横交错，所以被称为电源网格。规划中必须考虑从接口到该设计的各子电路模块之间的电源电阻，特别要注意电源线的宽度。同时，也应该注意阱接触孔和衬底接触孔通常都是连接到电源上的，因此与其相关的版图设计策略也必须加以考虑。

2）定义 I/O 信号　设计者必须列出所有的 I/O 信号，并在该设计与相邻设计之间的接口处为每个信号指定版图位置和分配连接线宽。同时，设计者还需要对时钟信号、信号总线、关键路径信号及屏蔽信号进行特殊考虑。

3）特殊设计考虑　在设计中往往需要处理一些特殊的设计要求，如版图对称性、闩锁保护、防天线效应等，尤其是对关键信号的布线和线宽要着重考虑。

4）模块层次划分和尺寸估计　该子步骤中，设计者可以依据工艺条件和设计经验，将整体版图进行子电路模块划分和尺寸估算，这样有助于确定最终版图所占据的芯片面积。在这个过程中，还需要预留一些可能添加的信号和布线通道面积。

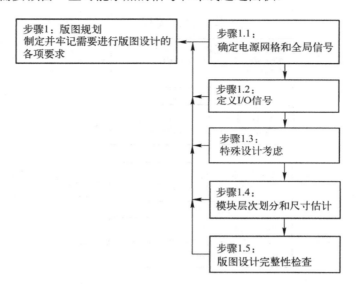

图 1-3　版图规划的子步骤

5）版图设计完整性检查　该子步骤的目的是确定版图设计所有流程中的要求都被很好地满足了，这些要求包括与电路设计、版图设计准则及工艺条件相关所带来的设计约束。当所有这些要求或约束被满足时，最终对版图进行生产、封装和测试的步骤才可以顺利地进行。

1.4.2　设计实现

图 1-4 所示的是版图设计实现细分的 3 个子步骤，包括设计子模块单元并对其进行布局，考虑特殊的设计要求，以及完成子模块间的互连。

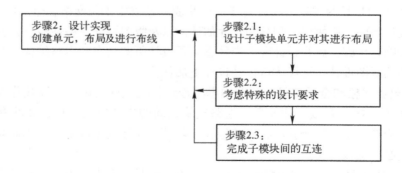

图 1-4　设计实现的子步骤

1）设计子模块单元并对其进行布局　在子步骤 2.1 中，设计者首先要完成子电路模块内晶体管的布局和互连，这一过程是版图设计最底层的一步。在完成该子步骤的基础上，设计者就可以考虑整体版图的布局设计了。因为整个芯片版图能否顺利完成，很大程度上受限于各个子模块单元的布局情况，这些子模块单元不仅包括设计好的子电路模块，还包括接触孔、电源线和一些信号接口的位置。一个良好的布局，既有利于整体的布线设计，也有利于串扰、噪声信号的消除。

2）考虑特殊的设计要求　在子步骤 2.1 的基础上，子步骤 2.2 可以看做是更精细化的布局设计。设计者在该子步骤中主要考虑如关键信号走线、衬底接触、版图对称性、闩锁效应消除及减小噪声等特殊的设计要求，对重要信号和复杂信号进行布线操作。最后，为了考虑可能新增加的设计要求，也需要留出一些预备的布局空间和布线通道。

3）完成子模块间的互连　在完成子步骤 2.1 和 2.2 的情况下，子步骤 2.3 将变得较为容易。设计者只需要考虑布线层、布线方向及布线间距等问题，就可以简单地完成该步骤，完成芯片的全部版图设计。

1.4.3　版图验证

图 1-5 所示的是版图验证步骤中的 4 个子步骤，即设计规则检查、电路版图一致性检查、电学规则检查和人工检查。版图验证是在版图设计实现完成后最重要的一步。虽然芯片生产完成后的故障仍可以通过聚焦粒子束（focused-ion-beam，FIB）等手段进行人工修复，但代价却十分昂贵。因此，设计者需要在设计阶段对集成电路芯片进行早期的验证检查，保证芯片功能和性能完好。

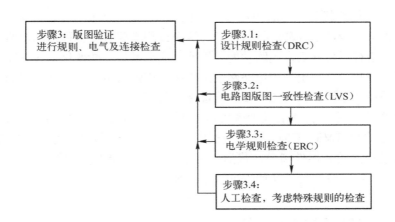

图 1-5　版图验证的子步骤

1）设计规则检查（DRC）　DRC 会检查版图设计中的多边形、分层、线宽、线间距等是否符合工艺生产规则。因为 DRC 检查是版图实现后的第一步验证，所以也会对元器件之间的连接关系及指导性规则进行检查，如层的非法使用、非法的元器件或连接都属于这个范围。

2）电路图版图一致性检查（LVS）　LVS 检查主要用于检查版图是否进行了正确连接。这时电路图（Schematic）作为参照物，版图必须与电路图完全一致。在进行该检查时，主要对以下 3 方面进行验证。

☺ 包括 I/O、电源/地信号及元器件之间的连接关系是否与电路图一致。

☺ 所有元器件的尺寸是否与电路图一致，包括晶体管的长度和宽度，电阻、电感、电容及二极管的大小。

☺ 识别在电路图中没有出现的元器件和信号，如误添加的晶体管或悬空节点等。

3）电学规则检查（ERC） 在计算机执行的验证中，ERC 一般不作为单独的验证步骤，而是在进行 LVS 检查时同时进行。但天线规则需要设计者单独进行一步 DRC 检查才能执行，前提是这里将天线规则检查也归于 ERC 的范畴内。ERC 主要包括以下 5 个方面。

☺ 未连接或部分连接的元器件。

☺ 误添加的多余的晶体管、电阻、电容等元器件。

☺ 虚空的节点。

☺ 元器件或连线的短路情况。

☺ 进行单独的天线规则检查。

4）人工检查 该子步骤可以理解为是对版图的优化设计。在这个过程中，会检查版图的匹配设计、电源线宽、布局是否合理等无法由计算机验证过程解决的问题，这也需要设计者长期的经验积累才能做到更优。

1.4.4　版图完成

在这个步骤中，版图工程师首先应该检查版图的设计要求是否均被满足，需要提交的文档是否已经准备充分。同时，还需要记录出现的问题，与电路工程师一起讨论并提出解决方案。

之后，版图工程师就可以对版图进行参数提取（也称为反提），形成可进行后仿真的网表文件，提交给电路设计工程师进行后仿真。这个过程需要版图工程师和电路设计工程师相互配合，因为在进行后仿真后，电路功能和性能可能会发生一些变化，这就需要版图工程师对版图进行设计调整。反提出来的电路网表是版图工程师与电路工程师之间的交流工具，这一网表表明版图设计已经完成，还需要等待最终的仿真结果。

完成后仿真确认后，版图工程师就可以按照工艺厂的要求，导出 GDSII 文件进行提交，同时还应该提供 LVS、DRC 和天线规则的验证报告、需要进行生产的掩模层信息文件，以及所有使用到的元器件清单。最后，为了"冻结"GDSII 文件，还必须提供 GDSII 数据的详细大小和唯一标志号，从而保证数据的唯一性。

1.5　版图设计通用规则

在学习了版图的基本定义和设计流程后，本节将简要介绍一些在版图设计中需要掌握的基本设计规则，主要包括电源线版图设计规则、信号线版图设计规则、晶体管设计规则、层次化版图设计规则和版图质量衡量规则。

1）电源线版图设计规则 电源网格设计是为了让各个子电路部分都能充分供电，这是进行版图设计必需的一步，具体的设计规则如下所述。

☺ 电源网格必须形成网格状或环状，遍布各个子电路模块的周围。

☺ 通常使用工艺允许的最底层金属来作为电源线，因为如果使用高层金属作为电源线，就必须使用通孔来连接晶体管和其他电路的连线，这会占用大量的版图面积。

☺ 每个工艺上有最大线宽的要求，超过该线宽就需要在线上开槽。但特别要注意的是，在电源线上开槽要适当，因为电源线上会流过大量电流，过度的开槽会使电源线在强电流下熔化断裂。虽然在版图设计规则中对最大线宽有严格的要求，但为了保证供电充分，版图工程师还是会把电源线和地线设计得非常宽，以便降低电迁移效应和电阻效应。但是，宽金属线存在一个重要的隐患，即当芯片长时间工作时，温度升高，使得金属开始发生膨胀。这时，宽金属线的侧边惯性阻止了侧边膨胀，而金属中部仍然保持膨胀状态，这就使得金属中部向上隆起。对于较窄的金属线来说，这个效应并不明显，因为宽度越窄，侧边惯性越低，金属向上膨胀的应力也越小。宽金属在受到应力膨胀后，金属可能破坏芯片顶层的绝缘层和钝化层，使芯片暴露在空气中。如果空气中的杂质和颗粒物进入芯片，就会导致芯片不稳定或失效。为了解决这个问题，版图工程师在进行宽金属线设计时，需要每隔一定的距离就对金属线进行开槽，这一方法的本质是将一条宽金属线变成由许多小金属线连接而成。由于开槽设计与金属间距、膨胀温度和材料有关，因此金属线开槽的具体规则因使用工艺不同而有所差异。图 1-6 所示的是带有金属开槽的宽金属线实例。

☺ 尽可能避免在子电路模块上方用不同金属层布电源线。

2）信号线版图设计规则

☺ 对信号线进行布线时，应该首先考虑该布线层材料的电阻率和电容率，一般都采用金属层进行布线，n 阱、有源和多晶硅等不能用于布线。

☺ 在满足电流密度的前提下，应该尽可能使信号线宽度最小化，这样可以降低信号线的输入电容。特别是信号作为上一级电路的负载时，减小电容可以有效降低电路的功耗。

☺ 在同一电路模块中保持一致的布线方向，特别是对同层金属，与相邻金属交错开，容易实现空间的最大利用率。例如，一层金属、三层金属横向布线，二层金属、四层金属纵向布线。

☺ 确定每个连接处的接触孔数量，如果能放置两个接触孔的位置尽量不使用一个接触孔，因为接触孔的数量决定了电流能力和连接的可靠性。

3）晶体管设计规则

☺ 在调用工艺厂的晶体管模型进行设计时，应该尽可能保证 PMOS 晶体管和 NMOS 晶体管的总体宽度一致，如图 1-7 所示。如果二者实在不能统一到一致的宽度，也可以通过添加虚拟晶体管（Dummy MOS）来保证二者宽度一致。

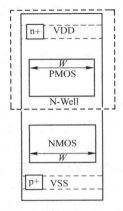

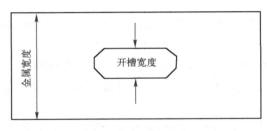

图 1-6　带有金属开槽的宽金属线实例　　　　图 1-7　保持 NMOS 和 PMOS 宽度一致

☺ 在大尺寸设计时，使用叉指晶体管，如一个 100μm 宽度的晶体管可以分成 10 个 10μm 的叉指晶体管。使用叉指晶体管也可以优化晶体管宽度引起的多晶硅栅电阻。因为多晶栅是单端驱动的，而且电阻率比较高，将其设计成多个叉指晶体管并联，也可以减小所要驱动的电阻。

☺ 多个晶体管共用电源（地）线：这个规则是显而易见的。电源（地）线共享可以有效地节省版图面积。

☺ 尽可能多使用 90° 角的多边形和线形。首先，若采用直角形状，计算机所需的存储空间最小，版图工程师也最易实现。虽然 45° 连接对信号传输有较大的益处，但这种设计的修改和维护相对困难（在有的设计中，由于 45° 线没有位于设计规定的网格点上，还可能造成设计失败），所以对于一般的电路模块版图设计，没必要花费额外的设计精力和时间来使用 45° 连线进行设计。但对于一些间距受限和对信号匹配质量较高的电路，还是需要使用 45° 连线。

☺ 对阱和衬底的连接位置进行规划并标准化。n 阱与电源相连，而 p+ 衬底连接到地。

☺ 避免"软连接"节点。"软连接"节点是指通过非布线层进行连接的节点，由于非布线层具有很高的阻抗，如果通过它们进行连接，会导致电路性能变差。例如，有缘层和 N 阱层都不是布线层，但在设计中可能也会由于连接而导致电路性能变差。目前，运用计算机进行 DRC 检查可以发现该项错误。

4）层次化版图设计规则   层次化设计最重要的就是在规划阶段确定设计层次的划分，将整体版图分为多个可并行进行设计的子电路模块，尤其是那些需要多次被调用的模块。此外，如果进行对称的版图设计，可以将半个模块与其镜像组合在一起进行对称设计。

5）版图质量衡量规则   一个优秀的版图设计还需要对其进行以下质量评估。

☺ 版图面积是否最小化。

☺ 电路性能是否在版图设计后仍可以得到保证。

☺ 版图设计是否符合工艺厂的可制造性。

☺ 可重用性，当工艺发生变化时，版图是否容易进行更改转移。

☺ 版图的可靠性是否满足。

☺ 版图接口的兼容性是否适合所有例化的情况。

☺ 版图是否在将来工艺尺寸缩小时，也可以相应地缩小。

☺ 版图设计流程是否与后续工具和设计方法兼容。

1.6 CMOS 模拟集成电路版图匹配设计

CMOS 模拟集成电路的性能可以通过版图设计的诸多方面来体现，但匹配性设计是其中最重要的一环。在集成电路工艺中，集成电阻和电容的绝对值误差可能高达 20%～30%；在一些高精度的差分放大器电路中，1%的差分输入晶体管尺寸失配就可能造成噪声、动态范围等性能的急剧恶化。因此在版图设计中，需要采用一定的策略和技巧来实现电路内元器件的相对匹配，从而达到信号的对称。

本节首先介绍 CMOS 集成电路元器件失配的机理，然后针对这些机理分别讨论进行电阻、电容和晶体管版图匹配设计的方法和技巧。

1.6.1　CMOS 工艺失配机理

CMOS 器件生产工艺是一个复杂的微观世界，元器件的随机失配来源于其尺寸、掺杂浓度、曝光时间、氧化层厚度控制，以及其他影响元器件参数的微观变化。虽然这些微观变化不能被完全消除，但版图工程师可以通过合理选择元器件尺寸或绝对值来降低这些影响。CMOS 工艺失配包括工艺偏差、电流不均匀流动、扩散影响、机械应力和温度梯度等多方面的原因。以下对这些失配的产生机理进行简要分析。

1）随机变化　CMOS 集成电路元器件在尺寸和组成上都表现出微观的不规则性。这些不规则性分为边变化和面变化两大类。边变化发生在元器件的边缘，与元器件的周长成比例；面变化发生在整个元器件中，与元器件的面积成比例。

根据统计理论，面变化可以用式（1-1）来表示：

$$s = m\sqrt{k/2A} \tag{1-1}$$

式中，m 和 s 分别是有源面积为 A 的元器件的某一参数的平均值和标准差。比例常量 k 称为匹配系数，这个系数的幅值由失配源决定。同一工艺下的不同类型元器件，以及不同工艺下的同一类型的元器件，都具有不同的匹配系数。通常来说，两个元器件之间的失配 s_δ 的标准偏差为

$$s_\delta = \sqrt{(s_1/m_1)^2 + (s_2/m_2)^2} \tag{1-2}$$

式中，m_1 和 m_2 是每个元器件所要研究的参数的平均值，s_1 和 s_2 是该参数的标准偏差。式（1-1）和式（1-2）构成了计算各种集成电路元器件随机失配的理论基础。

2）工艺偏差　由于在生产过程中，光刻、刻蚀、扩散及离子注入的过程中会引起芯片图形与设计的版图数据有所区别，实际生产与版图数据之间的尺寸之差就称为工艺偏差，从而在一些元器件中引入系统失配。

在版图设计中，主要通过采用相同尺寸的子单元电阻、电容和晶体管来设计相应的大尺寸元器件，这可以有效减小工艺偏差带来的系统失配。

3）连线产生的寄生电阻和电容　版图中的导线连接引入一部分寄生的电阻和电容，特别是在需要精密电阻和电容的场合，这些微小的寄生效应会严重破坏精密元器件的匹配性。金属铝线方块电阻的典型值为 $50\sim80\,\mathrm{m\Omega/□}$。较长的金属连线可能包含上百个方块；同时每个通孔也有 $2\sim5\Omega$ 的电阻，这样一根进行换层连接的长金属线就可能引入 20Ω 以上的电阻。

同样，金属连线的电容率为 $0.035\mathrm{fF/\mu m^2}$，这就意味着一根 $1\mu m$ 宽、$200\mu m$ 长的导线的寄生电容可达 $7\mathrm{fF}$ 之多。在 D/A 转换器中，单位电容可能选择约 $100\mathrm{fF}$ 的电容值，$7\mathrm{fF}$ 的寄生电容将严重影响 D/A 转换器中电容阵列的匹配性。

4）版图移位　在生产过程中，n 型埋层热退火引起的表面不连续性会通过气相外延淀积的单晶硅层继续向上层传递。由于这种衬底上的不连续性并不能完全复制到最终的硅表面，因此在外延生长过程中，这些不连续会产生横向移位，这种效应被称为版图移位。又由于这些不连续在不同方向上的偏移量并不相同，这就会引起版图失真。如果表面不连续表现的更为严重，在外延生长中完全消失，那就有可能造成版图冲失。

版图移位、失真、冲失可以理解为不连续发生故障的 3 种不同程度的表现，它们都会

引起芯片的系统失配。

5）刻蚀速率的变化　多晶硅电阻的开孔形状决定了刻蚀速率。因为大的开孔可以流入更多的刻蚀剂，其刻蚀速率就更快，因此位于大开孔边缘处侧壁的刻蚀就更严重，这种效应会使得距离很远的多晶硅图形比紧密放置的图形的宽度要小一些，从而导致制造的电阻值发生差异。

通常在电阻阵列中，只有阵列边缘的电阻才会受到刻蚀速率变化的影响，因此需要在电阻阵列两端添加虚拟电阻来保护中间的有效电阻，从而保证刻蚀速率的一致性。

6）光刻效应　曝光过程中会发生光学干扰和侧壁反射，这样就会导致在显影过程中发生刻蚀速率的变化，从而引起图形的线宽变化，导致系统失配。

此外，扩散中的相互作用、氢化影响、机械应力、应力梯度、温度梯度、热电效应及静电影响都是产生系统失配的因素。由于这些效应机理较为复杂，读者可参考相关的工艺资料进行学习。

1.6.2　元器件版图匹配设计规则

本小节就 3 种常用的集成电路元器件（即电阻、电容和晶体管）讨论进行匹配版图设计的一些基本规则。

1）电阻版图设计匹配规则

☺ 匹配电阻由同一种材料构成。

☺ 匹配电阻应该具有相同的宽度。

☺ 匹配电阻值尽可能大一些。

☺ 匹配电阻的宽度尽可能大一些。

☺ 在宽度一致的情况下，电阻的长度也尽可能一致，即保证匹配电阻的版图图形一致。

☺ 匹配电阻的放置方向一致。

☺ 匹配电阻要邻近进行放置。

☺ 电阻阵列中的电阻应该采用叉指状结构，以产生一个共质心的版图图形。

☺ 在电阻阵列两端添加虚拟电阻元件。

☺ 避免采用总方块数小于 5 的电阻段。在精确匹配时，应保证所含电阻的方块数不少于 10。

☺ 匹配电阻摆放要相互靠近，以减小热电效应的影响。

☺ 匹配电阻应该尽可能放置在低应力区域内。

☺ 匹配电阻要远离功率器件。

☺ 匹配电阻应该沿管芯的对称轴平行放置。

☺ 分段阵列电阻的选择优于采用折叠电阻。

☺ 多采用多晶硅电阻，尽量少采用扩散电阻。

☺ 避免在匹配电阻上放置未连接的金属连线。

☺ 避免匹配电阻功耗过大。过大的功耗会产生热梯度，从而影响匹配。

2）电容版图设计匹配规则

☺ 匹配电容应该采用相同的版图图形。

☺ 精确匹配电容应该采用正方形。

☺ 匹配电容值的大小应适中，因为过小或过大的电容值会加剧梯度效应。

☺ 匹配电容应该邻近放置。

☺ 匹配电容应该放置在远离沟道区域和扩散区边缘的场氧化层上。

☺ 把匹配电容的上极板连接到高电阻节点。

☺ 电容阵列的外围需要放置虚拟电容。

☺ 对匹配电容进行静电屏蔽。

☺ 将匹配电容阵列设计为交叉耦合电容阵列，这样可以减小氧化层梯度对电容匹配的影响，从而保护匹配电容不受应力和热梯度的影响。

☺ 在版图设计时，应考虑导线寄生电容对匹配电容的影响。

☺ 避免在没有进行静电屏蔽的匹配电容上方布线。

☺ 优先使用厚氧化层电介质的电容，避免使用薄氧化层或复合电介质的电容。

☺ 将匹配电容放置在低应力梯度区域内。

☺ 匹配电容应该远离功率器件。

☺ 精确匹配电容沿管芯对称轴平行放置。

3）晶体管版图设计匹配规则

☺ 匹配晶体管应该使用相同的叉指图形，即匹配晶体管的每个叉指的长度和宽度都应该相同。

☺ 匹配晶体管尽可能使用大面积的有源区。

☺ 失调电压与晶体管的跨导有关，而跨导又与 U_{gst} 成比例。对于电压匹配的晶体管，U_{gst} 应该保持在较小值。

☺ 对于电流匹配晶体管，应该保持较大的 U_{gst} 值。因为电流失配方程与阈值电压有关。该值与 U_{gst} 成反比，所以增大 U_{gst} 会减小其对匹配电流的影响。

☺ 在同一工艺中，尽可能采用薄氧化层的晶体管。因为薄氧化层晶体管器件的匹配性要优于厚氧化层晶体管。

☺ 匹配晶体管的放置方向保持一致。

☺ 晶体管应该相互靠近，成共质心摆放。

☺ 匹配晶体管的版图应该尽量紧凑。

☺ 避免使用过短或过窄的晶体管，减小边缘效应的影响。

☺ 在晶体管的外围放置虚拟晶体管。

☺ 将晶体管放置在低应力梯度区域内。

☺ 晶体管位置远离功率器件。

☺ 有源栅区上方避免放置接触孔。

☺ 金属布线不能穿过有源栅区。

☺ 使深扩散结远离有源栅区，阱的边界与精确匹配晶体管之间的最小距离至少等于阱结深的 2 倍。

☺ 精确匹配晶体管应该放置在管芯对称轴的平行线上。

☺ 使用金属线而不是多晶硅连接匹配晶体管的栅极。

☺ 尽可能使用 NMOS 晶体管进行匹配设计，因为 NMOS 晶体管的匹配性高于 PMOS 晶体管的匹配性。

【本章小结】

本章首先介绍了 CMOS 工艺基础知识、制造流程及 CMOS 模拟集成电路设计的基本流程，使读者对 CMOS 模拟集成电路设计有一个概括性的了解。之后从版图的基本定义入手，分节讨论了 CMOS 模拟集成电路版图的设计总流程和各个子步骤，这些都是一个合格版图工程师需要严格遵守的设计流程。

最后两节分析了在版图设计中需要了解的通用设计规则和匹配设计规则，这些规则是进行 CMOS 模拟集成电路版图设计的重要基础和行为准则，这一点读者会在后续章节的设计介绍中有所体会。

第2章　Cadence Virtuoso 版图设计工具

Cadence Virtuoso 定制设计平台是一套全面的集成电路（IC）设计系统，能够在多个工艺节点上加速定制IC的精确芯片设计，其定制设计平台为模拟、射频及混合信号IC提供了极其方便、快捷而精确的设计方式。Cadence Virtuoso 模拟电路设计平台是一个全定制设计平台，它是业界标准的任务环境，用于仿真和分析全定制、模拟电路和射频集成电路设计，其内部集成的版图编辑器（Layout Editor）是业界标准的基本全定制物理版图设计工具，可以完成层次化、自顶而下的定制版图设计。本章对 Virtuoso Layout Editor 的介绍主要基于全定制版图设计流程。

2.1　Virtuoso 界面介绍

图 2-1 所示的是启动 Cadence 定制工具 Virtuoso 出现的主界面 CIW（Command Interpreter Window），CIW 全称是命令解释窗口，在此窗口中可以采用图形界面或 Cadence 软件 Skill 语言完成各种操作任务。

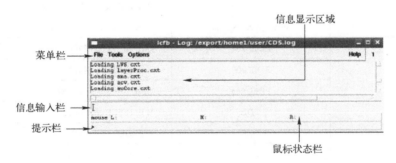

图 2-1　Cadence CIW 窗口

图 2-1 所示的 CIW 窗口主要包括菜单栏、信息显示区域、信息输入栏、提示栏及鼠标状态栏。其中，菜单栏用于选择各种命令，如新建或打开库、单元及视图，导入/导出特定格式的数据信息，打开库管理编辑器，电路仿真器的选择，工艺文件的管理，license 管理，以及工具快捷键的管理等；信息显示区域用于显示使用版图设计工具时的提示信息；信息输入栏用于采用 Skill 语言输入相应的命令，其输出结果在信息显示区域中显示；鼠标状态栏用于提示当前鼠标的左键、中键及右键的状态；提示栏用于显示当前命令的信息。

2.1.1　Virtuoso CIW 界面介绍

图 2-1 所示 CIW 窗口的菜单栏主要包括文件（File）、工具（Tools）和选项（Options）

3 项。文件（File）菜单用于完成文件库的建立、打开，以及文件格式的转换，主要包括 New、Open、Import、Export、Refresh、Make Read Only、Close Data、Defragment Data 和 Exit，见表 2-1。

表 2-1　Virtuoso CIW "File" 菜单

File		
New	Library	新建设计库
	Cellview	在指定库下创建新单元
Open File		打开指定视图 View
Import	EDIF 200	导入电子设计交互格式 200
	EDIF 300	导入电子设计交互格式 300
	Verilog	导入 Verilog 格式代码
	VHDL	导入 VHDL 格式代码
	CDL	导入 SPICE 格式网表
	DEF	导入 DEF 格式文件
	LEF	导入 LEF 格式文件
	Stream	导入 GDSII 版图文件
	CIF	导入 CIF 格式版图文件
	Router	导入布线器文件
	Netlist View	从电路连接格式导入至电路图
	Virtuoso XL Netlist	导入 Virtuoso XL 格式网表
Export	EDIF 200	导出 EDIF200 格式网表
	EDIF 300	导出 EDIF300 格式网表
	PRFlatten	导出 Virtuoso 预览打散
	CDL	导出 SPICE 格式网表
	DEF	导出 DEF 格式版图数据
	LEF	导出 LEF 格式版图数据
	Stream	导出 GDSII 版图数据
	CIF	导出 CIF 格式版图数据
	Router	导出布线器数据
Refresh		刷新
Make Read Only		设置打开视图为只读模式
Close Data		关闭数据并从缓存中清除
Defragment Data	Library	库数据碎片整理
	Cellview	单元数据碎片整理
Exit		退出 CIW 窗口

工具（Tools）菜单用于完成各种内嵌工具的调用，主要包括 Conversion Tool Box、Library Manager、Library Path Editor、PCD、Verilog Integration、VHDL Tool Box、Synopsys

Integration、Router、Constraint Manager、Mixed Signal Environment、Analog Environment、Technology File Manager、Display Resource Manager、CDF、AMS、Camera、SKILL Development 和 DRC Errors，见表 2-2。

表 2-2　Virtuoso CIW "Tools" 菜单

Tools		
Conversion Tool Box		转换工具箱
Library Manager		打开库管理器
Library Path Editor		打开库路径编辑器
Verilog Integration	Verilog-XL	Verilog-XL 工具调用
	NC-Verilog	NC-Verilog 工具调用
VHDL Tool Box		VHDL 工具箱
Synopsys Integration		Synopsys 集成环境
Router	Export to Router	导出至布线器
	Import form Router	从布线器导入
	Start Route	开始布线
	Rules	布线规则
Constraint Manager		约束管理器
Mixed Signal Environment		混合信号仿真环境
Analog Environment	Simulation	模拟环境仿真器调用
	Calculator	计算器调用
	Results Browser	结果浏览器调用
	Waveform	波形查看器调用
Technology File Manager		工艺文件管理器调用
Display Resource Manager		显示资源管理器
CDF	Edit	CDF 编辑模式
	Copy	CDF 复制模式
	Delete	删除存在的 CDF
	Scale Factors	物理单位编辑
AMS	Options	AMS 仿真环境选项
	Netlist	AMS 网表器
Camera	Raster	抓图栅格格式
	PostScript	抓图 PS 格式
SKILL Development		SKILL 语言开发环境
DRC Errors		DRC 错误查看

选项（Options）菜单用于完成各种内嵌工具的调用，主要包括 Save Session、Save Default、Bindkey、User Preferences、Browse Preferences、Log Filter、License、Checkout Preferences 和 Checkin Preferences，见表 2-3。

表 2-3　Virtuoso CIW "Options" 菜单

Options	
Save Session	保存对话选项
Save Default	默认设置保存至文件，包括工具保存、变量保存及可用工具的设置
Bindkey	快捷键管理器
User Preferences	用户偏好设置，包括窗口、命令控制、表单按钮位置、文字字体及字号的设置等
Browse Preferences	浏览器偏好设置，开启浏览器是否提示设置、关闭 CIW 窗口是否提示设置
Log Filter	登录信息滤除显示设置
License	工具使用许可管理器
Checkout Preferences	Check out 偏好设置
Checkin Preferences	Check in 偏好设置

2.1.2　Virtuoso Library Manager 界面介绍

库管理器（Library Manager）主要用于项目中库（Library）、单元（Cell）及视图（View）的创建、添加、复制、删除和组织，其主要功能如下所述。

☺ 导入和查看设置设计库中的数据。

☺ 在 cds.lib 文件中定义设计库的路径。

☺ 在特定的目录中创建新设计库。

☺ 删除已存在的设计库。

☺ 重新命名设计库、单元、视图、文件或参考设计库。

☺ 编辑设计库、单元和视图的属性。

☺ 对单元进行归类，可以相对较快地进行定位。

☺ 改变文件和视图的权利属性。

☺ 打开终端窗口来定位文件位置和层次信息。

☺ 通过开启一个视图来定位设计库、单元、视图和文件。

以上对 Library Manager 的操作信息会自动的记录在当前目录下的 libManager.log 文件中。

1. Library Manager 启动

可以采用下述两种方法之一启动 Library Manager。

☺ 在终端或命令窗口输入 "libManager &"。

☺ 通过 CIW 启动 Library Manager，执行菜单命令 "Tools" → "Library Manager"，打开 Library Manager 界面，如图 2-2 所示。

2. Library Manager 界面介绍

library Manager 界面主要包括标题栏、菜单栏、信息显示按钮、设计库信息栏和信息栏，如图 2-3 所示。

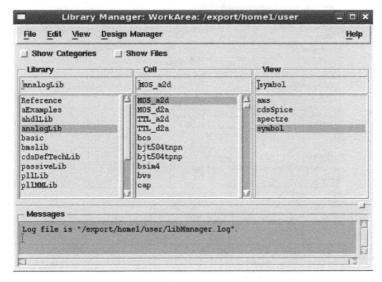

图 2-2　Library Manager 界面

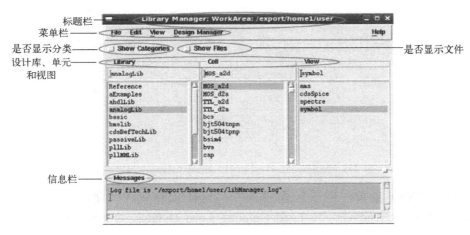

图 2-3　Library Manager 界面描述

　　其中，标题栏包括工具名称（Library Manager）及启动路径；利用菜单栏的下拉菜单可以完成需要的操作；信息显示按钮包括是否显示类别、是否显示文件选项等；设计库信息栏包括设计库、单元及视图信息，可以通过设计库、单元及视图的顺序来选择相应的视图；信息栏用于显示对 Library Manager 操作，反馈得到的信息。

　　图 2-4 所示为信息显示按钮"Show Categories"（是否显示类别选项）开启时的 library Manager 的界面图。图 2-5 所示为信息显示按钮"Show Files"（是否显示类别选项）开启时的 library Manager 的界面图。

　　可以通过 Library Manager 菜单栏来使用 Library Manager 菜单命令。Library Manager 的菜单栏主要包括 File、Edit、View 和 Design Manager 等 4 个主要菜单，以下分别介绍。

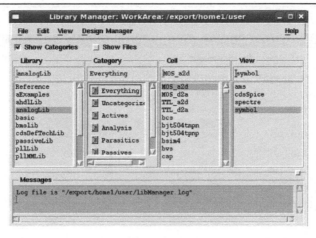

图 2-4 "Show Categories"开启时 Library Manager 界面图

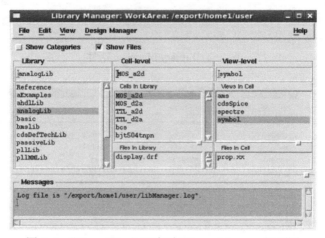

图 2-5 "Show Files"开启时 Library Manager 界面图

1）文件（File）菜单　用于创建/打开库、加载/保存默认设置、退出等，主要包括 New、Open、Open（Read-Only）、Load Default、Load Default、Open Shell Window 和 Exit 等 7 个子菜单，见表 2-4。

表 2-4　Library Manager 的"File"菜单功能

File		
New	Library	新建设计库
	Cell View	新建单元视图
	Category	新建分类
Open	^o	打开设计库中的视图文件
Open（Read-Only）	^r	以只读方式打开设计库中的视图文件
Load Default		加载特定的.cdsenv 文件内容到 Library Manager 中
Save Default		将 Library Manager 的当前设置保存到.cdsenv 文件中
Open Shell Window	^p	打开命令窗口
Exit	^x	退出 Library Manager

2）编辑（Edit）菜单　用于复制、重命名、删除设计库、单元及视图，改变设计库、

单元及视图的属性和权限，编辑设计库链接路径等，主要包括 Copy、Copy Wizard、Rename、Rename Reference、Copy Preferences、Delete、Delete By View、Properties、Access Permission、Categories 和 Library Path 等 11 个子菜单，见表 2-5。

表 2-5　Library Manager 的"Edit"菜单功能

Edit		
Copy	^c	复制设计库、单元、视图、库文件或单元文件
Copy Wizard	^C	通过设置复制设计库、单元视图、库或单元文件
Rename	^R	重命名设计库、单元、视图或文件
Rename Reference		重命名参考设计库
Copy Preferences	^P	复制及重命名设置
Delete	^D	删除设计库或单元
Delete By View	^v	删除单元中特定视图或多组单元
Properties		编辑与设计库、单元或视图有关的属性
Access Permission		可以改变所有者设计库、单元或视图的权限
Categories	Modify	改变分类内容
	New	创建新分类
	New Sub-Category	创建新子分类
	Delete	删除分类
Library Path		打开 Library Path Editor 视图，其基本定义在当前目录下的 cds.lib 文件中

3）**View（查看）菜单**　用于查找单元及视图、刷新数据等，主要包括 Filters 和 Refresh 等 2 个子菜单，见表 2-6。

表 2-6　Library Manager 的"View"菜单功能

View	
Filters	查找单元及相关视图
Refresh	更新当前链接所有设计库信息和数据，更新 CDF 数据

4）**Design Manager（设计管理器）菜单**　用于对当前设计的数据管理，主要包括 Check In、Check Out、Cancel Checkout、Update、Version Info、Show File Status、Properties、Submit 和 Update Workarea 等 9 个子菜单，见表 2-7。

表 2-7　Library Manager 的"Design Manager"菜单功能

Design Manager	
Check In	记录与设计库、单元和视图有关的数据
Check Out	检查与设计库、单元和视图有关的数据
Cancel Checkout	取消检查与设计库、单元和视图有关的数据
Update	加载设计库、单元、视图、文件的最后版本数据到其他设计中
Version Info	获取文件的版本信息或复制当前版本的文件
Show File Status	显示与单元有关的所有文件的状态
Properties	记录与单元视图有关的属性文件，检查属性文件，或者取消检查属性文件
Submit	提交文件或单元视图到项目数据库中
Update Workarea	升级工作区到最后发布版本

3. Library Manager 基本操作

1）创建新设计库

（1）打开 Library Manager，弹出 Library Manager 界面。

（2）执行菜单命令"File"→"New"→"Library"，弹出如图 2-6 所示的对话框。

（3）在"New Library"对话框的"Library"区域的"Name"栏中输入新建设计库的名称"test"，弹出如图 2-7 所示的对话框。

（4）在图 2-7 所示的选择工艺文件形式对话框中，选择设计库所对应的工艺文件方式，在此选择链接存在的工艺文件库（Attach to an existing techfile），单击"OK"按钮。

图 2-6　新建设计库对话框

图 2-7　选择工艺文件形式对话框

（5）选择相应的工艺库"cdsDefTechLib"，完成新设计库的创建，如图 2-8 所示。

（6）创建设计库后，在 Library Manager 中会出现新建的设计库 test，如图 2-9 所示。

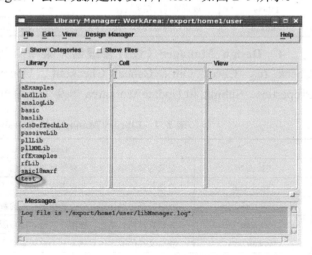

图 2-8　选择相应的工艺库　　　　　　　　图 2-9　新建设计库后显示结果

2）创建新单元视图

（1）打开 Library Manager，弹出 Library Manager 界面。

（2）在 Library Manager 中选择建立单元视图所在的设计库。

（3）执行菜单命令"File"→"New"→"Cell View"，弹出如图 2-10 所示对话框。

（4）在图 2-10 所示的对话框中，在"Cell Name"栏输入"cell_view"，在"Tool"栏中选择相应的工具名称"Composer-Schematic"，在"View Name"栏中会自动显示默认的视图名称"schematic"。

（5）单击"OK"按钮，完成单元视图的创建，系统自动打开所建的单元视图，如图 2-11 所示。

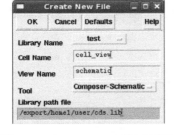

图 2-10　"Cell New File"对话框　　　　　　　图 2-11　新建单元后自动打开视图

3）打开单元视图

（1）打开 Library Manager，弹出 Library Manager 界面。

（2）在 Library Manager 界面中依次选择要打开的库名（Library）、单元名（Cell）和视图名称（View），如图 2-12 所示。

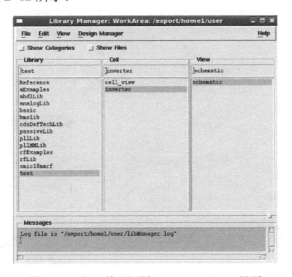

图 2-12　打开单元视图 Library Manager 界面

（3）执行菜单命令"File"→"Open"→"Cell View"，弹出打开的单元视图，如图 2-13 所示。

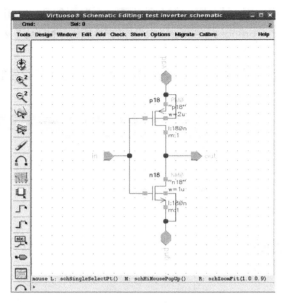

图 2-13　打开单元视图

4）复制设计库

（1）打开 Library Manager，弹出 Library Manager 界面。

（2）新建复制的设计库 test1。

（3）选择被复制的设计库 test，如图 2-14 所示。

（4）执行菜单命令"Edit"→"Copy"，弹出如图 2-15 所示对话框。

（5）选中"Update Instances"选项，单击"OK"按钮，完成设计库的复制。

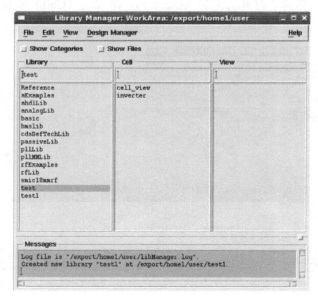

图 2-14　选择被复制的设计库

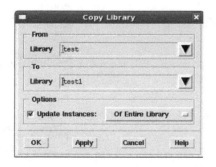

图 2-15　"Copy Library"对话框

5）删除设计库

（1）打开 Library Manager，弹出 Library Manager 界面。

（2）选择要删除的设计库 test1，如图 2-16 所示。

（3）执行菜单命令"Edit"→"Delete"，弹出如图 2-17 所示的对话框。

（4）选择需要删除的设计库，单击"OK"按钮，完成设计库的删除。

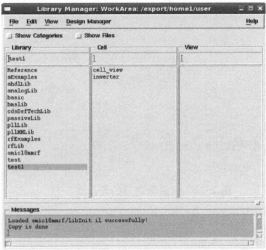

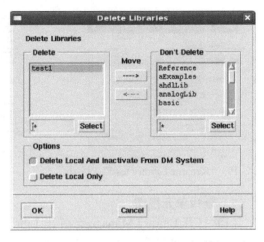

图 2-16　选择要删除的设计库　　　　　　　图 2-17　"Delete Libraries"对话框

6）重新命名设计库

（1）打开 Library Manager，弹出 Library Manager 界面。

（2）选择要重新命名的设计库 test1，如图 2-18 所示。

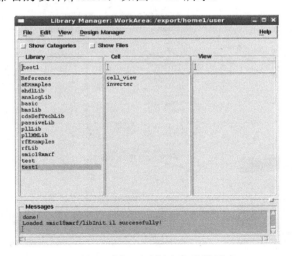

图 2-18　选择要重新命名的设计库

（3）执行菜单命令"Edit"→"Rename"，弹出如图 2-19 所示的对话框。

（4）在"To Library"栏中输入重新命名的设计库名称"test2"，单击"OK"按钮，完成设计库的重新命名，如图 2-20 所示。

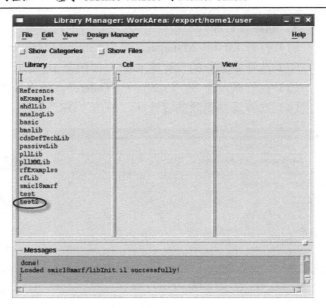

图 2-19　"Rename Library testl"对话框　　　　　图 2-20　重新命名后的设计库

7）查找单元视图

（1）打开 Library Manager，弹出 Library Manager 界面。

（2）执行菜单命令"View"→"Filters"，出现如图 2-21 所示的对话框。

（3）在图 2-21 的对话框中，输入查找的单元名称（Cell Filter）和查找的视图名称（View Filter），单击"OK"按钮完成，如图 2-22 所示。

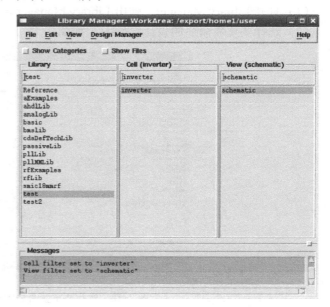

图 2-21　"View Filter By"对话框　　　　　图 2-22　查找视图后的 Library Manager 界面

8）Library Path Editor

（1）打开 Library Manager，弹出 Library Manager 界面。

（2）执行菜单命令"Edit"→"Library Path"，弹出如图 2-23 所示的"Library Path Editor"对话框。

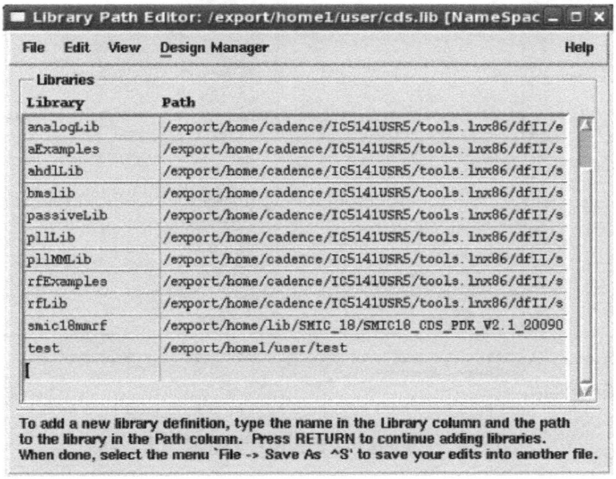

图 2-23　"Library Path Editor"对话框

（3）通过键盘输入或执行菜单命令"Edit"→"Add Library"，加入设计库名称（Library）及路径（Path），如图 2-24 所示。

（4）加入设计库后的"Library Path Editor"对话框如图 2-25 所示。

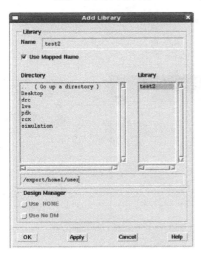

图 2-24　"Add Library"对话框

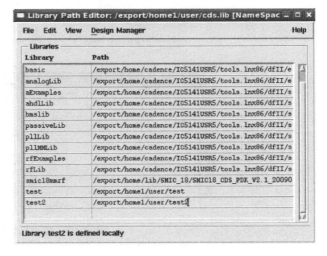

图 2-25　加入设计库后的"Library Path Editor"对话框

2.1.3　Virtuoso Layout Editor 界面介绍

当新建或打开新视图（View）时，会出现如图 2-26 所示的 Virtuoso 版图编辑器界面，该界面包括窗口标题栏（Window Title）、状态栏（Status Banner）、菜单栏（Menu Banner）、工具栏（Icon Menu）、光标（Cursor）、指针（Pointer）、设计区（Design Area）、鼠标状态栏（Mouse Settings）和提示栏（Prompt Line）。

窗口标题栏 ——
状态栏 ——
菜单栏 ——
工具栏 ——

设计区 ——

鼠标状态栏 ——
提示栏 ——

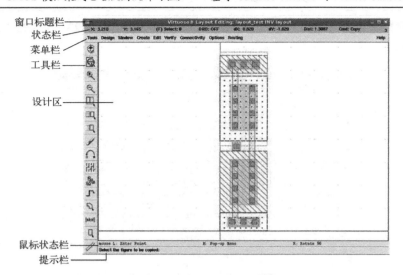

图 2-26　Cadence Virtuoso 版图编辑器界面

1. 窗口标题栏（Window Title）

窗口标题栏在 Virtuoso 版图编辑器的顶端，如图 2-27 所示。它主要用于提示应用名称（Application Name）、库名称（Library Name）、单元名称（Cell Name）及视图名称（View Name）等信息。

应用名称　　　　　库名称　　单元名称　视图名称

Virtuoso® Layout Editing:　　Layout_test　　INV　　layout

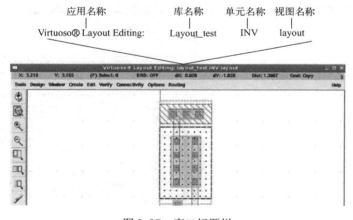

图 2-27　窗口标题栏

2. 状态栏（Status Banner）

状态栏也在 Virtuoso 版图编辑器的顶端，但在窗口标题栏之下，如图 2-28 所示。它主要用于提示光标坐标、选择模式、选择个体个数、光标坐标与参考坐标的差值、光标终点与参考位置的距离及当前应用的命令等信息。其中，X 和 Y 代表光标坐标；（F）代表选择模式，可以为全选或部分选择模式；Select:0 代表选择目标的个数；dX 和 dY 代表光标坐标与参考坐标的差值；Dist 代表光标终点与参考位置的距离；Cmd 代表当前应用的命令。

光标坐标　　选择模式　　被选择目标的数量　　设计规则驱动开关　　当前光标点与参考点的坐标差值　　光标终点与参考位置的距离　　当前应用的命令

X: 3.210　Y: 3.165　(F)Select: 0　DRD: OFF　dX: 0.820　dY: -1.020　Dist: 1.3087　Cmd: Copy

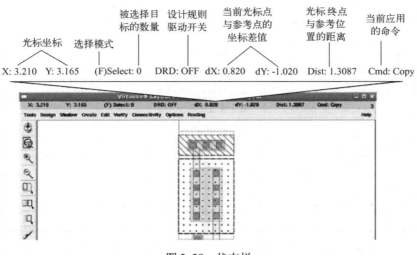

图 2-28　状态栏

3. 菜单栏（Menu Banner）

菜单栏在 Virtuoso 版图编辑器的上端，在状态栏之下，主要分为工具（Tools）、设计（Design）、窗口（Window）、创建（Create）、编辑（Edit）、验证（Verify）、连接（Connectivity）、选项（Options）和布线（Routing）等 9 个主菜单，如图 2-29 所示。每个主菜单包含若干个子菜单，通过菜单栏可以选择需要的命令及其子命令。需要说明的是，当菜单中某个命令是灰色的（具有阴影的），那么该命令是不可用的。例如，当版图打开的状态为只读，或者被转换成只读状态时，修改版图的命令是不能操作的。

Tools　Design　Window　Create　Edit　Verify　Connectivity　Options　Routing

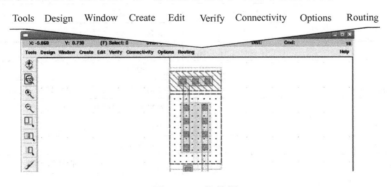

图 2-29　菜单栏

1）工具（Tools）菜单　主要完成内嵌工具的调用及转换，见表 2-8。

表 2-8　"Tools" 菜单功能描述

Tools	
Abstract Editor	Abstract 产生编辑器
Analog Environment	模拟设计环境
Compactor	压缩编辑器
Dracula Interactive	版图验证工具 Dracula 交互界面

续表

Tools	
Hierarchy Editor	层次化编译器
Layout	版图编辑器
Layout XL	版图自动布局/布线器
Parasitics	寄生参数选项
Pcell	制作参数化单元
Simulation	调用仿真器
Structure Compiler	结构编译器
Verilog-XL	Verilog 代码仿真工具
Virtuoso Preview	与 Abstract 工具一同使用
Voltage Storm	IRDrop 及电迁移分析

2）设计（Design）菜单　主要完成当前单元视图的命令管理操作，见表 2-9。

表 2-9　"Design"菜单功能描述

Design		
Save　　　　　f2		保存版图
Save As		另存版图为
Hierarchy	Descend Edit	以编辑方式向下层
	Descend Read	以只读方式向下层
	Return	返回上一层次
	Return to level	返回上 N 层次（N 可选）
	Tree	以文本形式显示层次关系
	Edit in Place	就地编辑选项
	Refresh	刷新
Open		打开版图视图
Discard Edit		放弃编辑
Make Read Only/Make Editable		当前版图视图在只读和可编辑之间转换
Summary		对当前版图视图的所有信息进行汇总并显示
Properties　　　Q		查看选中单元的属性信息
Set Default Application		设置默认应用
Remaster Instances		将其中一个版图升级到其他版图
Plot	Submit	提交打印信息
	Queue Status	查看队列状态
Tap　　　　　t		单击图形后，LSW 窗口自动选择该层

3）窗口（Window）菜单　主要完成当前单元视图的管理及单元显示方式，见表 2-10。

表 2-10　"Window"菜单功能描述

Window			
Zoom	In	z	放大
	In by 2	^z	放大 2 倍
	To Grid	^g	放大至格点

续表

Window			
Zoom	To Select Set	^t	对已选择的图形（组）放大
	Out by 2	Z	缩小 2 倍
Pan	tab		以原有视图大小中心显示版图视图
Fit All	f		最佳视图显示整体版图
Fit Edit	^x		显示整体版图
Redraw	^r		重新显示
Area Display	Set		设置显示区域
	Delete		删除设置显示区域
	Delete All		删除所有显示区域
Utilities	Copy Window		复制窗口
	Preview View	w	上一视图
	Next View	W	下一视图
	Save View		保存视图
	Restore View		恢复视图
Create Ruler	k		创建标尺
Clear All Ruler	K		清除标尺
Show Selected Set			显示所有被选中单元的信息
World View	V		全景显示版图
Close	^w		关闭窗口

4）创建（Create）菜单　主要完成在当前设计单元视图中插入新单元（此菜单需要单元视图处于可编辑模式），见表 2-11。

表 2-11　"Create" 菜单功能描述

Create			
Rectangle	r		创建矩形
Polygon	P		创建多边形
Path	p		创建路径式连线
Label	l		创建标志
Instance	i		调用元器件
Pin	^p		创建端口
Pin From labels			将所有标志信息转换为端口信息
Contact	o		调用通孔/接触孔
Device			创建元器件
Conics		Circle	创建圆形
		Ellipse	创建椭圆形
		Donut	创建环形
Microwave		Trl	创建传输线
		Bend	创建弯曲的连线
		Taper	创建逐渐变窄的连线
Layer Generation			产生新层操作
Guard Ring	G		创建保护环

5）编辑（Edit）菜单 主要完成当前设计单元视图中单元的改变和删除（此菜单需要单元视图处于可编辑模式），见表 2-12。

表 2-12 "Edit" 菜单功能描述

Edit			
Undo	u		取消上一次操作
Redo	U		再次进行上一次操作
Move	m		移动
Copy	c		复制
Stretch	s		拉伸图形
Reshape	R		改变层形状
Delete	del		删除
Properties	q		查看属性
Search	S		查找
Merge	M		合并
Select		Select All ^a	全部选择
		Deselect All ^d	全部不选择
Hierarch		Make Cell	组合单元
		Flatten	打散单元
Other		Chop C	切割图形
		Modify Corner	按要求改变图形角
		Size	按比例扩大或缩小层
		Split ^s	分割图形
		Attach/Detach v	关联/解除关联
		Align	对齐
		Convert To Polygon	转换成多边形
		Move Origin	改变坐标原点位置
		Rotate O	旋转选定图形
		Yank y	取景
		Paste Y	粘贴

6）验证（Verify）菜单 主要用于检查版图设计的准确性（此菜单的 DRC 菜单功能需要单元视图处于可编辑模式），见表 2-13。

表 2-13 "Verify" 菜单功能描述

Create		
MSPS Check Pins		检查 Pins 信息
DRC		DRC 对话框
Extract		参数提取对话框
Substrate Coupling Analysis		衬底耦合分析
ConclCe		寄生参数简化工具
ERC		ERC 对话框
LVS		LVS 对话框

续表

Create		
Shorts		短路定位
Probe		打印方式设定
Markers	Explain	错误标志提示
	Find	查找错误标志
	Delete	删除选中的错误标志
	Delete All	删除所有错误标志

7）连接（Connectivity）菜单　主要用于准备版图的自动布线并显示连接错误信息，见表 2-14。

8）选项（Options）菜单　主要用于控制所在窗口的行为，见表 2-15。

表 2-14　"Connectivity"菜单功能描述

Connectivity	
Define Pins	定义 Pins 信息
Propagate Nets	传导线
Add Shape to Net	在连接线上加入图形
Delete Shape from Net	从连接线上删除图形
Mark Net	高亮显示连线
Unmark Net	取消高亮显示连线

表 2-15　"Options"菜单功能描述

Options		
Display	e	显示选项
Layout Editor	E	版图编辑器选项
Selection		选定方式设定
DRD Edit		启动设计规则驱动优化
Dynamic Measurements		动态测量
Turbo Toolbox		加速工具包
Layout Optimization		版图优化

图 2-30 所示为选项菜单中的"Display Options"对话框，用户可以根据需要对版图显示进行定制，并且可以将定制信息存储在单元、库文件、工艺文件，或者指定文件等任一场合下。

图 2-30　"Display Options"对话框

9）布线（Routing）菜单　主要用于与自动布线器的交互，见表 2-16。

表 2-16　"Routing"菜单功能描述

Routing		
Export to Router		导出到布线器
Import from Router		导入到布线器
Rules	Open Rules	打开布线规则文件
	New Rules	新建布线规则文件

10）命令表单的使用　当使用一个命令时，命令表单就会出现，利用命令表单可以改变默认的命令设置。通常情况下，可以在执行菜单命令或使用快捷键后，再按功能键"F3"，就会出现相应命令的表单。如图 2-31 所示，执行创建多边形命令或按快捷键"Shift"+"p"后，按"F3"键后显示命令表单，默认情况下 Snap Mode 为"orthogonal"，如果需要，可以将 Snap Mode 修改为"diagonal"（45°角布线）等设置。

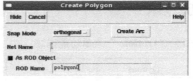

图 2-31　"创建多边形"命令表单

4. 工具栏（Icon Menu）

工具栏位于 Virtuoso 版图编辑器设计窗口的左侧，旨在为版图设计者提供常用的版图编辑命令如图 2-32 所示，在当前单元视图处于可读模式时，可编辑菜单被阴影覆盖，不可使用。工具栏功能表见表 2-17。

表 2-17　工具栏功能表

图　标	对 应 功 能	对应主菜单	对 应 功 能
	Save	Design	保存当前单元
	Fit All	Window	最适合全屏显示当前设计
	Zoom In	Window	将当前设计视图放大 2 倍显示
	Zoom Out	Window	将当前设计视图缩小 2 倍显示
	Stretch	Edit	拉伸或移动单元内图形
	Copy	Edit	复制选定的图形
	Move	Edit	移动选定的图形
	Delete	Edit	删除选定的图形
	Undo	Edit	取消上一次的操作
	Properties	Edit	查看选定图形的属性
	Instance	Create	调用单元
	Path	Create	采用路径方法连线
	Polygon	Create	创建多边形图形
	Label	Create	创建标志
	Rectangle	Create	创建矩形
	Ruler	Window	创建标尺

工具栏中的内容及位置可以根据需要进行修改和编辑，更改内容包括工具栏出现的位置（左侧或右侧）；工具栏是否显示；工具栏中图标的名称是否显示等。可以通过点击相应菜单对工具栏进行管理，在 Virtuoso 主窗口中执行菜单命令"CIW"→"User Preferences"，出现如图 2-33 所示的对话框。

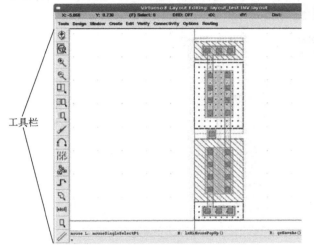

图 2-32　工具栏示意图

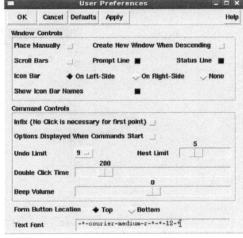

图 2-33　"User Preferences"对话框

当图 2-33 中"Create New Window When Descending"开启时，表示到版图下层时建立新窗口；当其关闭时，表示到版图下层时不建立新窗口，而在当前窗口打开。"Scroll Bars"表示是否在缩小视图时出现滚动条。"Prompt Line"表示是否显示提示栏。"Status Line"表示是否显示状态栏。"Icon Bar"表示工具栏是否显示，或者显示在版图设计区域的左侧或右侧。"Show Icon Bar Names"表示当光标在图标上时是否显示图标名称。

5. 设计区域（Design Area）

设计区域位于 Virtuoso 版图编辑器设计窗口的中央，如图 2-34 所示。在设计区域内可以创建、编辑目标图层，包括多边形、矩形等其他形状。可以根据需要在设计区域内将格点开启或关闭，格点可以帮助创建图形。

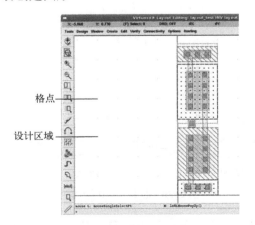

图 2-34　设计区域示意图

6. 光标和指针（Cursor and Pointer）

光标和指针是光标点在设计区域和菜单区域不同的标志方式，如图 2-35 所示。在设计区域内光标变成正方形光标与箭头的组合，而在菜单栏和工具栏上则显示为箭头状的指针。光标用于确定设计点和选择设计区域图形，而指针用于选择菜单选项和命令执行。光标和指针组合如图 2-35 所示。

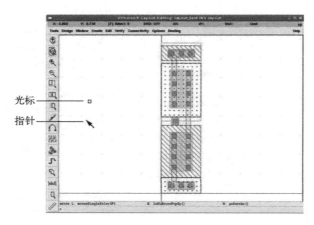

图 2-35　光标和指针示意图

7. 鼠标状态栏（Mouse Setting）

鼠标状态栏示意图如图 2-36 所示。它处于 Virtuoso 版图编辑器设计窗口的下部，用于提示版图设计者鼠标的实时工作状态。

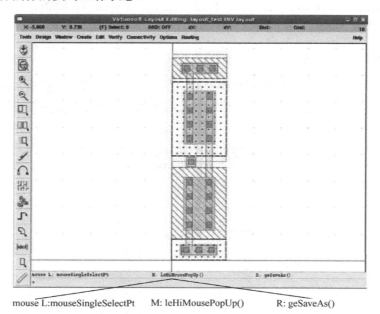

　　mouse L:mouseSingleSelectPt　　　M: leHiMousePopUp()　　　R: geSaveAs()

图 2-36　鼠标状态栏示意图

图 2-37 所示为版图单元下的鼠标按键信息，其中鼠标左键的功能为选择或创建版图

层，移动或拉伸被选中的目标，选择命令；鼠标中键用于弹出菜单或表单；鼠标右键的功能包括重复上一次命令，放大或缩小视图，当移动或复制目标时旋转或镜像，当采用路径方式连线时借助"Ctrl"键可以改变图形层次、重叠图形循环选择等。

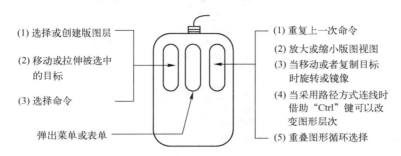

图 2-37　版图单元下的鼠标按键信息

8. 提示栏（Prompt Line）

提示栏示意图如图 2-38 所示。它处于 Virtuoso 版图编辑器设计窗口的最下部，用于提示版图设计者当前使用的命令信息，如果没有任何信息，则表明当前无命令操作。图 2-38 所示的"Select the figure to be copied"表示当前使用的命令为"copy"（复制）。

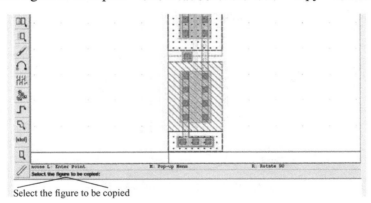

图 2-38　提示栏示意图

9. 层选择窗口（Layer Selection Window，LSW）

层选择窗口（LSW）是 Virtuoso 版图编辑辅助工具，通常在 Cadence 环境下初次打开版图视图（View）或新建版图视图后，会与版图（Layout）视图一同显示。LSW 视图如图 2-39 所示。

LSW 可用于选择创建形状的版图层，可以设定版图层是否可见，以及是否可以选择。通常情况下，LSW 的默认位置出现在屏幕的上端偏左。而默认的选择层为显示的第一层，图 2-39 中所示的当前操作层为 AA。

LSW 视图包括如下信息：排序（Sort）、编辑（Edit）和帮助（Help）菜单，当前选择的版图层，工艺文件信息，器件按钮，端口按钮，全部显示，全不显示，全部可选择，全部不可选择，以及可用版图层。

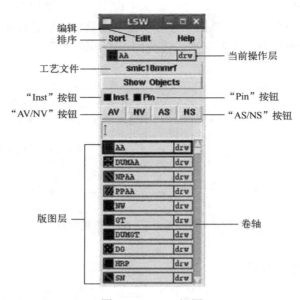

图 2-39　LSW 视图

图 2-40 所示为鼠标对 LSW 视图的操作信息。当光标移到 LSW 窗口中时，版图提示栏显示的信息会有所不同，如图 2-41 和图 2-42 所示。

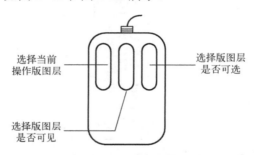

图 2-40　鼠标对 LSW 视图的操作信息-

鼠标键的当前状态出现在版图视图的底端，当单击鼠标的左键、中键或右键时，鼠标的当前状态信息会进行操作提示，对于某些命令需要借助"Control"或"Shift"键时，会出现新的鼠标状态信息。当开始进行命令操作时，鼠标状态栏信息会发生改变，如使用复制（Copy）命令时，鼠标状态如图 2-41 所示。当将光标移至 LSW 窗口时，鼠标的状态会发生变化，如图 2-42 所示。

```
mouse L: Enter Point M: Pop-up Menu R: Rotate 90
```

图 2-41　光标在版图窗口中提示的状态信息

```
mouse L: Set Entry Layer M: Toggle Visibility R: Toggle Visibility
```

图 2-42　光标在 LSW 窗口中提示的状态信息

2.2　Virtuoso 基本操作

1. 创建矩形（Create Rect）

创建矩形命令用于创建矩形。当创建一个矩形时，会出现选项来对矩形进行命名。图 2-43 所示为创建矩形对话框。其中，"Net Name"为对所创建的矩形进行命名，"ROD Name"为"Relative Object Design Name"的简称，当"As ROD Object"选项被选中时，需要对 ROD Name 进行命名。此名称在单元中必须是唯一的，不能与其他任何图形、组合元器件重名。如果"As ROD Object"选项未被选中，系统会自动为所创建的矩形命名。

创建矩形的流程如图 2-44 所示。

（1）在 LSW 窗口中选择需要创建矩形的版图层。

（2）执行菜单命令"Create"→"Rectangle"，或者按快捷键"r"，弹出"Create Rectangle"对话框。

（3）输入 ROD Name 的名称等信息。

（4）在版图设计区域通过鼠标左键确定矩形的第一个角。

（5）通过鼠标确定步骤（4）中的矩形对角，完成矩形创建。

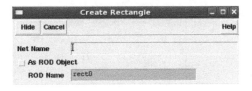　　

图 2-43　创建矩形对话框　　　　图 2-44　创建矩形流程

2. 创建多边形（Create Polygon）

创建多边形命令用于创建多边形形状。当创建一个多边形时，会出现选项来对多边形进行命名。图 2-45 为创建多边形对话框。其中，"Snap Mode"用于选择多边形创建选项；"Net Name"为对所创建的多边形进行命名；当"As ROD Object"选项被选中时，需要对"ROD Name"进行命名（此名称在单元中必须是唯一的，不能与其他任何图形、组合器件重名）；如果"As ROD Object"选项未被选中，系统会自动为所创建的多边形命名。

创建多边形的流程如图 2-46 所示

（1）在 LSW 窗口选择需要创建多边形的版图层。

（2）执行菜单命令"Create"→"Polygon"，或者按快捷键"Shift"+"p"，弹出"Create Polygon"对话框。

（3）输入 ROD Name 的名称等信息。

（4）在版图设计区域通过鼠标左键确定多边形的第一个点。

（5）移动光标并确定另外一个点。

（6）继续移动光标并确定第三个点，……，最终使多边形的虚线框闭合。

（7）双击鼠标左键完成多边形的创建。

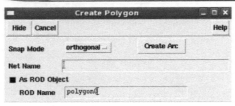

图 2-45 创建多边形对话框　　　　　　　图 2-46 创建多边形的流程

3. 创建路径（Create Paths）

创建路径命令用于创建路径形状。当创建一个路径时，会出现选项来对路径形状进行命名。图 2-47 所示为创建路径的对话框。其中，"Width"为路径宽度；"Change To Layer"用于完成当前版图层到相邻版图层的改变；"Contact Justification"为改变版图层时与接触孔的连接方式；"Net Name"为对所创建的路径形状进行命名；当"As ROD Object"选项被选中时，需要对 ROD Name 进行命名（此名称在单元中必须是唯一的，不能与其他任何图形、组合器件重名）；如果"As ROD Object"选项未被选中时，系统会自动为所创建的路径形状命名；"Rotate"为顺时针旋转 90° 接触孔，"Sideways"为 Y 轴镜像接触孔，"Upside Down"为 X 轴镜像接触孔。

创建路径形状的流程如图 2-48 所示。

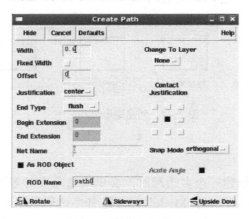

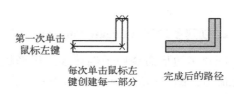

图 2-47 创建路径对话框　　　　　　　　图 2-48 创建路径形状的流程

（1）在 LSW 窗口选择需要创建路径的版图层。

（2）执行菜单命令"Create"→"Path"，或者按快捷键"p"，弹出"Create Path"对话框。

（3）在版图设计区域通过鼠标左键确定路径的第一个点。

（4）移动光标并确定另外一个点。

（5）继续移动光标并确定第三个点。

（6）双击鼠标左键完成路径的创建。

4. 创建标志名（Create Labels）

创建标志名命令用于在版图单元中创建端口信息文本。图 2-49 所示为创建标志名对话

框。其中，"Label"为需要输入的标志名，"Height"用于设置标志名的高度，"Font"用于
设置字体，"Justification"用于设置标志原点位置，"Attach"
用于设置标志名与版图层关联，"Rotate"为逆时针旋转 90°
标志名，"Sideways"为 Y 轴镜像标志名，"Upside Down"为
X 轴镜像标志名。

图 2-49　创建标志名对话框

创建标志名的流程如下所述。

（1）执行菜单命令"Create"→"Label"，或者按快捷键
"1"，弹出"Create Label"对话框。

（2）"Label"栏中输入标志名称。

（3）选择字体。

（4）设置关联 Attach on。

（5）在版图设计区域单击放置位置。

（6）单击标志与版图层进行关联。

5. 创建器件和阵列（Instances）

创建器件和阵列命令用于在版图单元中调用独立单元或单元阵列。图 2-50 所示为创建
器件和阵列对话框。其中，"Library"、"Cell"和"View"分别为调用单元的库、单元和视
图位置，"Browse"按钮用于通过浏览器形式进行位置选择，"Names"用于设置调用器件的
名称，"Mosaic"区域中的"Rows"栏和"Columns"栏用于设置调用器件阵列的行数和列
数，"Delta Y"和"Delta X"分别为调用阵列中各单元的 Y 方向和 X 方向的间距，
"Rotate"为逆时针旋转 90° 器件和阵列名称，"Sideways"为 Y 轴镜像器件和阵列名称，
"Upside Down"为 X 轴镜像器件和阵列名称。

创建器件的流程如图 2-51 所示。

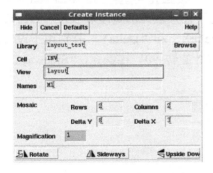

图 2-50　创建器件和阵列对话框

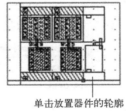

单击放置器件的轮廓

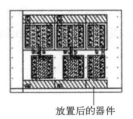

放置后的器件

图 2-51　创建器件和阵列的流程

（1）执行菜单命令"Create"→"Instance"，或者按快捷键"i"，弹出"Create
Instance"对话框。

（2）输入 Library、Cell 和 View，也可以通过单击"Browse"按钮来选择。

（3）将光标移至版图设计区域。

（4）单击鼠标左键将器件放置在需要的位置。

调用器件阵列对话框如图 2-52 所示，需要输入 Rows、Columns、DeltaX 和 DeltaY 等
信息。

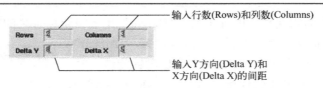

图 2-52　调用器件阵列对话框

创建阵列的流程如图 2-53 所示。

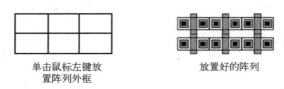

图 2-53　创建器件阵列的流程

（1）执行菜单命令"Create-Instance"，或者按快捷键"i"，弹出"Create Instance"对话框。

（2）输入 Library、Cell 和 View，也可以通过单击"Browse"按钮来选择。

（3）依次输入 Rows、Columns、DeltaX 和 DeltaY 等信息。

（4）将光标移至版图设计区域。

（5）单击鼠标左键，将阵列放置在需要的位置。

6. 创建接触孔（Create Contact）

创建接触孔命令用于在版图单元中创建各种接触孔，包括接触孔（Contact）和通孔（Via）。图 2-54 所示为创建接触孔对话框。其中，"Auto Contact"选项被选中时，在相邻层交界处自动加入接触孔；"Contact Type"用于设置插入的接触孔类型；"Justification"用于设置接触孔阵列原点；"Width"和"Length"分别用于设置接触孔的宽度和长度；"Rows"和"Columns"分别用于设置接触孔的行数和列数；"DeltaX"和"DeltaY"分别用于设置接触孔阵列的 X 方向和 Y 方向的间距；"Rotate"为逆时针旋转 90°接触孔，"Sideways"为Y 轴镜像接触孔，"Upside Down"为 X 轴镜像接触孔。

图 2-54　创建接触孔对话框

创建接触孔的流程如下所述。

（1）执行菜单命令"Create"→"Contact"，或者按快捷键"o"，弹出"Create

Contact"对话框。

（2）在"Contact Type"栏中选择想要插入的接触孔类型。

（3）输入需要插入接触孔的行数和列数。

（4）输入插入接触孔阵列 X 方向和 Y 方向的间距。

（5）选择对齐方式。

（6）在版图设计区域放置接触孔，如图 2-55 所示。

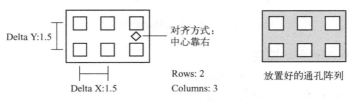

图 2-55　接触孔阵列的放置

7. 创建圆形图形（Create Conics）

创建圆形图形命令用于在版图单元中创建与圆形相关的图形，包括圆形、椭圆形和环形。

创建圆形的流程如图 2-56 所示。

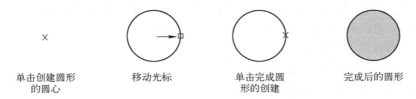

图 2-56　创建圆形的流程

（1）在 LSW 区域选择版图层。

（2）执行菜单命令"Create"→"Conics"→"Circle"。

（3）单击鼠标左键确定圆形中心点。

（4）移动鼠标并单击圆形边缘，完成圆形图形。

创建椭圆形流程如图 2-57 所示。

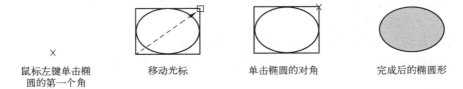

图 2-57　创建椭圆流程

（1）在 LSW 区域选择版图层。

（2）执行菜单命令"Create"→"Conics"→"Ellipse"。

（3）单击鼠标左键确定椭圆的第一个角。

（4）移动鼠标单击椭圆的对角，完成椭圆图形创建。

创建环形流程如图 2-58 所示。

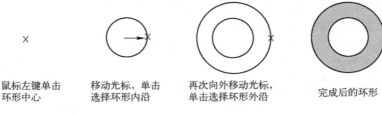

鼠标左键单击   移动光标，单击   再次向外移动光标，   完成后的环形
环形中心   选择环形内沿   单击选择环形外沿

图 2-58　创建环形流程

（1）在 LSW 区域选择版图层。

（2）执行菜单命令"Create"→"Conics"→"Donut"。

（3）单击鼠标左键确定环形的中心点。

（4）移动鼠标并单击完成环形内沿。

（5）移动鼠标并单击完成环形外沿，完成环形图形创建。

8. 移动命令（Move）

移动命令用于完成一个或者多个被选中的图形从一个位置移动到另外一个位置。图 2-59 所示为移动命令对话框。其中，"Snap Mode"用于控制图形移动的方向，"Change To Layer"用于设置改变层信息，"Chain Mode"用于设置移动器件链，"DeltaX"和"DeltaY"分别用于设置移动的 X 方向和 Y 方向的距离，"Rotate"为顺时针旋转 90°，"Sideways"为 Y 轴镜像，"Upside Down"为 X 轴镜像。

移动命令操作流程如图 2-60 所示。

单击鼠标左键移动目标   移动后的目标

图 2-59　移动命令对话框   图 2-60　移动命令操作流程

（1）执行菜单命令"Edit"→"Move"，或者按快捷键"m"，弹出"Move"对话框。

（2）选择一个或多个图形。

（3）单击鼠标左键作为移动命令的参考点（移动起点）。

（4）移动鼠标并将光标移至移动命令的终点，完成移动命令操作。

9. 复制命令（Copy）

复制命令用于完成一个或多个被选中的图形从一个位置复制到另外一个位置。图 2-61 所示为移动命令对话框。其中，"Snap Mode"用于控制复制图形的方向，"Array-Rows/Columns"用于设置复制图形的行数和列数，"Change To Layer"用于设置改变层信息，"Chain Mode"用于设置复制器件链，"DeltaX"和"DeltaY"分别用于设置复制的新图形与原图形的 X 方向和 Y 方向的距离，"Rotate"为逆时针旋转 90°复制，"Sideways"为

Y 轴镜像复制，"Upside Down"为 X 轴镜像复制。

复制命令操作流程如图 2-62 所示。

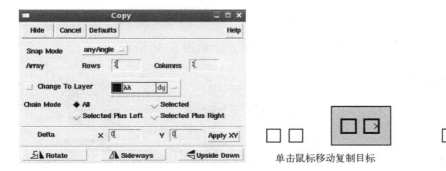

单击鼠标移动复制目标　　　　　复制后的目标

图 2-61　复制命令对话框　　　　　　　图 2-62　复制命令操作流程

（1）执行菜单命令"Edit"→"Copy"，或者按快捷键"c"，弹出"Copy"对话框。

（2）选择一个或多个图形。

（3）单击鼠标左键确定复制命令的参考点（复制起点）。

（4）移动鼠标并将光标移至终点，完成新图形复制命令操作。复制命令也可将图形复制至其他版图视图中。

10. 拉伸命令（Stretch）

拉伸命令用于通过拖动角和边缘缩小或扩大图形。图 2-63 所示为拉伸命令对话框。其中，"Snap Mode"用于控制拉伸图形的方向，"Lock Angles"选项被选中时不允许改变拉伸图形的角度，"Chain Mode"用于设置拉伸图形链，"DeltaX"和"DeltaY"分别用于设置拉伸的新图形与原图形的 X 方向和 Y 方向的距离。拉伸命令操作流程如图 2-64 所示。

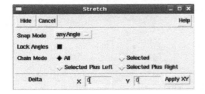

单击参考点　　　　　拖曳指针　　　　　松开鼠标左键后拉伸结束

图 2-63　拉伸命令对话框　　　　　　图 2-64　拉伸命令操作示意图

（1）执行菜单命令"Edit"→"Stretch"，或者按快捷键"s"，弹出"Stretch"对话框。

（2）选择一个或多个图形的边缘或角。

（3）移动光标直到拉伸目标点。

（4）松开鼠标左键完成拉伸操作。

11. 删除命令（Delete）

删除命令用于删除图形及图形组合，可以通过下述方式之一完成被选中图形的删除操作：①执行菜单命令"Edit"→"Delete"；②按"Delete"键；③单击工具栏上的"Delete"图标。图 2-65 所示为删除命令对话框。其中，"Net Interconnect"用于设置删除任何被选中的路径、与连线相关的组合器件及非端口图形，"Chain Mode"用于设置删除图形链，"All"代表删除链上的所有器件，"Selected"代表仅删除被选中的器件，"Selected Plus

Left"代表删除器件包括被选择及链上所有左侧的元器件。"Selected Plus Right"代表删除器件包括被选择及链上所有右侧的元器件。

12. 合并命令（Merge）

合并命令用于将多个相同层上的图形合并成一个图形，如图 2-66 所示。

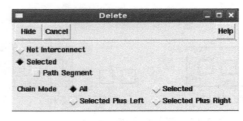

图 2-65　删除命令对话框　　　　　图 2-66　合并命令示意图

合并命令操作流程如下所述。

（1）执行菜单命令"Edit"→"Merge"，或者按快捷键"Shift"+"m"。

（2）选择一个或多个在同一层上的图形，这些图形必须是互相重叠、毗邻的。

13. 选择和放弃选择命令（Select/Deselect）

选择命令操作流程如下所述。

（1）选择一个图形或元器件，将光标放置在其上方，使得其图形或元器件轮廓显示为虚线。

（2）单击虚线框使其变成实线框，图形或元器件被选中。

（3）按住"Shift"键，可以选择多个图形或元器件。

通过 LSW 窗口可以设置版图层的图形、元器件是否可选，如图 2-67 所示。

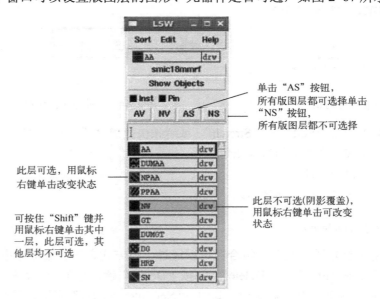

图 2-67　LSW 设置版图层、元器件等可选择

在图 2-67 中，"AS"按钮用于使所有层均可被选择，"NS"按钮用于使所有版图层均不可被选择，当需要使一个版图层不可选时，可以用鼠标右键单击此层。当此层不可选时，LSW 显示的相应版图层呈灰色。若使元器件可选或不可选，可以单击"Objects"区域相应的选项，如图 2-68 所示。

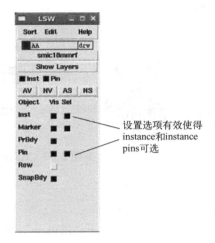

设置选项有效使得 instance 和 instance pins 可选

图 2-68　LSW 中"Objects"区域相应的选项

放弃选择命令流程如下所述。

（1）版图窗口中有版图层或元器件单元被选中，单击空白区域，则放弃选择原版图层或元器件单元。

（2）也可以执行菜单命令"Edit"→"Deselect"，或者按快捷键"Ctrl"+"d"完成放弃选择命令。

14. 改变层次关系命令（Make Cell/Flatten）

改变层次关系可以将现有单元中的一个或多个版图层/元器件组成一个独立的单元（单元层次上移），也可以将一个单元分解（单元层次下移）。

1）Make Cell 命令　即合并，为单元层次上移命令。"Make Cell"对话框如图 2-69 所示。其中，"Library""Cell""View"分别代表建立新单元的库、单元和视图名称，"Replace Figures"代表可替换同名单元，"Origin"中的"Set Origin"代表设置建立新单元的原点坐标，可以在右侧的"X"栏和"Y"栏中进行设置，也可以利用光标设置原点。"Browse"按钮用于在浏览器中选择库、单元和视图位置。Make Cell 命令操作流程如下所述。

（1）选择想要构成新单元的所有图形和元器件。

（2）执行菜单命令"Edit"→"Hierarchy"→"Make Cell"，弹出"Make Cell"对话框。

（3）输入新单元的库名、单元名和视图名。

（4）单击"OK"按钮完成 Make Cell 命令操作，如图 2-70 所示。

2）Flatten 命令　即打散，为单元层次下移命令。"Flatten"对话框如图 2-71 所示。其中，"Flatten Mode"用于选择打散一层（one level）或打散到可显示层（displayed levels），"Flatten Pcells"代表是否打散参数化单元，"Preserve Pins"代表是否打散后端口的连接信息，"Preserve ROD Objects"代表是否保留 ROD 的属性，"Preserve Selections"代表是否保留所有打散后图形的选择性。

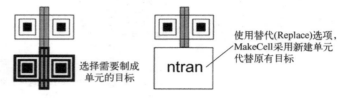

图 2-69　"MakeCell"对话框　　　　　图 2-70　Make Cell 命令操作示意图

Flatten 命令操作流程如下所述。

（1）选择想要打散的所有的元器件组合。

（2）执行菜单命令"Edit"→"Hierarchy"→"Flatten"，弹出"Flatten"对话框。

（3）选择打散模式。

（4）单击"OK"按钮完成 Flatten 命令操作，如图 2-72 所示。

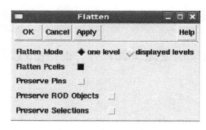

图 2-71　"Flatten"对话框　　　　　图 2-72　Flatten 命令操作示意图

15. 切割命令（Chop）

切割命令用于将现有图形分割或切除某个部分。"Chop"对话框如图 2-73 所示，其中，"Chop Shape"用于选择切割的形状，"rectangle"代表矩形，"polygon"代表多边形，"line"代表采用连线方式进行切割；"Remove Chop"代表删除切割掉的部分，"Snap Mode"代表采用多边形和连线方式进行切割的布线方式。

切割（Chop）命令操作流程如下所述。

（1）执行菜单命令"Edit"→"Other"→"Chop"，或者按快捷键"Shift"+"c"，弹出"Chop"对话框。

（2）选择一个或多个图形。

（3）在切割模式选项中选择"rectangle"模式。

（4）单击矩形切割的第一个角。

（5）移动鼠标选择矩形切割的对角，完成矩形切割操作，如图 2-74 所示。

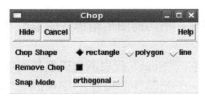

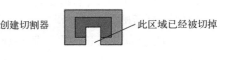

图 2-73　"Chop"对话框　　　　　　　　图 2-74　Chop 命令操作示意图

16. 旋转命令（Rotate）

选择命令用于改变选择图形和图形组合的方向。"Rotate"对话框如图 2-75 所示。其中，"Angle"栏用于输入旋转的角度，当移动光标时，其数值会发生相应的变化；"Angle Snap To"用于设置选择角度的精度；单击"Rotate"按钮可使所选的图形和图形组合逆时针旋转 90°，单击"Sideways"按钮可使所选图形和图形组合 Y 轴镜像一次，单击"Upside Down"按钮可使所选图形和图形组合 X 轴镜像一次。

Rotate 旋转命令操作可以利用对话框来完成，也可以利用鼠标来完成。

利用对话框完成 Rotate 旋转命令的流程如下所述。

（1）执行菜单命令"Edit"→"Other"→"Rotate"，或者按快捷键"Shift"+"o"，弹出"Rotate"对话框。

（2）选择版图中的图形。

（3）在版图中单击参考点，在"Rotate"对话框中输入旋转的角度，或者单击"Rotate""Sideways""Upside Down"按钮。

（4）单击"Apply"按钮完成旋转操作。

利用鼠标右键完成旋转操作的流程如下所述。

（1）先进行移动（Move）、复制（Copy）和粘贴（Paste）操作。

（2）逆时针旋转 90°，单击鼠标右键，如图 2-76 所示。

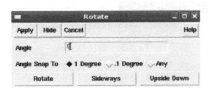

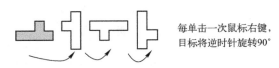

图 2-75　"Rotate"对话框　　　　　　　图 2-76　逆时针旋转 90°操作示意图

（3）先 Y 轴镜像再 X 轴镜像，按住"Shift"键并单击鼠标右键（Y 轴镜像），再单击鼠标右键（X 轴镜像），如图 2-77 所示。

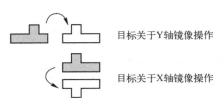

图 2-77　目标关于 Y 轴镜像与 X 轴镜像操作示意图

17. 属性命令（Properties）

属性命令用于查看或编辑被选中图形及元器件的属性。不同的图形结构、图形组合具有不同的属性对话框。

图 2-78 所示为查看和编辑元器件属性的对话框。其中，"Next"代表所选元器件组中下一个元器件的属性；"Previous"代表所选元器件组中上一个元器件的属性；"Attribute"代表元器件的特性，根据元器件类型不同，其特性也不同；"Connectivity"用于显示所选元器件的布线和连线信息；"Parameter"用于显示参数化单元的参数；"ROD"代表器件的 ROD 属性；"Common"代表选择元器件组属性进行批量修改。

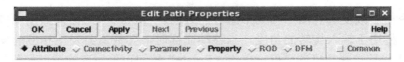

图 2-78   元器件属性命令对话框

查看元器件属性命令操作流程如下所述。

（1）执行菜单命令"Edit"→"Properties"，或者按快捷键"q"，弹出"Edit Path Properties"对话框。

（2）选择一个或多个器件，此时显示第一个元器件的属性。

（3）单击合适的按钮，查看属性信息。

（4）选中"Common"选项，查看所选元器件的共同属性。

（5）单击"Next"按钮，显示另一个元器件的属性。

（6）单击"Previous"按钮，显示前一个元器件的属性。

（7）单击"Cancel"按钮，关闭对话框。

图 2-79 所示为查看和编辑路径连线的对话框，其中"Width"栏用于编辑路径连线的宽度。

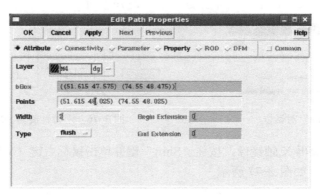

图 2-79   查看和编辑路径连线对话框

编辑路径连线属性的操作流程如下所述。

（1）执行菜单命令"Edit"→"Properties"，或者按快捷键"q"，弹出"Edit Path Properties"对话框。

（2）选择一个或多个路径连线，此时显示第一个元器件的属性。

（3）选中"Common"选项。

（4）单击"Next"按钮，显示另一个元器件的属性。

（5）输入需要修改的路径连线的宽度；

（6）单击"OK"按钮，确认并关闭对话框。

18. 分离命令（Split）

分离命令用于将单元切分并改变形状。Split 命令对话框如图 2-80 所示。其中，"Lock Angles"选项用于防止用户改变分离目标的角度；"Snap Mode"选项用于选择分离拉伸角度，其中"anyAngle"为任意角度，"diagonal"为对角线角度，"orthogonal"为互相垂直角度，"horizontal"为水平角度，"vertical"为竖直角度。

Split 命令操作流程如下所述。

（1）选择想要分离的单元图形。

（2）执行菜单命令"Edit"→"Other"→"Split"，或者按快捷键"Ctrl"+"s"，弹出"Split"对话框。

（3）单击创建分离线折线，如图 2-81 所示。

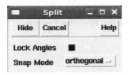

图 2-80　Split 命令对话框

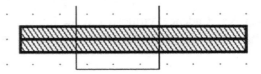

图 2-81　创建分离线操作示意图

（4）单击拉伸参考点，如图 2-82 所示。

（5）单击拉伸的终点完成分离命令，如图 2-83 所示。

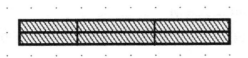

图 2-82　单击参考点操作示意图

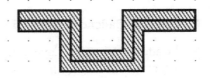

图 2-83　分离拉伸后的效果

【本章小结】

本章对 Cadence Virtuoso Layout Editor 的 CIW 窗口、Layout Editor 窗口及 Library Manager 窗口进行了介绍。读者可以在熟悉 Virtuoso CIW 窗口菜单、Library Manager 窗口菜单及 Virtuoso Layout Editor 的窗口标题、状态栏、菜单栏、工具栏、设计区域、光标指针、提示栏和层选择窗口基础上，配合对版图层的创建、拉伸、复制、调用、移动、旋转等基本操作，进一步加深对 Cadence Virtuoso CIW、Layout Editor 及 Library Manager 的界面和操作的了解。

第3章　Mentor Calibre 版图验证工具

随着超大规模集成电路芯片集成度的不断提高，需要进行验证的项目也越来越多。版图物理验证在集成电路消除错误、降低设计成本及设计风险方面起着非常重要的作用。版图物理验证主要包括设计规则检查（DRC）、电学规则检查（ERC）、版图与电路图一致性检查（LVS）3 个主要部分。业界公认的 EDA 设计软件提供商均提供版图物理验证工具，如 Cadence 公司的 Assura、Synopsys 公司的 Hercules、Mentor 公司的 Calibre。在这 3 种工具中，Mentor Calibre 由于具有较好的交互界面、快速的验证算法、准确的错误定位，在集成电路物理验证上具有较高的占有率。

Mentor Calibre 工具已经被众多集成电路设计公司、单元库、IP 开发商和晶圆代工厂用做深亚微米集成电路的物理验证工具。它具有先进的分层次处理能力，是一款具有在提高验证速度的同时，可优化重复设计层次化的物理验证工具。Calibre 既可以作为独立的工具使用，也可以嵌入到 Cadence Virtuoso Layout Editor 工具菜单中即时调用。本书将采用第 2 种方式对版图物理验证的流程进行介绍。

 ## 3.1　Mentor Calibre 版图验证工具调用

Mentor Calibre 版图验证工具的调用方法有 3 种，即内嵌在 Cadence Virtuoso Layout Editor 工具中、Calibre 图形界面和 Calibre 查看器（Calibre View）。

1. 采用内嵌 Cadence Virtuoso Layout Editor 工具启动

采用 Cadence Virtuoso Layout Editor 直接调用 Mentor Calibre 工具需要进行文件设置，在用户的根目录下找到.cdsinit 文件，在文件的结尾处添加以下语句即可（其中，calibre.skl 为 calibre 提供的 skill 语言文件）：

```
load "/usr/calibre/calibre.skl"
```

加入上述语句后，存盘并退出文件，进入到工作目录，启动 Cadence Virtuoso 工具 icfb&。在打开存在的版图视图文件或新建版图视图文件后，在 Layout Editor 的菜单栏上增加了一个名为"Calibre"的新菜单，如图 3-1 所示。利用这个菜单就可以很方便地对 Mentor Calibre 工具进行调用。"Calibre"菜单及其子菜单功能见表 3-1。

表 3-1　"Calibre"菜单及其子菜单功能介绍

Calibre		
Run DRC		运行 Calibre DRC
Run DFM		运行 Calibre DFM（本书暂不介绍）
Run LVS		运行 Calibre LVS

续表

Calibre		
Run PEX		运行 Calibre PEX
Start RVE		启动运行结果查看环境（RVE）
Clear Highlight		清除版图高亮显示
Setup	Layout Export	Calibre 版图导出设置
	Netlist Export	Calibre 网表导出设置
	Calibre View	Calibre 反标注设置
	RVE	运行结果查看环境
	Socket	设置 RVE 服务器 Socket
About		Calibre Skill 交互接口说明

图 3-2 至图 3-4 所示分别为运行 Calibre DRC、LVS 和 PEX 后出现的主界面。

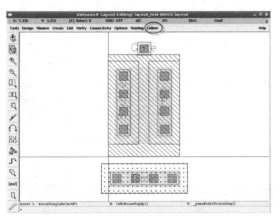

图 3-1　新增的"Calibre"菜单示意图

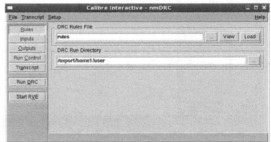

图 3-2　运行 Calibre DRC 出现的主界面

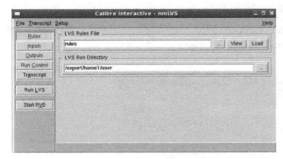

图 3-3　运行 Calibre LVS 出现的主界面

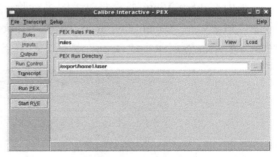

图 3-4　运行 Calibre PEX 出现的主界面

2. 采用 Calibre 图形界面启动

输入命令"calibre-gui&"，启动 Mentor Calibre，如图 3-5 所示。

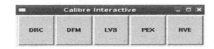

图 3-5　命令行启动 Mentor Calibre 界面

其中包括 DRC、DFM、LVS、PEX 和 RVE 五个选项，单击相应的选项即可启动相应的工具。

3. 采用 Calibre View 查看器启动

输入命令"calibredrv&"，启动 Mentor Calibre 查看器。通过查看器可对版图进行编辑，同时也可以在查看器中调用 DRC、LVS 及 PEX 工具进行版图验证。Mentor Calibre 查看器如图 3-6 所示。

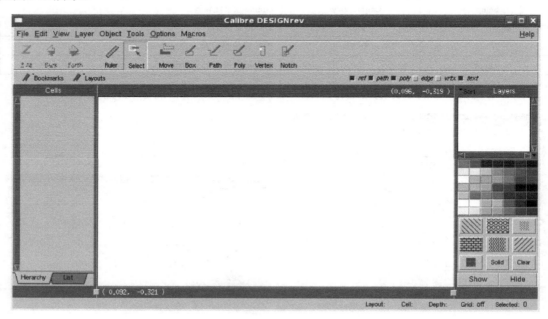

图 3-6   Mentor Calibre 查看器

利用 Calibre View 查看器对版图进行验证时，需要将版图文件读入查看器中。执行菜单命令"File"→"Open layout"，弹出"Choose Layout File"对话框，选择版图文件，如图 3-7 所示。然后单击"Open"按钮，打开版图，如图 3-8 所示。

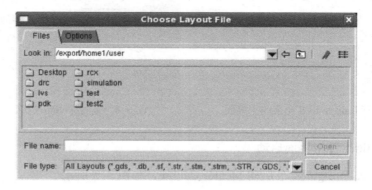

图 3-7   "Choose Layout File"对话框

进行版图验证时，利用菜单"Tools"→"Calibre Interactive"下的子菜单来选择验证工具（Run DRC、Run DFM、Run LVS 和 Run PEX），如图 3-9 所示。

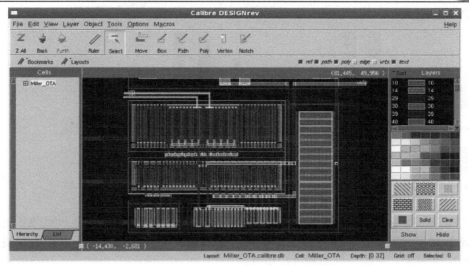

图 3-8　Calibre View 打开后版图显示

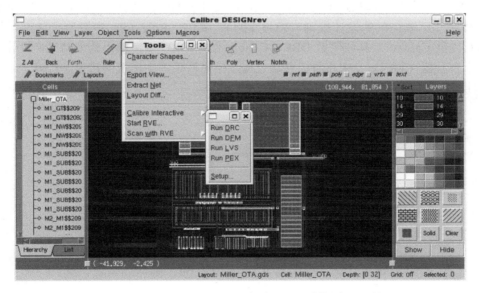

图 3-9　Calibre Interactive 下启动 Calibre 版图验证工具

 ## 3.2　Mentor Calibre DRC 验证

3.2.1　Calibre DRC 验证简介

DRC 是主要根据工艺厂商提供的设计规则检查文件，对设计的版图进行检查。其检查内容主要以版图层为目标，对相同版图层及相邻版图层之间的关系及尺寸进行规则检查。DRC 的目的是保证版图满足流片厂家的设计规则。只有满足厂家设计规则的版图才有可能成功制造，并且符合电路设计者的设计初衷。图 3-10 所示的是不满足设计规则的版图与制造出的芯片对比。

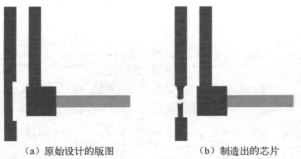

（a）原始设计的版图   （b）制造出的芯片

图 3-10   不满足设计规则的版图与制造出的芯片对比

从图 3-10 中可以看出，左侧蓝色线条在左下角变窄，这部分不满足设计规则的要求，在芯片制造过程中就可能发生物理上的断路，造成芯片功能失效。因此，在版图设计完成后，必须采用流片厂家的设计规则进行检查。

图 3-11 所示为采用 Mentor Calibre 工具做 DRC 的基本流程图。采用 Calibre 对输入版图进行 DRC 检查时，其输入主要包括两项，即设计者的版图数据（Layout，一般为 GDSII 格式）和流片厂家提供的设计规则（Rule File）。其中，Rule File 中限制了版图设计的要求，以及提供 Calibre 工具如何做 DRC。Calibre 做完 DRC 后，输出处理结果，设计者可以通过一个查看器（Viewer）来查看，并通过提示信息对版图中出现的错误进行修正，直到无 DRC 错误为止。

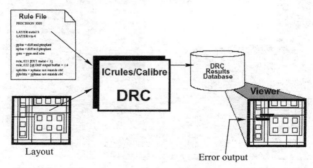

图 3-11   采用 Mentor Calibre 工具做 DRC 的基本流程图

Calibre DRC 是一个基于边缘（EDGE）的版图验证工具，其图形的所有运算都是基于边缘来进行的，这里的边缘还区分内边和外边，如图 3-12 所示。

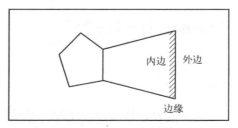

图 3-12   Mentor Calibre 边缘示意图

Calibre DRC 的常用指令主要包括内边检查（Internal）、外边检查（External）、尺寸检查（Size）、覆盖检查（Enclosure）等。

内边检查（Internal）指令用于检查多边形的内间距，它不仅可以检查同一版图层的多边形内间距，也可以检查两个不同版图层的多边形之间的内间距，如图 3-13 所示。

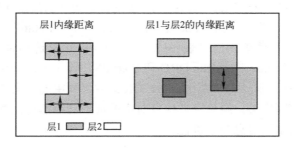

图 3-13　Calibre DRC 内边检查示意图

在图 3-13 中，内边检查的是多边形内边的相对关系，需要注意的是图中左侧凹进去的相对两边不做检查，这是两边是外边缘的缘故。一般内边检查主要针对的是多边形或矩形宽度的检查，如金属最小宽度等。

外边检查（External）指令用于检查多边形外间距，它不仅可以检查同一版图层多边形的外间距，也可以检查两个不同版图层多边形的外间距，如图 3-14 所示。

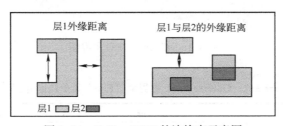

图 3-14　Calibre DRC 外边检查示意图

在图 3-14 中，外边检查的是多边形外边的相对关系，图中对其左侧凹进去的部分上、下两边做检查。一般外边检查主要针对的是多边形或矩形与其他图形距离的检查，如同层金属、相同版图层允许的最小间距等。

在覆盖检查（Enclosure）指令用于检查多边形交叠，它可以检查两个不同版图层多边形之间的关系，如图 3-15 所示。

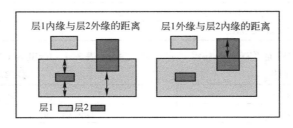

图 3-15　Calibre DRC 覆盖检查示意图

在图 3-15 中，覆盖检查的是被覆盖多边形外边与覆盖多边形内边关系。一般覆盖检查是对多边形被其他图形覆盖，被覆盖图形的外边与覆盖图形内边的检查，如有源区上多晶硅外缘最小距离等。

3.2.2　Calibre DRC 界面介绍

图 3-16 所示为 Calibre DRC 主界面。其中，标题栏显示的是工具名称（Calibre Interactive – nmDRC）；菜单栏包括"File"、"Transcript"和"Setup"3 个菜单，每个菜单又包含若干个子菜单，其子菜单功能见表 3-2 至表 3-4；工具选项栏包括 Rules、Inputs、Outputs、Run Control、Transcript、Run DRC 和 Start RVE 等 7 个选项栏，每个选项栏对应了若干个基本设置（将在后面介绍）。在 Calibre DRC 主界面中的工具选项栏中，红色字体代表对应的选项还没有填写完整，绿色字体代表对应的选项已经填写完整（但是不代表填写完全正确，需要用户确认填写信息的正确性）。

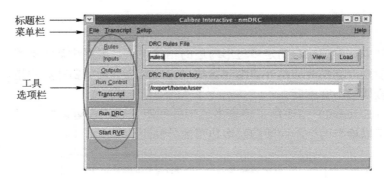

图 3-16　Calibre DRC 主界面

表 3-2　Calibre DRC 主界面"File"菜单功能介绍

File		
New Runset	建立新 Runset（Runset 中存储的是为本次进行验证而设置的所有选项信息）	
Load Runset	加载新 Runset	
Save Runset	保存 Runset	
Save Runset As	另存 Runset	
View Text File	查看文本文件	
Control File	View	查看控制文件
	Save As	将新 Runset 另存至控制文件
Recent Runsets	最近使用过的 Runsets 文件	
Exit	退出 Calibre DRC	

表 3-3　Calibre DRC 主界面"Transcript"菜单功能介绍

Transcript	
Save As	可将副本另存至文件
Echo to File	将文件加载至 Transcript 界面
Search	在 Transcript 界面中查找文本

表 3-4　Calibre DRC 主界面"Setup"菜单功能介绍

Setup	
DRC Option	DRC 选项
Set Environment	设置环境
Select Checks	选择 DRC 检查选项
Layout Viewer	版图查看器环境设置
Preferences	DRC 偏好设置
Show ToolTips	显示工具提示

　　图 3-17 所示为工具选项栏选择"Rules"时的显示结果，其界面右侧分别为 DRC 规则文件选择（DRC Rules File）和 DRC 运行目录选择（DRC Run Directory）。规则文件选择定位 DRC 规则文件的位置，其中，"..."按钮用于选择规则文件在硬盘中的位置，"View"按钮用于查看选中的 DRC 规则文件，"Load"按钮用于加载之前保存过的规则文件；DRC 运行目录为选择 Calibre DRC 执行目录，单击"..."按钮可以选择目录，并在栏内进行显示。图 3-17 所示的 Rules 选项已经填写完毕。

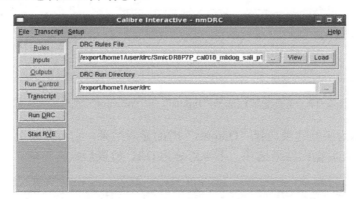

图 3-17　工具选项栏选择"Rules"的显示结果

图 3-18 所示为工具选项栏选择"Inputs"时的显示结果。

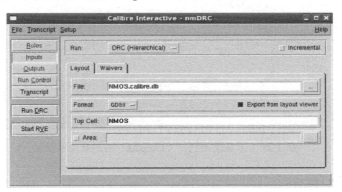

图 3-18　工具选项栏选择"Inputs"→"Layout"时的显示结果

☺ "Layout"选项卡：如图 3-18 所示。
　　◇ Run [Hierarchical/Flat/Calibre CB]：选择 Calibre DRC 运行方式。
　　◇ File：版图文件名称。
　　◇ Format [GDSII/OASIS/LEFDEF/MILKYWAY/OPENACCESS]：版图格式。
　　◇ Export from layout viewer：高亮为从版图查看器中导出文件，否则使用存在的文件。
　　◇ Top Cell：选择版图顶层单元名称，如果图是层次化版图，则会出现选择对话框。
　　◇ Area：高亮后，可以选定 DRC 版图的坐标（左下角和右上角）。
☺ "Waivers"选项卡：如图 3-19 所示。
　　◇ Run [Hierarchical/Flat/Calibre CB]：选择 Calibre DRC 运行方式。
　　◇ Preserve cells from waiver file：从舍弃文件中保留如下单元。

❖ Additional Cells: 额外单元。

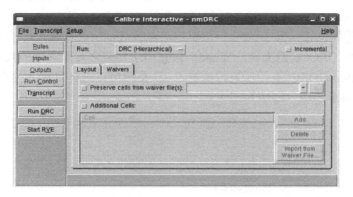

图 3-19　工具选项栏选择"Inputs"→"Waivers"时的显示结果

图 3-20 所示为工具选项选择"Outputs"时的显示结果，它可分为上、下两个部分，上半部分为 DRC 检查后输出结果选项，下半部分为 DRC 检查后报告选项。

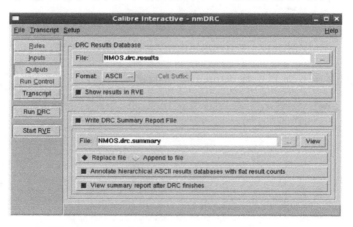

图 3-20　工具选项选择"Outputs"时的显示结果

☺ DRC Results Database
　❖ File: DRC 后生成数据库的文件名称。
　❖ Format: DRC 后生成数据库的格式（ASCII、GDSII 或 OASIS 可选）。
　❖ Show results in RVE: 高亮则在 DRC 完成后自动弹出 RVE 窗口。
☺ Write DRC Summary Report File: 高亮则将 DRC 总结文件保存到文件中。
　❖ File: DRC 总结文件保存路径及文件名称。
　❖ Replace file/Append to file: 以替换/追加形式保存文件。
　❖ Annotate hierarchical ASCII results databases with flat result counts: 以打平方式反标注层次化结果。
　❖ View summary report after DRC finishes: 高亮则在 DRC 后自动弹出总结报告。

图 3-21 所示为工具选项选择"Run Control"时的显示结果。图 3-21 中显示的是"Performance"选项卡，另外还有"Incremental DRC Validation""Remote Execution""Licensing"3 个选项卡。

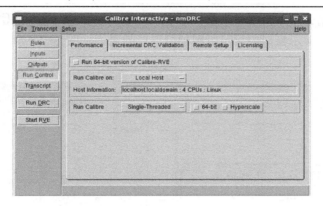

图 3-21 Run Control 菜单中"Performance"选项卡

☺ "Performance"选项卡：如图 3-21 所示。

◇ Run 64-bit version of Calibre-RVE：高亮表示运行 Calibre-RVE 64 位版本。

◇ Run Calibre on: [Local Host/Remote Host]：在本地/远程运行 Calibre。

◇ Run Calibre: [Single-Threaded/Multi-Threaded/Distributed]：单进程/多进程/分布式运行 Calibre DRC。

☺ "Incremental DRC Validation"、"Remote Setup"和"Licensing"3 个选项卡的选项一般选择默认即可。

图 3-22 所示为工具选项选择"Transcript"时的显示结果，它显示 Calibre DRC 的启动信息，包括启动时间、启动版本和运行平台等信息。在 Calibre DRC 执行过程中，还显示 Calibre DRC 的运行进程。

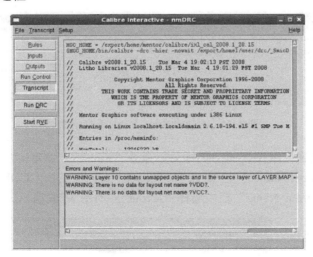

图 3-22 工具选项选择"Transcript"时的显示结果

单击"Run DRC"按钮，可立即执行 Calibre DRC 检查。

单击"Start RVE"按钮，可手动启动 RVE 视窗，如图 3-23 所示。

RVE 窗口分为左上侧的错误报告窗口、左下侧的错误文本说明显示窗口和右侧的错误对应坐标显示窗口 3 个部分。其中，错误报告窗口中显示 Calibre DRC 后所有的错误类型及错误数量，如果存在红色"X"表示版图存在 DRC 错误，如果显示的是绿色的"√"则表示没有 DRC 错误；错误文本说明显示窗口中显示在错误报告窗口选中的错误类型对应的文本说明；错误对应坐标显示窗口中显示版图顶层错误的坐标。图 3-24 所示为无 DRC 错误时的 RVE 窗口。

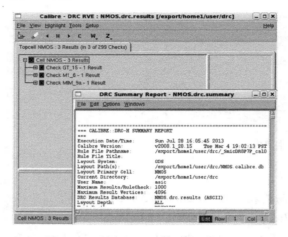

图 3-23　Calibre DRC 的 RVE 窗口　　　　图 3-24　无 DRC 错误的 RVE 窗口

3.2.3　Calibre DRC 验证流程举例

本节采用内嵌在 Cadence Virtuoso Layout Editor 的菜单选项来启动 Calibre DRC。Calibre DRC 的操作流程如下所述。

（1）启动 Cadence Virtuoso 工具命令 icfb，弹出 Cadence Virtuoso 对话框，如图 3-25 所示。

图 3-25　启动 Cadence Virtuoso 对话框

（2）打开需要验证的版图视图：执行菜单命令"File"→"Open"，弹出"Open File"对话框，在"Library Name"栏中选择"layout_test"，在"Cell Name"栏中选择"Miller_OTA"，在"View Name"栏中选择"layout"，如图 3-26 所示。

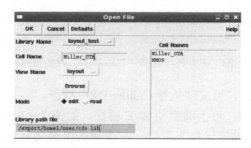

图 3-26　"Open File"对话框

（3）单击"OK"按钮，弹出 Miller_OTA 版图视图，如图 3-27 所示。

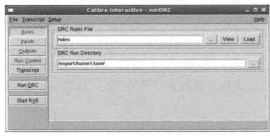

图 3-27　打开 Miller_OTA 版图

（4）打开 Calibre DRC 工具：执行菜单命令"Calibre"→"Run DRC"，弹出 Calibre DRC 工具对话框，如图 3-28 所示。

（5）单击"Rules"按钮，在"DRC Rules File"区域中单击"…"按钮，选择设计规则文件；在"DRC Run Directory"区域中单击"…"按钮，选择运行目录，如图 3-29 所示。

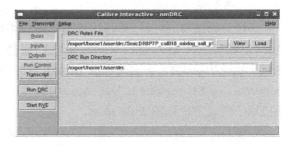

图 3-28　打开 Calibre DRC 工具　　　　　图 3-29　Calibre DRC 中"Rules"选项设置

（6）单击"Inputs"按钮，并在"Layout"选项卡中选择 Export from layout viewer 高亮，如图 3-30 所示。

（7）单击"Outputs"按钮，在此可以选择默认的设置，同时也可以改变相应输出文件的名称，如图 3-31 所示。

（8）单击"Run Control"按钮，选择默认设置。单击"Run DRC"按钮，Calibre 开始导出版图文件并对其进行 DRC 检查，如图 3-32 所示。

（9）Calibre DRC 完成后，会自动弹出输出结果 RVE 及文本格式文件，如图 3-33 和图 3-34 所示。

（10）查看 Calibre DRC 输出结果的图形界面 RVE，发现在版图中存在 2 个 DRC 错误，分别为 SN_2（SN 区间距小于 0.44μm）和 M3_1（M3 的最小宽度小于 0.28μm）。

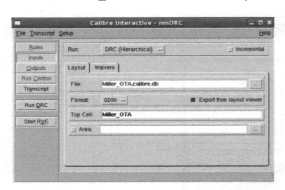

图 3-30　Calibre DRC 中"Inputs"选项设置

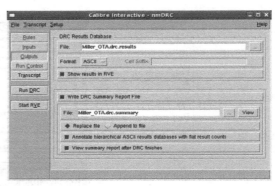

图 3-31　Calibre DRC 中"Outputs"选项设置

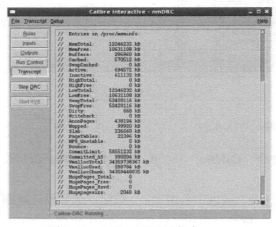

图 3-32　Calibre DRC 运行中

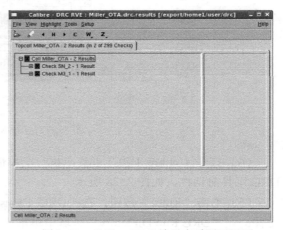

图 3-33　Calibre DRC 结果查看图形界面

　　（11）错误 1 修改。单击错误报告窗口中的"Check SN_2 - 1 Result"，并双击其下的"01"，错误文本显示窗口显示设计规则路径（Rule File Pathname:/export/home1/user/drc/_SmicDR8P7P_cal018_mixlog_sali_p1mt6_1833.drc_）及违反的具体规则（Minimum space between two SN regions is less than 0.44um），DRC 结果查看图形界面如图 3-35 所示，其版图 DRC 错误定位如图 3-36 所示。

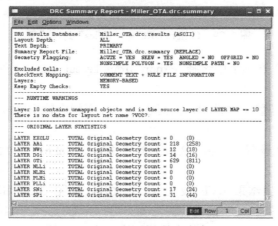

图 3-34　Calibre DRC 输出文本

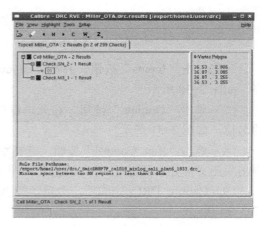

图 3-35　DRC 结果查看图形界面（一）

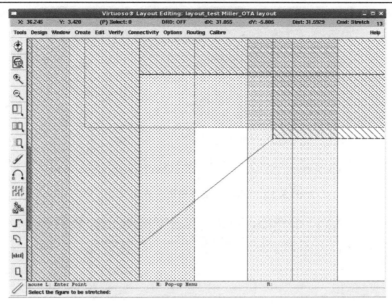

图 3-36　相应版图错误定位（一）

（12）根据提示进行版图修改，将两个 SN 区合并为一个，这就不会存在间距问题，修改后的版图如图 3-37 所示。

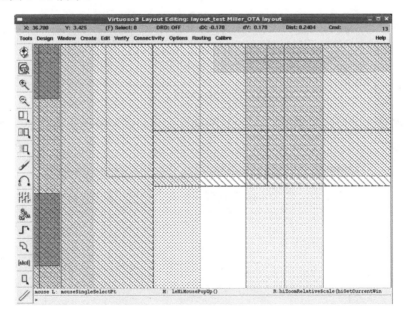

图 3-37　修改后版图（一）

（13）错误 2 修改。单击错误报告窗口 Check M3_1-1 Result，并双击其下的"01"，错误文本显示窗口显示设计规则路径（Rule File Pathname:/export/home1/user/drc/_SmicDR8P7P_cal018_mixlog_sali_p1mt6_1833.drc_）以及违反的具体规则（Minimum width of an M3 region is 0.28um），DRC 结果查看图形界面如图 3-38 所示，版图错误定位如图 3-39 所示。

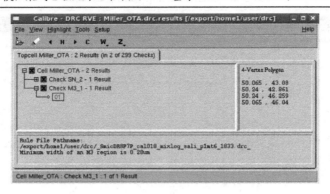

图 3-38　DRC 结果查看图形界面（二）

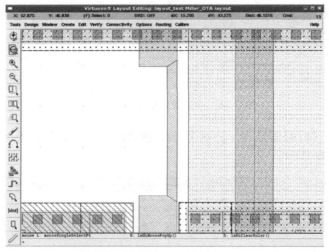

图 3-39　相应版图错误定位（二）

（14）根据提示进行版图修改，将 M3 的线宽加宽，满足最小线宽要求。修改后的版图如图 3-40 所示。

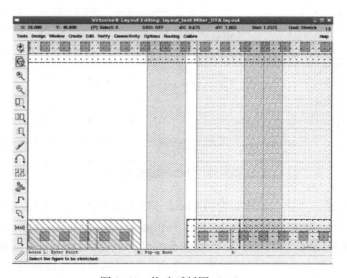

图 3-40　修改后版图（二）

（15）DRC 错误修改完毕后，再次做 DRC，直到所有的错误均修改完毕为止，此时出现如图 3-41 所示的界面，表明 DRC 已经通过。

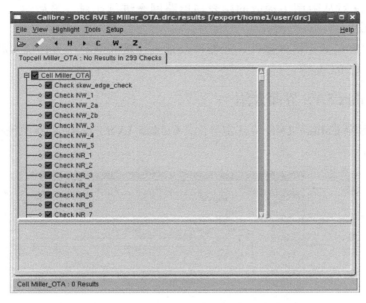

图 3-41　Calibre DRC 通过界面

3.3　Mentor Calibre LVS 验证

3.3.1　Calibre LVS 验证简介

版图与电路图一致性检查（Layout Versus Schematic，LVS）的目的在于检查人工绘制的版图是否和电路结构相符。由于电路图在版图设计之初已经经过仿真确定了所采用的晶体管，以及各种器件的类型和尺寸，一般情况下人工绘制的版图如果没有经过验证基本上不可能与电路图完全相同，所以对版图与电路图做 LVS 是非常必要的。

通常情况下，Calibre 工具对版图与电路图做 LVS 时的流程如图 3-42 所示。

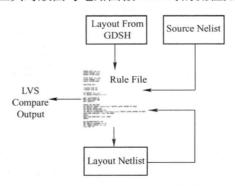

图 3-42　Mentor Calibre LVS 基本流程图

在 Mentor Calibre LVS 的基本流程中，首先根据元器件定义规则对元器件及连接关系从版图（Layout）中提取相应的网表（Layout Netlist），其次读入电路网表（Source Netlist），再根据一定的算法对从版图中提取的网表与电路网表进行比对，最后输出比对结果（LVS Compare Output）。

LVS 检查主要包括元器件属性、元器件尺寸及连接关系等一致性比对检查，同时还包括电学规则检查（ERC）等。

3.3.2　Calibre LVS 界面介绍

图 3-43 所示为 Calibre LVS 验证主界面。Calibre LVS 的验证主界面包括标题栏、菜单栏和工具选项栏。

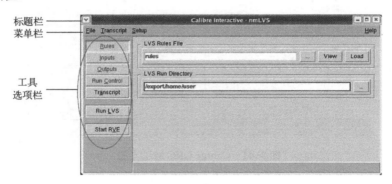

图 3-43　Calibre LVS 验证主界面

其中，标题栏显示的是工具名称（Calibre Interactive–nmLVS），包括"File"、"Transcript"和"Setup"3 个主菜单，每个主菜单又包含若干个子菜单，见表 3-5 至表 3-7 所示；工具选项栏包括 Rules、Inputs、Outputs、Run Control、Transcript、Run LVS 和 Start RVE 等 7 个选项栏，每个选项栏对应了若干个基本设置。在 Calibre LVS 主界面中的工具选项栏中，红色字栏代表对应的选项尚未填写完整，绿色字栏代表对应的选项已经填写完整（但不代表填写完全正确，需要用户确认填写信息的正确性）。

表 3-5　Calibre LVS 主界面"File"菜单功能介绍

File		
New Runset		建立新 Runset
Load Runset		加载新 Runset
Save Runset		保存 Runset
Save Runset As		另存 Runset
View Text File		查看文本文件
Control File	View	查看控制文件
	Save As	将新 Runset 另存至控制文件
Recent Runsets		最近使用过的 Runsets
Exit		退出 Calibre LVS

表 3-6　**Calibre LVS 主界面"Transcript"菜单功能介绍**　表 3-7　**Calibre LVS 主界面"Setup"菜单功能介绍**

Transcript	
Save As	将副本另存至文件
Echo to File	将文件加载至 Transcript 界面
Search	在 Transcript 界面中查找文本

Setup	
LVS Options	LVS 选项
Set Environment	设置环境
Verilog Translator	Verilog 文件格式转换器
Create Device Signatures	创建元器件特征
Layout Viewer	版图查看器环境设置
Schematic Viewer	电路图查看器环境设置
Preferences	LVS 设置偏好
Show ToolTips	显示工具提示

图 3-42 所示的也是工具选项栏选择"Rules"的显示结果，其界面右侧分别为规则文件选择栏及规则文件路径选择栏。规则文件栏用于定位 LVS 规则文件的位置，其中单击"…"按钮可以选择规则文件在硬盘中的位置，单击"View"按钮可以查看选中的 LVS 规则文件，单击"Load"按钮可以加载之前保存过的规则文件；路径选择栏用于选择 Calibre LVS 的执行目录，单击"…"按钮可以选择目录，并在栏内进行显示。图 3-44 所示的 Rules 已经填写完毕。

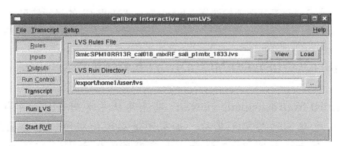

图 3-44　填写完毕的 Calibre LVS

图 3-45 所示为工具选项栏选择"Inputs"下"Layout"选项卡的显示结果，它可分为上、下两个部分，上半部分为 Calibre LVS 的验证方法（"Hierarchical"、"Flat"或"Calibre CB"可选）和对比类别（"Layout vs Netlist"、"Netlist vs Netlist"和"Netlist Extraction"可选），下半部分为版图 Layout、网表 Netlist 和层次换单元 H-Cells 的基本选项。

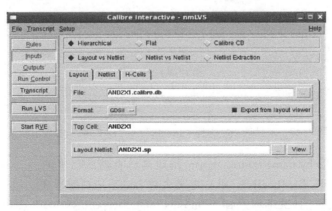

图 3-45　工具选项栏选择"Inputs"→"Layout"的显示结果

☺ Layout 选项卡：如图 3-45 所示。

　◇ Files：版图文件名称。

　◇ Format [GDS/OASIS/LEFDEF/MILKYWAY/OPENACCESS]：版图文件格式。

　◇ Top Cell：版图顶层单元名称，如果图是层次化版图，则会出现选择对话框。

　◇ Layout Netlist：导出版图网表文件名称。

☺ "Netlist" 选项卡：如图 3-46 所示。

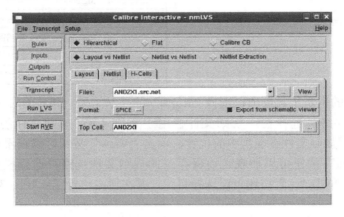

图 3-46　工具选项栏选择 "Inputs" → "Netlist" 的显示结果

　◇ Files：网表文件名称。

　◇ Format [SPICE/VERILOG/MIXED]：网表文件格式（SPICE、VERILOG 和混合可选）。

　◇ Export netlist from schematic viewer：高亮为从电路图查看器中导出文件。

　◇ Top Cell：电路图顶层单元名称，如果图是层次化版图，则会出现选择对话框。

☺ "H-cells" 选项卡：如图 3-47 所示。当采用层次化方法做 LVS 时，"H-Cells" 选项才起作用。

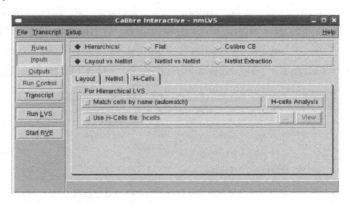

图 3-47　工具选项栏选择 "Inputs" → "H-Cells" 的显示结果

　◇ Match cells by name (automatch)：通过名称自动匹配单元。

　◇ Use H-Cells file [hcells]：以自定义文件 hcells 来匹配单元。

图 3-48 所示为工具选项栏选择 "Outputs" 的 "Report/SVDB" 选项卡时显示结果，它

可分为上、下两个部分，即 Calibre LVS 检查后输出结果选项和 SVDB 数据库输出选项。

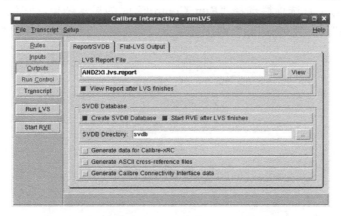

图 3-48　工具选项选择"Outputs"→"Report/SVDB"时的显示结果

☺ "Report/SVDB"选项卡：如图 3-48 所示。

◆ LVS Report File：Calibre LVS 检查后生成的报告文件名称。

◆ View Report after LVS finished：高亮后 Calibre LVS 检查后自动开启查看器。

◆ Create SVDB Database：高亮后创建 SVDB 数据库文件。

◆ Start RVE after LVS finishes：高亮后 LVS 检查完成后自动弹出 RVE 窗口。

◆ SVDB Directory：SVDB 产生的目录名称，默认为 svdb。

◆ Generate data for Calibre-xRC：为 Calibre-xRC 产生必要的数据。

◆ Generate ASCII cross-reference files：产生 Calibre 链接接口数据 ASCII 文件。

☺ Flat-LVS Output 选项卡：如图 3-49 所示。

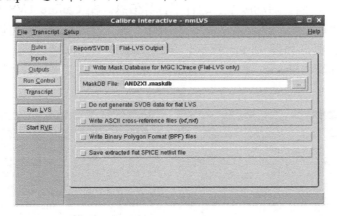

图 3-49　工具选项栏选择"Outputs"→"Flat-LVS Output"时的显示结果

◆ Write Mask Database for MGC ICtrace (Flat-LVS only)：为 MGC 保存掩膜数据库文件。

◆ Mask DB File：如果图需要保存文件，写入文件名称。

◆ Do not generate SVDB data for flat LVS：不为打散的 LVS 产生 SVDB 数据。

◆ Write ASCII cross-reference files(ixf,nxf)：保存 ASCII 对照文件。

◆ Write Binary Polygon Format(BPF) file：保存 BPF 文件。

◆ Save extracted flat SPICE netlist file：高亮后保存提取打散的 SPICE 网表文件。

图 3-50 所示为工具选项栏选择"Run Control"时的显示结果，它包括"Performance"、"Remote Execution"和"Licensing"两个选项卡。

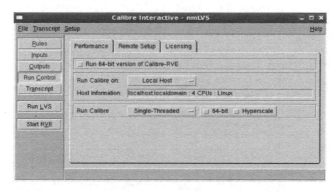

图 3-50　"Run Control"菜单中"Performance"选项卡

☺ Performance 选项卡：如图 3-50 所示。

　　◆ Run 64-bit version of Calibre-RVE：高亮表示运行 Calibre-RVE 64 位版本。

　　◆ Run Calibre on [Local Host/Remote Host]：在本地或远程运行 Calibre。

　　◆ Host Information：主机信息。

　　◆ Run Calibre [Single Threaded/Multi Threaded/Distributed]：采用单线程、多线程或分布式方式运行 Calibre。

☺ "Remote Setup"和"Licensing"选项卡采用默认值即可。

图 3-51 所示为工具选项栏选择"Transcript"时的显示结果，用于显示 Calibre LVS 的启动信息，包括启动时间、启动版本、运行平台等信息。在 Calibre LVS 执行过程中，还显示 Calibre LVS 的运行进程。执行菜单命令"Setup"→"LVS Option"可以调出 Calibre LVS 一些比较实用的选项，如图 3-52 所示。单击"LVS Options"按钮，可以看到它分为 Supply、Report、Gate、Shorts、ERC、Connect、Includes 和 Database 等 7 个选项卡，如图 3-53 所示。

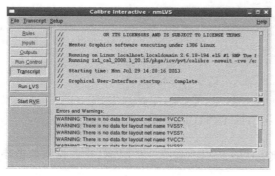
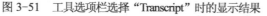

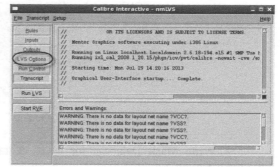

图 3-51　工具选项栏选择"Transcript"时的显示结果　　图 3-52　调出的"LVS Options"功能选项菜单

☺ "Supply"选项卡：如图 3-53 所示。

　　◆ About LVS on power/ground net errors：高亮时，若发现电源和地短路，LVS 中断。

　　◆ About LVS on Softchk errors：高亮时，若发现软连接错误，LVS 中断。

◆ Ignore layout and source pins during comparison: 在比较过程中，忽略版图和电路中的端口。

◆ Power nets: 可以加入电源线网名称。

◆ Ground nets: 可以加入地线网名称。

☺ "Report" 选项卡: 如图 3-54 所示。

　　◆ LVS Report Options: LVS 报告选项。

　　◆ Max. discrepancies printed in report: 报告中选择最大不匹配的数量。

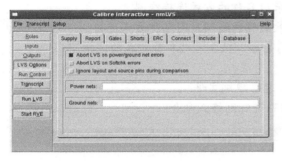

图 3-53　"Supply" 选项卡

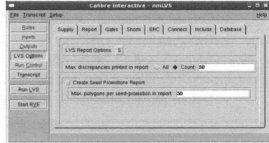

图 3-54　"Report" 选项卡

☺ "Gates" 选项卡: 如图 3-55 所示。

　　◆ Recognize all gates: 高亮后，LVS 识别所有的逻辑门来进行比对。

　　◆ Recognize simple gates: 高亮后，LVS 仅识别简单的逻辑门（反相器、与非门、或非门）来进行比对。

　　◆ Turn gate recognize gate off: 高亮后，仅允许 LVS 按照晶体管级来进行比对。

　　◆ Mix subtypes during gate recognize: 在逻辑门识别过程中，采用混合子类型进行比对。

　　◆ Filter Unused Device Options: 过滤无用元器件选项。

☺ "Shorts" 选项卡: 使用默认设置即可。

☺ "ERC" 选项卡: 如图 3-56 所示。

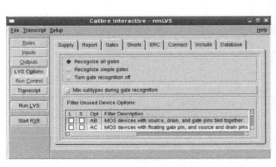

图 3-55　"Gates" 选项卡

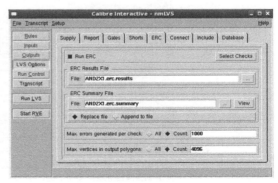

图 3-56　"ERC" 选项卡

◆ RUN ERC: 高亮后，在执行 Calibre LVS 的同时执行 ERC，可以选择检查类型。

◆ ERC Results File: ERC 结果输出文件名称。

◆ ERC Summary File: ERC 总结文件名称。

♦ Replace file/Append to file: 替换文件或追加文件。

  ♦ Max. errors generated per check: 每次检查产生错误的最大数量。

  ♦ Max. vertices in output polygon: 指定输出多边形顶点数最大值。

☺ "Connect" 选项卡: 如图 3-57 所示。

  ♦ Connect nets with colon(:): 高亮后, 版图中有文本标志后以同名冒号结尾的, 默认为连接状态。

  ♦ Don't connect nets by name: 高亮后, 不采用名称方式连接线网。

  ♦ Connect all nets by name: 高亮后, 采用名称的方式连接线网。

  ♦ Connect nets named: 高亮后, 仅输入名称的线网采用名称方式连接。

  ♦ Report connections made by name: 高亮后, 报告通过名称方式的连接。

☺ "Includes" 选项卡: 如图 3-58 所示。

☺ Include Rule Files:(specify one per line): 包含规则文件。

  ♦ Include SVRF Commands: 包含标准验证规则格式命令。

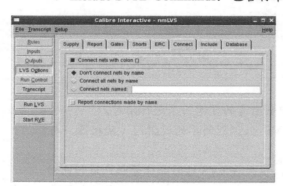

图 3-57 "Connect"选项卡

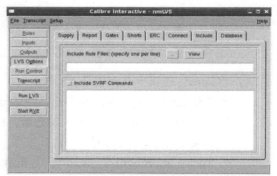

图 3-58 "Includes"选项卡

单击"Run LVS"按钮, 立即执行 Calibre LVS 检查。

单击"Start RVE"按钮, 手动启动 RVE 窗口, 如图 3-59 所示。

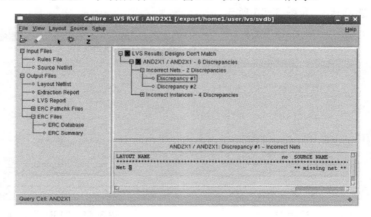

图 3-59 Calibre LVS 的 RVE 窗口

  RVE 窗口包括左侧的 LVS 结果文件选择框、右上侧的 LVS 匹配结果以及右下侧的不一致信息三个部分。其中, LVS 结果文件选择框包括输入的规则文件、电路网表文件, 输出

的版图网表文件、元器件及其连接关系，匹配报告和 ERC 报告等；LVS 匹配结果显示了
LVS 运行结果；不一致信息包括 LVS 不匹配时对应的说明信息。图 3-60 所示为 LVS 通过
时的 RVE 窗口。也可以输出报告来查验 LVS 是否通过，图 3-61 中的标志（对号标志
+CORRECT+笑脸）表明 LVS 通过。

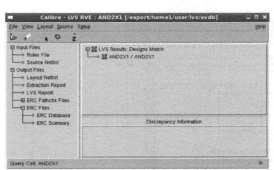

图 3-60　LVS 通过时的 RVE 窗口

图 3-61　LVS 通过时输出报告的显示

3.3.3　Calibre LVS 验证流程举例

本节采用内嵌在 Virtuoso Layout Editor 的菜单选项来启动 Calibre LVS。Calibre LVS 的
操作流程如下所述。

（1）启动 Cadence Virtuoso 工具命令 icfb，弹出 CIW 对话框，如图 3-62 所示。

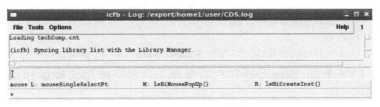

图 3-62　CIW 对话框

（2）打开需要验证的版图视图。执行菜单命令"File"→"Open"，弹出"Open File"
对话框，在"Library Name"栏中选择"layout_test"，"Cell Name"栏中选择
"Miller_OTA"，"View Name"栏中选择"layout"，如图 3-63 所示。

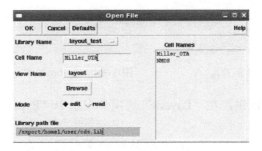

图 3-63　"Open File"对话框

（3）单击"OK"按钮，打开 Miller_OTA 版图视图，如图 3-64 所示。

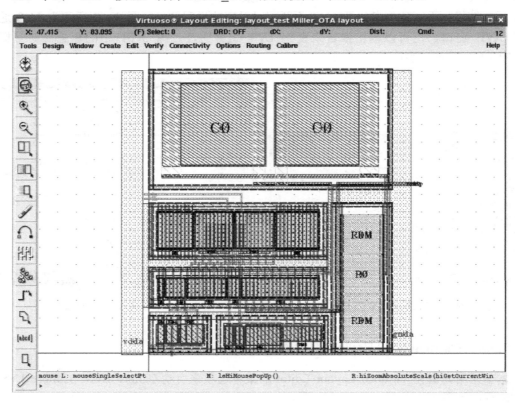

图 3-64　打开 Miller_OTA 版图

（4）打开 Calibre LVS 工具。执行菜单命令"Calibre"→"Run LVS"，弹出 LVS 工具对话框，如图 3-65 所示。

（5）单击"Rules"按钮，并在"LVS Rules File"栏右侧单击"..."按钮选择 LVS 匹配文件，在"LVS Run Directory"栏右侧单击"..."按钮选择运行目录，如图 3-66 所示。

图 3-65　打开 Calibre LVS 工具

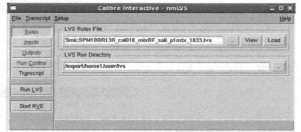

图 3-66　Calibre LVS 中"Rules"子菜单对话框

（6）单击"Inputs"按钮，在"Layout"选项卡中选中"Export from layout viewer"选项，如图 3-67 所示。

（7）选择"Netlist"选项卡，如果电路网表文件已经存在，则直接调取，并取消"Export from schematic viewer"选项的选中状态；如果电路网表需要从同名的电路单元中导出，那么在"Netlist"选项卡中选中"Export from schematic viewer"选项（注意，此时必须打开同名的 schematic 电路图窗口，才可从 schematic 电路图窗口从中导出电路网表），如图 3-68 所示。

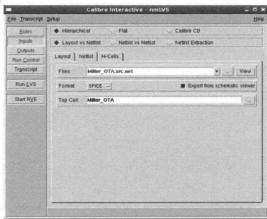

图 3-67　"layout"选项卡　　　　　　　　图 3-68　"Netlist"选项卡

（8）单击"Outputs"按钮，选择默认的设置，同时也可以改变相应的输出文件的名称。"Create SVDB Database"选项用于生成相应的数据库文件，而"Start RVE after LVS finishes"选项用于在 LVS 完成后自动弹出相应的图形界面，如图 3-69 所示。

（9）单击"Run Control"按钮，选择默认设置。单击"Run LVS"按钮，Calibre 开始导出版图文件并对其进行 LVS 检查，如图 3-70 所示。

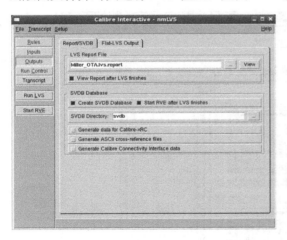

图 3-69　Calibre LVS 中"Outputs"子菜单对话框　　　　图 3-70　Calibre LVS 运行中

（10）Calibre LVS 完成后，会自动弹出输出结果并弹出图形界面（如果没有自动弹出，可单击"Start RVE"按钮开启图形界面），以便查看错误信息，如图 3-71 所示。

（11）查看图 3-71 所示的 Calibre LVS 输出结果的图形界面，表明在版图与电路图存在 3 项（共 3 类）不匹配错误，包括一项连线不匹配、一项端口匹配错误及一项元器件属性匹配错误。

（12）匹配错误 1 修改。单击"Incorrect Nets-1 Discrepancy"，然后单击其下的"Discrepancy #1"，LVS 结果查看图形界面如图 3-72 所示；双击"LAYOUT NAME"下的高亮"voutp"，呈现版图中的 voutp 连线，如图 3-73 所示。

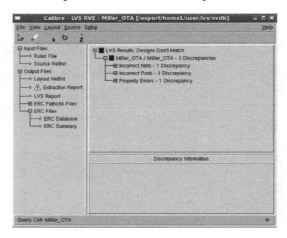

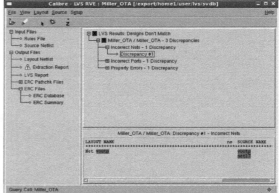

图 3-71 Calibre LVS 结果查看图形界面 　　　　　 图 3-72 Calibre LVS 结果 1 查看图形界面

（13）根据 LVS 错误提示信息进行版图修改，步骤（12）中的提示信息表明版图连线 voutp 与电路的 net17 连线短路，应该对其进行修改。

（14）匹配错误 2 修改。单击"Incorrect Ports-1 Discrepancy"，然后单击其下的"Discrepancy #2"，相应的 LVS 报错信息查看图形界面如图 3-74 所示，表明端口 Idc_10u 没有标注在相应的版图层上或没有标注，查看版图相应位置，如图 3-75 所示。

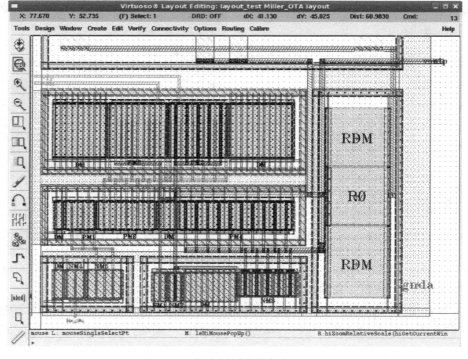

图 3-73 相应版图错误定位（一）

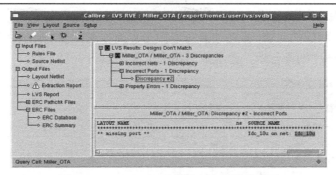

图 3-74　Calibre LVS 结果 2 查看图形界面

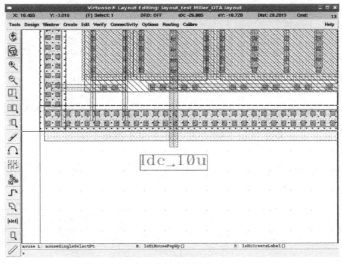

图 3-75　相应版图错误定位（二）

（15）图 3-75 所示的标志 Idc_10u 没有标注在相应的版图层上，导致 Calibre 无法找到其端口信息，修改方式为将标志上移至相应的版图层上，如图 3-76 所示。

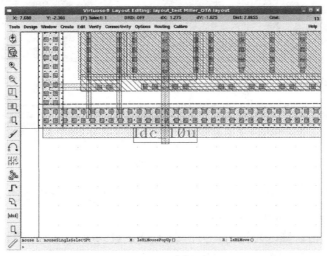

图 3-76　标志修改后的版图

（16）匹配错误 3 修改。单击"Property Error-1 Discrepancy"，然后单击其下的 "Discrepancy #3"，相应的 LVS 报错信息查看图形界面如图 3-77 所示，其表明版图中元器件尺寸与相应电路图中的不一致，查看版图相应位置，如图 3-78 所示。

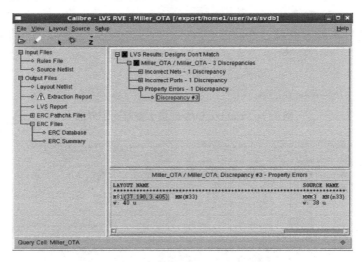

图 3-77　Calibre LVS 结果 3 查看图形界面

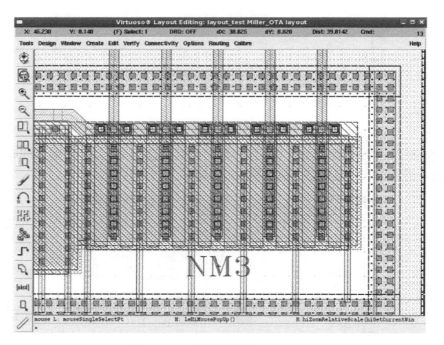

图 3-78　相应版图错误定位（三）

（17）图 3-78 所示版图中晶体管的尺寸为 $4\mu \times 10=40\mu m$，而电路图中为 $38\mu m$，将版图中晶体管的尺寸修改为 $3.8\mu m \times 10=38\mu m$ 即可。

（18）LVS 匹配错误修改完毕后，再次做 LVS，直到所有的匹配错误均修改完毕，此时会出现如图 3-79 所示的界面，表明 LVS 已经通过。

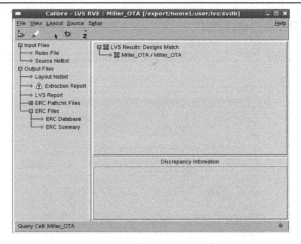

图 3-79　Calibre LVS 通过界面

 ## 3.4　Mentor Calibre 寄生参数提取（PEX）

3.4.1　Calibre PEX 验证简介

寄生参数提取（parasitic parameter extraction）是根据工艺厂商提供的寄生参数文件对版图进行其寄生参数（通常为等效的寄生电容和寄生电阻，在工作频率较高的情况下还需要提取寄生电感）的抽取。电路设计工程师可以对提取的寄生参数网表进行仿真，由于寄生参数的存在，此仿真的结果相比前仿真结果会有不同程度的性能恶化，使得其结果更加贴近芯片的实测结果，所以对集成电路设计来说版图参数提取的准确程度非常重要。

在此需要说明的是，对版图进行寄生参数提取的前提是版图和电路图的一致性检查必须通过，否则参数提取没有意义。所以，一般都会在进行版图的寄生参数提取前自动进行 LVS 检查，生成寄生参数提取需要的特定格式的数据信息，然后再进行寄生参数提取。PEX 主要包括 LVS 和参数提取两个部分。

通常情况下，Mentor Calibre 工具对寄生参数提取（Calibre PEX）流程图如图 3-80 所示。

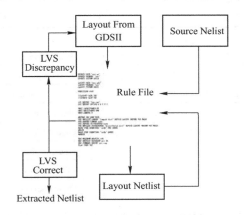

图 3-80　Mentor Calibre 寄生参数提取流程图

3.4.2　Calibre PEX 界面介绍

图 3-81 所示为 Calibre PEX 验证主界面。Calibre PEX 的验证主界面包括标题栏、菜单栏和工具选项栏三个部分。

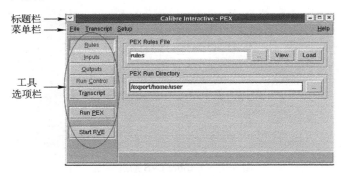

图 3-81　Calibre PEX 验证主界面

其中，标题栏中显示的是工具名称（Calibre Interactive-PEX）；菜单栏包括"File"、"Transcript"和"Setup"三个菜单，每个菜单包含若干个子菜单，见表 3-8 至表 3-10。

表 3-8　Calibre PEX 主界面"File"菜单功能介绍

File		
New Runset	建立新 Runset	
Load Runset	加载新 Runset	
Save Runset	保存 Runset	
Save Runset As	另存 Runset	
View Text File	查看文本文件	
Control File	View	查看控制文件
	Save As	将新 Runset 另存至控制文件
Recent Runsets	最近使用过的 Runsets	
Exit	退出 Calibre PEX	

表 3-9　Calibre PEX 主界面"Transcript"菜单功能介绍

Transcript	
Save As	将副本另存至文件
Echo to File	可将文件加载至 Transcript 界面
Search	在 Transcript 界面中进行文本查找

表 3-10　Calibre PEX 主界面"Setup"菜单功能介绍

Setup	
PEX Options	PEX 选项
Set Environment	设置环境
Verilog Translator	Verilog 文件格式转换器
Delay Calculation	延迟时间计算设置
Layout Viewer	版图查看器环境设置
Schematic Viewer	电路图查看器环境设置
Preferences	Calibre PEX 设置偏好
Show ToolTips	显示工具提示

工具选项栏包括"Rules"、"Inputs"、"Outputs"、"Run Control"、"Transcript"、"Run

PEX"和"Start RVE"7 个按钮，每个按钮对应了若干个基本设置。在 Calibre PEX 主界面中的工具选项栏中，红色字框代表对应的选项尚未填写完整，绿色字框代表对应的选项已经填写完整（但不代表填写完全正确，需要用户进行确认填写信息的正确性）。

单击"Rules"按钮，其界面右侧分别为规则文件（PEX Rules File）栏和路径选择（PEX Run Directory）栏。规则文件定位 PEX 提取规则文件的位置，其中"..."按钮用于选择规则文件在硬盘中的位置，"View"按钮用于查看选中的 PEX 及提取规则文件，"Load"按钮用于加载之前保存过的规则文件；路径选择为选择 Calibre PEX 的执行目录，单击"..."按钮可以选择目录，并在栏内进行显示。图 3-82 所示的是 Rules 填写完毕的 Calibre PEX。

单击"Inputs"按钮，可以看到有"Layout"、"Netlist"、"H-Cells"、"Blocks"和"Probes"5 个选项卡，如图 3-83 至图 3-87 所示。

☺ "Layout"选项卡：如图 3-83 所示。

⋄ Files: 版图文件名称。

⋄ Format [GDS/OASIS/LEFDEF/MILKYWAY/OPENACCESS]: 版图文件格式。

⋄ Top Cell: 版图顶层单元名称，如果图是层次化版图，则会出现选择对话框。

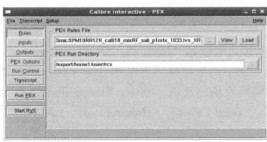

图 3-82　Rules 填写完毕的 Calibre PEX

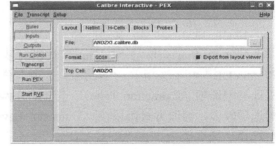

图 3-83　"Layout"选项卡

☺ "Netlist"选项卡：如图 3-84 所示。

⋄ Files: 网表文件名称。

⋄ Format [SPICE/VERILOG/MIXED]: 网表文件格式，SPICE、VERILOG 和混合可选。

⋄ Export netlist from schematic viewer: 高亮为从电路图查看器中导出文件。

⋄ Top Cell: 电路图顶层单元名称，如果图是层次化版图，则会出现选择对话框。

☺ "H-cells"选项卡：如图 3-85 所示。当采用层次化方法做 LVS 时，H-Cells 选项才起作用）。

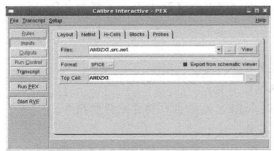
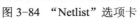

图 3-84　"Netlist"选项卡

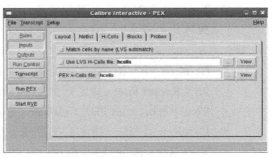

图 3-85　"H-Cells"选项卡

☼ Match cells by name (LVS automatch)：通过名称自动匹配单元。

☼ Use H-Cells file [hcells]：可以自定义文件 hcells 来匹配单元。

☼ PEX x-Cells file：指定寄生参数提取单元文件。

☺ "Blocks" 选项卡：如图 3-86 所示。

☼ Netlist Blocks for ADMS/Hier Extraction：层次化或混合仿真网表提取的顶层单元。

☺ "Probes" 选项卡：如图 3-87 所示。

☼ Probe Point：可打印观察点。

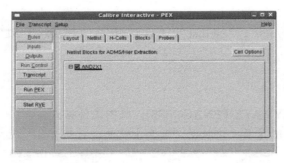

图 3-86 "Blocks" 选项卡

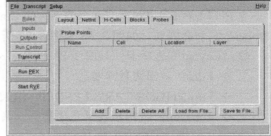

图 3-87 "Probes" 选项卡

图 3-88 所示为单击 "Outputs" 按钮的显示结果，它包括 "Netlist"、"Net"、"Reports" 和 "SVDB" 4 个选项卡。"Netlist" 选项卡分为上、下两个部分，上半部分为 Calibre PEX 提取类型选项（Extraction Type），下半部分为提取网表输出选项。其中，"Extraction Type" 的选项较多，提取方式可以在 "Transistor Level"、"Gate Level"、"Hierarchical"、"ADMS" 中选择，提取类型可在 "R+C+CC"、"R+C"、"R"、"C+CC"、"No R/C" 中进行选择，是否提取电感可在 "No Inductance"、"L (Self Inductance)"、"L+M (Self+Mutual Inductance)" 中选择。

☺ "Netlist" 选项卡：如图 3-88 所示。

☼ Format [CALIBREVIEW/DSPF/ELDO/HSPICE/SPECTRE/SPEF]：提取文件格式。

☼ Use Names From：采用 Layout 或 Schematic 来命名节点名称。

☼ File：提取文件名称。

☼ View netlist after PEX finishes：高亮时，PEX 完成后自动弹出网表文件。

☺ "Nets" 选项卡：如图 3-89 所示。

☼ Extract parasitic for All Nets/Specified Nets：为所有连线/指定连线提取寄生参数。

☼ Top-Level Nets：如果指定连线提取可以说明提取（Include）不提取（Exclude）线网的名称。

☺ "Reports" 选项卡：如图 3-90 所示。

☼ Generate PEX Report：高亮则产生 PEX 提取报告。

☼ PEX Report File：指定产生 PEX 提取报告名称。

☼ View Report after PEX finishes：高亮则在 PEX 结束后自动弹出提取报告。

☼ LVS Report File：指定 LVS 报告文件名称。

☼ View Report after LVS finished：高亮则在 LVS 完成后自动弹出 LVS 报告结果。

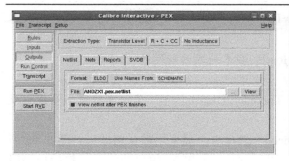

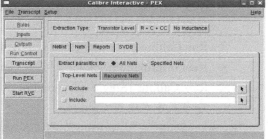

图 3-88　"Netlist" 选项卡　　　　　　　　　　　　图 3-89　"Nets" 选项卡

☺ "SVDB" 选项卡：如图 3-91 所示。

　　◇ SVDB Directory：指定产生 SVDB 的目录名称。

　　◇ Start RVE after PEX：高亮则在 PEX 完成后自动弹出 RVE。

　　◇ Generate cross-reference data for RVE：高亮则为 RVE 产生参照数据。

　　◇ Generate ASCII cross-reference files：高亮则产生 ASCII 参照文件。

　　◇ Generate Calibre Connectivity Interface data：高亮则产生 Calibre 连接接口数据。

　　◇ Generate PDB incrementally：高亮则逐步产生 PDB 数据库文件。

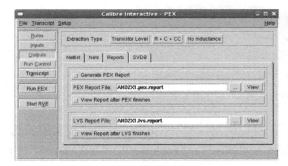

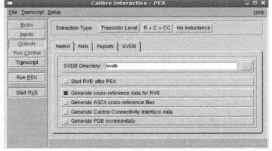

图 3-90　"Reports" 选项卡　　　　　　　　　　　　图 3-91　"SVDB" 选项卡

　　图 3-92 所示为单击 "Run Control" 按钮的显示结果，它包括 "Performance"、"Remote Setup"、"Licensing" 和 "Advanced" 4 个选项卡。

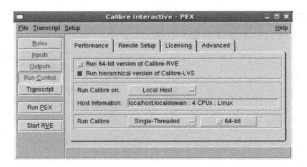

图 3-92　"Run Control" 菜单的 "Performance" 选项卡

☺ "Performance" 选项卡：如图 3-92 所示。

　　◇ Run 64-bit version of Calibre-RVE：高亮表示运行 Calibre-RVE 64 位版本。

◇ Run hierarchical version of Calibre-LVS：高亮则选择 Calibre-LVS 的层次化版本运行。

◇ Run Calibre on [Local Host/Remote Host]：在本地或远程运行 Calibre。

◇ Host Information：主机信息。

◇ Run Calibre [Single Threaded/Multi Threaded/Distributed]：采用单线程、多线程或分布式方式运行 Calibre。

"Remote Setup"、"Licensing"和"Advanced"选项卡一般采用默认值即可。图 3-93 所示单击"Transcript"按钮的显示结果，它用于显示 Calibre PEX 的启动信息，包括启动时间、启动版本、运行平台等信息。在 Calibre PEX 执行过程中，还将显示运行进程。

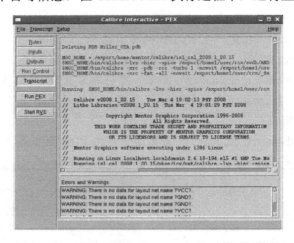

图 3-93　工具选项选择"Transcript"时的显示结果

执行菜单命令"Setup"→"PEX Options"，可以调出 Calibre PEX 一些比较实用的选项，包括"Netlist"、"LVS Options"、"Connect"、"Misc"、"Includes"、"Inductance"和"Database"7 个选项卡，如图 3-94 所示。PEX Options 与 3.3.2 节描述的 LVS Options 类似，所以本节对其不做过多介绍。

单击"Run PEX"按钮，立即执行 Calibre PEX。

单击"Start RVE"按钮，手动启动 RVE 视窗，如图 3-95 所示。

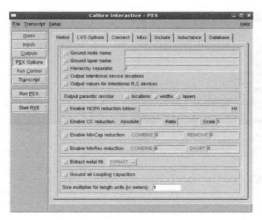

图 3-94　"PEX Options"功能选项菜单

图 3-95　Calibre PEX 的 RVE 窗口

RVE 窗口与 Calibre LVS 的 RVE 窗口完全相同。图 3-95 中所示的出现绿色的笑脸标志表明 LVS 已经通过，此时提出的网表文件可以进行后仿真。可以通过对输出报告的检查来判断 LVS 是否通过。图 3-96 所示为 LVS 通过的示意图，而图 3-97 所示为 LVS 通过后反提取的部分后仿真网表文件。

图 3-96　LVS 通过时输出报告显示

图 3-97　反提取网表示意图

3.4.3　Calibre PEX 流程举例

本节采用内嵌在 Cadence Virtuoso Layout Editor 的菜单选项来启动 Calibre PEX。Calibre PEX 的操作流程如下所述。

（1）启动 Cadence Virtuoso 工具命令 icfb，弹出 CIW 对话框，如图 3-98 所示。

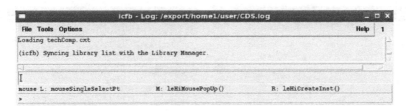

图 3-98　CIW 对话框

（2）打开需要验证的版图视图。执行菜单命令"File"→"Open"，弹出"Open File"对话框，在"Library name"栏中选择"layout_test"，"Cell Name"栏中选择"Miller_OTA"，"View Name"栏中选择"layout"，如图 3-99 所示。

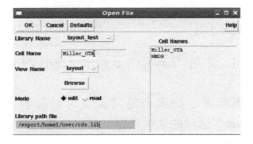

图 3-99　"Open File"对话框

（3）单击"OK"按钮，弹出 Miller_OTA 版图视图，如图 3-100 所示。

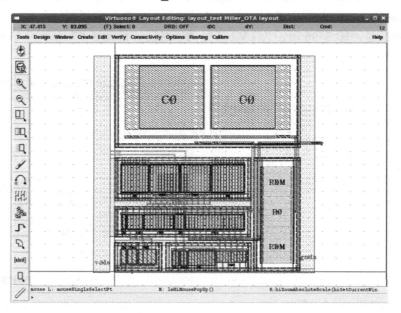

图 3-100　Miller_OTA 版图

（4）打开 Calibre PEX 工具。执行菜单命令"Calibre"→"Run PEX"，弹出 PEX 工具对话框，如图 3-101 所示。

（5）单击"Rules"按钮，并在"PEX Rules File"区域中单击"..."按钮选择提取文件，在"PEX Run Directory"区域中单击"..."按钮选择运行目录，如图 3-102 所示。

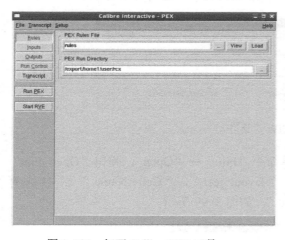

图 3-101　打开 Calibre PEX 工具

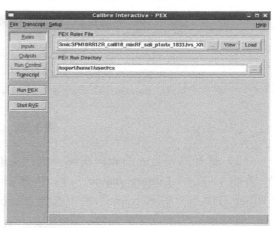

图 3-102　Calibre PEX 中"Rules"选项设置

（6）单击"Inputs"按钮，并在"Layout"选项卡中选中"Export from layout viewer"选项，如图 3-103 所示。

（7）选择"Netlist"选项卡，如果电路网表文件已经存在，则直接调取，并取消"Export from schematic viewer"选项的选中状态；如果电路网表需要从同名的电路单元中导出，则应选中"Export from schematic viewer"选项（注意，此时必须打开同名的 schematic

电路图窗口，才可从 schematic 电路图窗口从中导出电路网表），如图 3-104 所示。

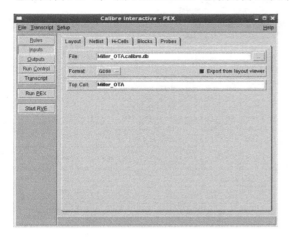

图 3-103　"Layout"选项卡设置

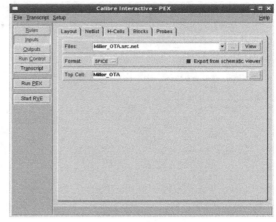

图 3-104　"Netlist"选项卡设置

（8）单击"Outputs"按钮，将"Extraction Type"选项修改为"Transistor Level-R+C-No Inductance"，表明是晶体管级提取，提取版图中的寄生电阻和电容，忽略电感信息；将"Netlist"选项卡中的"Format"按钮修改为 SPICE，表明提出的网表需采用 Hspice 软件进行仿真；其他选项卡（Nets、Reports、SVDB）选择默认选项即可，如图 3-105 所示。

（9）单击"Run Control"按钮，选择默认设置；单击"Run PEX"按钮，Calibre 开始导出版图文件并对其进行参数提取，如图 3-106 所示。

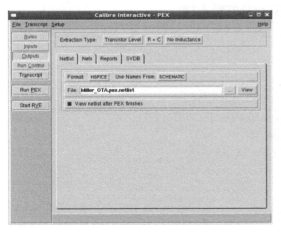

图 3-105　Calibre PEX 中 Outputs 子菜单对话框

图 3-106　Calibre PEX 运行中

（10）Calibre PEX 完成后，自动弹出输出结果和图形界面（在"Outputs"选项卡中选择，如果没有自动弹出，可单击"Start RVE"按钮开启图形界面），以便查看错误信息。Calibre PEX 运行后的 LVS 结果如图 3-107 所示。

（11）在 Calibre PEX 运行后，同时会弹出参数提取后的主网表，如图 3-108 所示。此网表可以在 Hspice 软件中进行后仿真。另外，主网表还根据选择提取的寄生参数包括若干个寄生参数网表文件，在进行后仿真时一并进行调用。

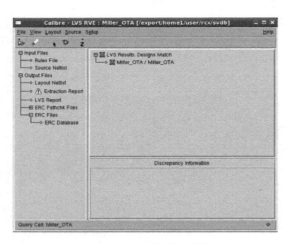

图 3-107　Calibre LVS 结果查看图形界面

图 3-108　Calibre PEX 提出部分的主网表示意图

【本章小结】

本章介绍了 Mentor Calibre 物理验证工具（DRC、LVS 和 PEX），并分别采用三种工具对一款密勒补偿的运算放大器进行版图物理验证（DRC 和 LVS）及寄生参数的提取（PEX）。读者在熟悉 Mentor Calibre 的 DRC、LVS 及 PEX 工具菜单的基本功能后，配合其进行验证流程，可以进一步加深对版图物理验证工具 Mentor Calibre 的理解，为熟练掌握运用 Mentor Calibre 进行 CMOS 模拟集成电路物理验证打好基础。

第4章 CMOS 模拟集成电路版图设计与验证流程

本章以一个简单的三级反相器链电路为实例，介绍电路建立、电路前仿真、版图设计、验证、反提、电路后仿真、I/O 单元环拼接及 GDSII 数据导出的全过程，使读者对 CMOS 模拟集成电路设计到流片的全过程有一个直观的认识。

4.1 设计环境准备

1. 工艺库准备

在进行设计前，电路和版图工程师需要从工艺厂商获得进行设计的工艺库设计包（Process Design Kit，PDK）。这个设计包中主要包含 6 个方面内容：进行设计所需要的晶体管、电阻、电容等元器件模型库（包括支持 Spectre、Hpsice、ADS 多种仿真工具的电路图模型、版图模型和 VerilogA 行为级模型等）；进行仿真调用的库文件（分别支持 Spectre 和 Hspice 的.lib 文件）；验证和反提规则文件（DRC、LVS、ANT 和 PEX 等规则文件及相应的说明文档）；I/O 单元的网表和版图模型；display.drf 文件（显示版图层信息所必需的文件，放置于 icfb 的启动目录之下）；techfile.tf 文件（定义该工艺库相应的设计规则，在建立设计库时，需要编译该文件或直接将设计库关联至模型库）。最后将设计包中的元器件模型库放在一个固定目录下，方便启动 Cadence Spectre 软件时添加库文件。

2. 模型工艺库添加

（1）在命令行输入"icfb &"，运行 Cadence Spectre，弹出 CIW 对话框，如图 4-1 所示。

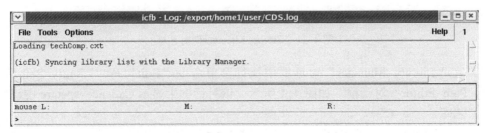

图 4-1　CIW 对话框

（2）执行菜单命令"Tools"→"Library Manager"，如图 4-2 所示。

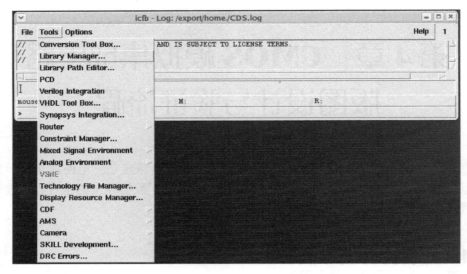

图 4-2 执行菜单命令"Tools"→"Library manager"

弹出"Library Manager"对话框，如图 4-3 所示。该对话框中有 Cadence spectre 自带的多个库，如"analogLib"、"basic"等。

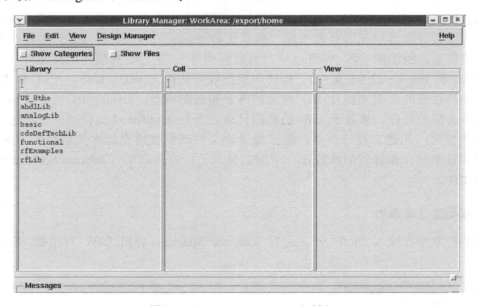

图 4-3 "Library Manager"对话框

（3）在"Library Manager"对话框中执行菜单命令"Edit"→"Library Path"，弹出"Library Path Editor"对话框，如图 4-4 所示。该对话框中显示 Cadence spectre 中已经存在的多个工艺库。

（4）在"Library Path Editor"对话框中"Library"栏的空框处单击鼠标右键，在弹出的菜单中选择"Add Library"选项，如图 4-5 所示。

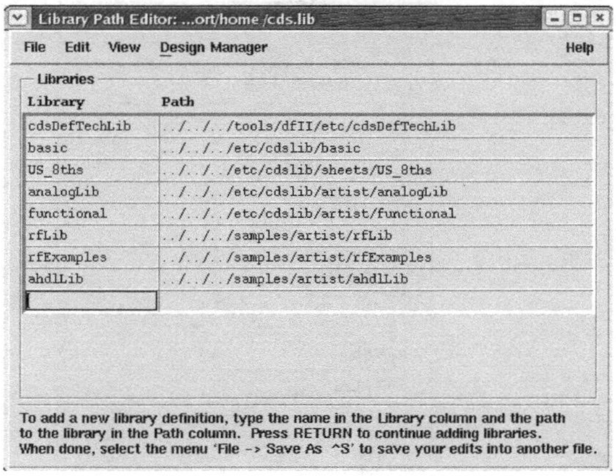

图 4-4　"Library Path Editor" 对话框 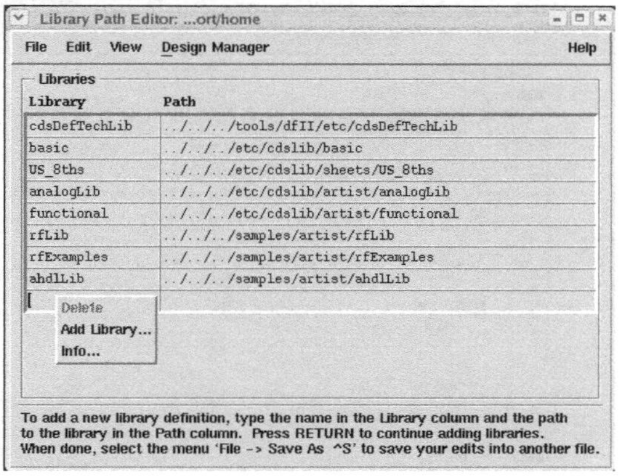　　　　　图 4-5　弹出的鼠标右键菜单

（5）在弹出的 "Add Library" 对话框的 "Directory" 栏中选择跳转到存在工艺库模型的路径下，在 "Library" 栏中选择使用的工艺库（本例为 smic18mmrf 工艺库），如图 4-6 所示。单击 "OK" 按钮，返回 "Library Path Editor" 对话框，如图 4-7 所示。

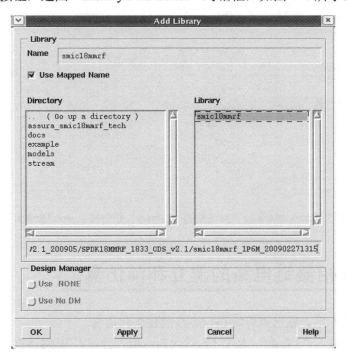

图 4-6　"Add Library" 对话框

（6）执行菜单命令 "File" → "Sava as"，弹出 "File Save..." 对话框，如图 4-8 所示。在 "Files" 栏中选择 "cds.lib"，单击 "OK" 按钮，覆盖原来的 cds.lib 文件，完成对工艺库模型的添加。

（7）完成工艺库模型的添加后，在 "Library Manager" 对话框的 "Library" 栏中就出现了 smic18mmrf 工艺库，如图 4-9 所示。

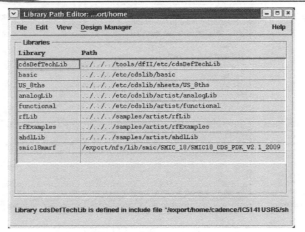

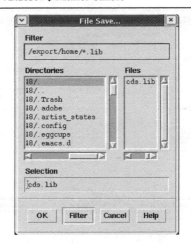

图 4-7　添加了 smic18mmrf 工艺库后的 "Library Path Editor" 对话框　　　图 4-8　"File Save…" 对话框

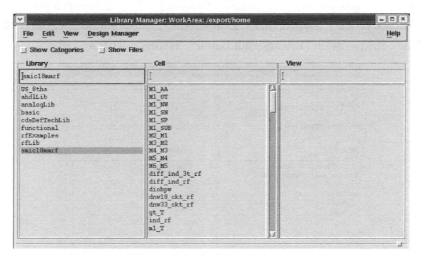

图 4-9　"Library Manager" 对话框的 "Library" 栏中显示 smic18mmrf 工艺库

 4.2　反相器链电路的建立和前仿真

在准备好工艺库后，就可以开始进行电路的建立和仿真。

（1）在命令行输入 "icfb &"，运行 Cadence Spectre，弹出 CIW 对话框，如图 4-10 所示。

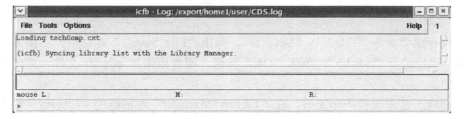

图 4-10　弹出 CIW 对话框

（2）建立设计库：执行菜单命令"File"→"New"→"Library"，弹出"New Library"对话框，在"Name"栏中输入"EDA_test"，并选中"Attach to an existing techfile"选项；单击"OK"按钮，弹出"Attach Design Library To Technology File"对话框，选择并关联至 SMIC18mmrf 工艺库文件，如图 4-11 所示。

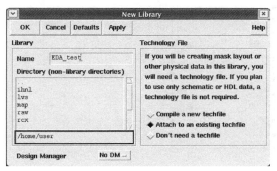
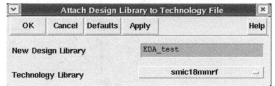

图 4-11　建立设计库

（3）执行菜单命令"File"→"New"→"Cellview"，弹出"Create New File"对话框，在"Cell Name"栏中输入"INV"，如图 4-12 所示。单击"OK"按钮，此时原理图设计窗口自动打开。

（4）单击"Instance"按钮或按"i"键，从工艺库"simc18mmrf"中调用 NMOS 晶体管 n18，分配宽长比 50u/5u，指数 finger 为 5，如图 4-13 所示。重复上述操作，调用 PMOS 晶体管 p18，并分配宽长比 50u/5u，指数 finger 为 10，如图 4-14 所示。

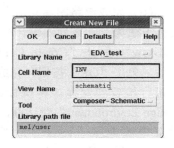

图 4-12　"Create New File"对话框

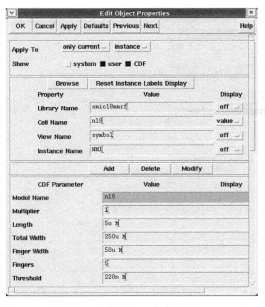
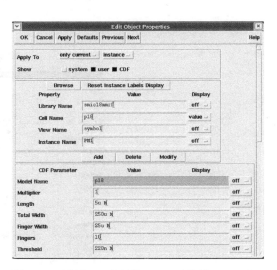

图 4-13　设置 n18 宽长比 50u/5u，指数 finger 为 5　　图 4-14　设置 p18 宽长比 50u/5u，指数 finger 为 10

（5）单击"Pin"按钮或按"p"键，设置电源引脚 vdda、地引脚 gnda、输入引脚 A、输出引脚 Z；再单击"Wire(narrow)"按钮或按"w"键，进行连接，最终建立反相器链电路，如图 4-15 所示。

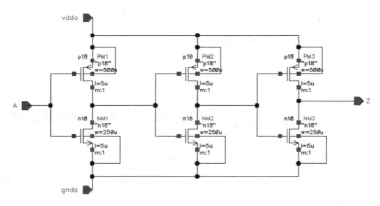

图 4-15　反相器链电路

（6）完成电路图建立后，要为反相器链建立一个电路符号（Symbol），以便后续调用。具体方法为，在原理图设计窗口中执行菜单命令"Design"→"Create Cellview"→"From Cellview"，弹出"Create Cellview"对话框，单击"OK"按钮，在弹出窗口各栏中分配端口后，单击"OK"按钮，完成 Symbol 的建立。之后执行菜单命令"Check and Save"对电路进行检查和保存，再执行菜单命令"Tools"→"Analog Environment"，弹出"Analog Design Environment"对话框，执行菜单命令"Setup"→"Stimuli"，为电路设置输入激励，设置电源电压"vdda"为"1.8V"，地"gnda"为"0"，设置输入"A"为脉冲信号"pulse"，脉冲宽度为"5u"，周期为"10u"，延迟时间、上升时间和下降时间均为"0.1n"，如图 4-16 所示。注意，每设置一个激励源，都要选中"Enabled"选项，并单击"Change"按钮进行更改，这样才能使激励源有效。

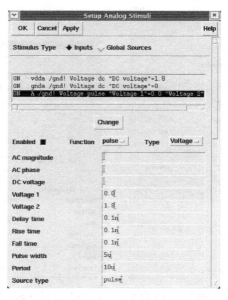

图 4-16　设置 A 端口为脉冲信号"pulse"

（7）执行菜单命令"Setup"→"Model Librarise"，设置工艺库模型信息和工艺角，如图 4-17 所示。具体方法为，单击"Browse"按钮在"Model Library File"栏中选择工艺文件，在"Section(opt.)"栏中输入工艺角信息，如本例中晶体管工艺角为"tt"，电阻为"res_tt"等。注意，每完成一个工艺文件添加，需要单击"Add"按钮完成操作。

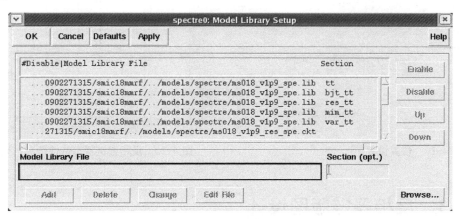

图 4-17　设置工艺库模型信息和工艺角

（8）执行菜单命令"Analyses"→"Choose"，弹出"Choosing Analyses"对话框，选中"tran"选项进行瞬态仿真，在"Stop Time"栏中输入仿真时间"50u"，在"Accuracy Defaults"区域中选择仿真最高精度"conservative"，最后选中"Enabled"选项，如图 4-18 所示。单击"OK"按钮，完成设置。

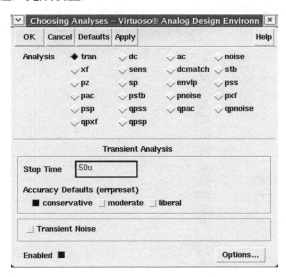

图 4.18　"Choosing Analyses"对话框

（9）执行菜单命令"Outputs"→"To Be Plotted"→"Select On Schematic"，在电路图上单击反相器链输入和输出的连线，完成自动显示设置，如图 4-19 所示。

（10）执行菜单命令"Simulation"→"Netlist and Run"，开始仿真。仿真结束后，自动

弹出仿真结果，如图 4-20 所示。由图可见，输入端口和输出端口相位反相，这样就完成了运用 Spectre 进行电路建立和仿真的基本流程。

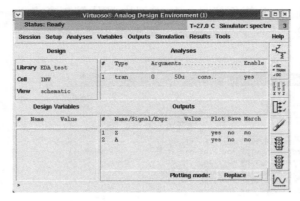

图 4-19　仿真设置

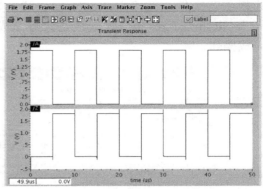

图 4-20　反相器链瞬态特性仿真结果

4.3　反相器链版图设计

在完成电路的搭建和前仿真后，即可开始版图设计。

（1）在 CIW 对话框中执行菜单命令"File"→"New"→"Cellview"，弹出"Create New File"对话框，在"Library Name"栏中选择已经建好的库"EDA_test"，在"Cell Name"栏中输入"INV"，并在"Tool"栏中选择"Virtuoso"，如图 4-21 所示。

（2）单击"OK"按钮，弹出版图设计窗口，如图 4-22 所示。

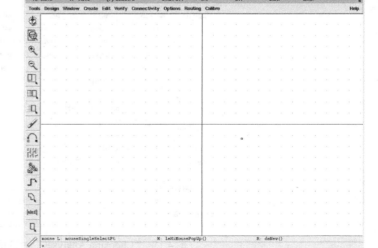

图 4-21　"Create New File"对话框

图 4-22　版图设计窗口

（3）NMOS 晶体管的创建，采用创建元器件命令从 smic18mmrf 工艺库中调取工艺厂商提供的元器件。单击图标或按"i"键启动创建元器件命令，弹出"Create

Instance"对话框，单击"Browse"按钮，从工艺库中选择器件所在位置，在"View"栏中选择"layout"进行调用，如图 4-23 所示。然后在晶体管属性中输入 Length、Total Width、Finger Width、Fingers 等信息，如图 4-24 所示。最后，单击"Hide"按钮，将其放置在版图视窗中。

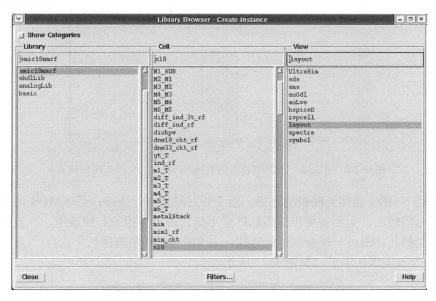

图 4-23　调用 NMOS 晶体管版图

（4）以同样的方式创建 PMOS 晶体管，如图 4-25 所示。

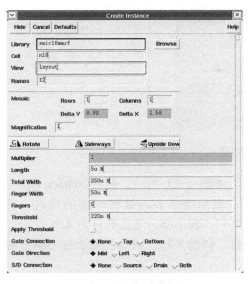

图 4-24　创建 NMOS 晶体管

图 4-25　创建 PMOS 晶体管

（5）由于三个反相器是相同的，所以先进行一个反相器的版图的设计，然后通过复制完成其余设计。首先摆放第一个反相器中的 NMOS 晶体管和 PMOS 晶体管，如图 4-26 所示。

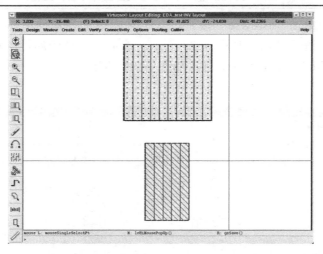

图 4-26　摆放第一个反相器中的 NMOS 晶体管和 PMOS 晶体管

（6）进行 NMOS 晶体管栅极的连接。由于要对漏极进行连接，且 NMOS 的栅极较短，而多晶硅的电阻较大，需要将栅极的多晶硅适当延长留出漏极的布线通道，并设置多晶硅到一层金属的接触孔，通过一层金属进行连接。首先在 LSW 层选择栏中选择"GT"层，然后按"r"键，为栅极添加矩形，如图 4-27 所示。

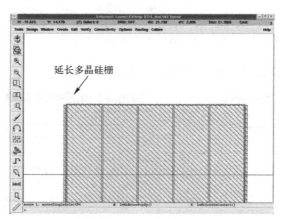

图 4-27　延长多晶硅栅

（7）按"o"键，弹出"Create Contact"对话框，如图 4-28 所示。在"Contact type"栏中选择"M1_GT"，表示选择多晶硅到一层的通孔；在"Columns"栏中输入"4"，表示横向通孔数目为 4。

单击"Hide"按钮，移动光标，将通孔放置在多晶硅栅上，如图 4-29 所示。

（8）单击鼠标左键，选中延长的多晶硅和通孔，按"c"键进行复制，为每个叉指的多晶硅栅分配延迟长线和通孔，完成后如图 4-30 所示。注意，这里延长的多晶硅要与原始的栅严丝合缝地对齐，否则会造成 DRC 错误。

图 4-28　"Create Contact"对话框

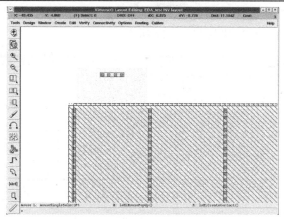

图4-29 为多晶硅栅添加通孔

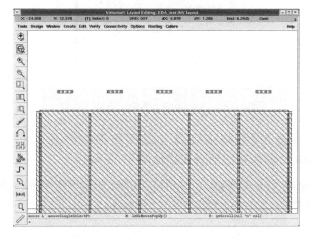

图4-30 为每一个叉指的多晶硅栅分配延迟长线和通孔

（9）重复步骤（6）至步骤（8），为 PMOS 栅分配延长的多晶硅栅和通孔。之后在 LSW 层选择一层金属，按"r"键，绘制一个矩形，将 NMOS 和 PMOS 的栅极连接，如图4-31所示。

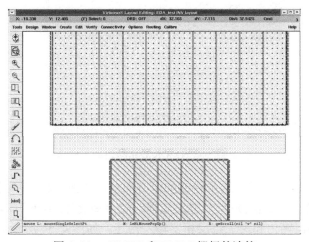

图4-31 NMOS 和 PMOS 栅极的连接

（10）再次在 LSW 层选择一层金属，按"r"键，绘制矩形连线，将 NMOS 和 PMOS 的漏极进行连接，连接后的细部图如图 4-32 所示。

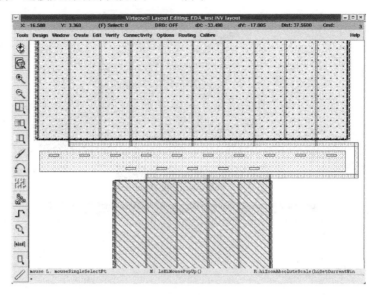

图 4-32　NMOS 和 PMOS 漏极的连接

（11）同样使用一层金属分别将 NMOS 的源极和 PMOS 的源极拉出，准备与衬底连接至地和电源，其中 NMOS 源极拉出的金属线如图 4-33 所示。

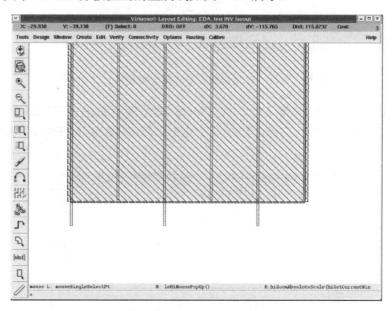

图 4-33　从 NMOS 源极拉出的金属线

（12）按"Ctrl"+"A"键，选中绘制的所有图形，再按"c"键复制两次，完成 3 个反相器主体版图的布置，之后再按"r"键，选择一层金属将第一级反相器输出和第二级反相器输入，第二级反相器输出和第三级反相器输入相连，如图 4-34 所示。

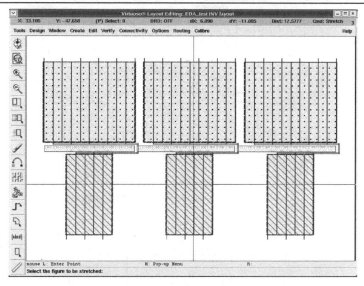

图 4-34　连接后的三级反相器

（13）衬底与电源（地）的连接：首先进行 NMOS 衬底与地的连接，按"o"键，弹出"Create Contact"对话框，在"Contact type"栏中选择"M1_SP"（表示选择 P 衬底到一层的通孔），在"Rows"栏中输入"2"，在"Columns"栏中输入"340"（表示纵向通孔数为 2，横向通孔数目为 340，横向长度以覆盖全部 NMOS 为准）。

单击"Hide"按钮，移动光标将 P 衬底与 NMOS 源极相连，如图 4-36 所示。

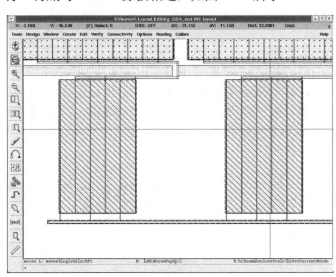

图 4-35　"Create Contact"对话框　　　　　图 4-36　将 P 衬底与 NMOS 源极相连

在 NMOS 两侧也添加 P 衬底作为隔离环。重复上述操作，将 N 衬底（M1_SN）与 PMOS 的源极相连，连接后的反相器链如图 4-37 所示。

（14）PMOS 应该放置在 N 阱中，在 LSW 中选择"NW"层，再按"r"键，绘制矩形将 N 衬底和 PMOS 均包括在 N 阱中，如图 4-38 所示。

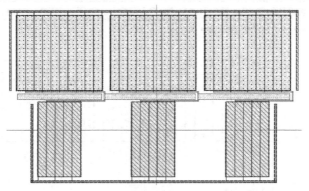

图 4-37　添加 N 衬底和 P 衬底后的反相器链

N阱外框

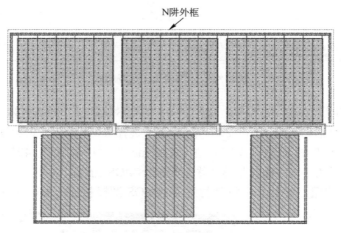

图 4-38　添加 N 阱后的反相器链

（15）最后还需要在反相器链版图的外围添加电源环和地环，这样就容易与 I/O 单元进行相连，具体连接将在 4.5 节中介绍，这里先进行电源环和地环设计。在 LSW 窗口中选择一层金属，按"r"键，绘制矩形（矩形宽度以电流密度为准，这里设置为 5u 宽度）。之后将 N 衬底和 P 衬底分别与电源和地相连，完成后如图 4-39 所示。

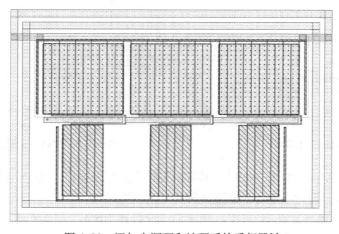

图 4-39　添加电源环和地环后的反相器链

（16）对电路版图完成连线后，需要对电路的 I/O 进行标注。光标在 LSW 窗口层中，单击 **M1_TXT/dg**，然后在版图设计区域单击图标或按快捷键 "1"，如图 4-40 所示。在相应的版图层上单击即可，如图 4-41 所示。首先添加 "vdda" 的标志。

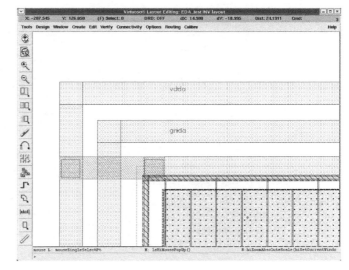

图 4-40　创建标志对话框　　　　　　　　图 4-41　放置标志示意图

（17）继续完成 "gnda"、"A" 和 "Z" 的标志，全部标志完成后，单击图标或按快捷键 "F2" 保存版图，最终版图如图 4-42 所示。

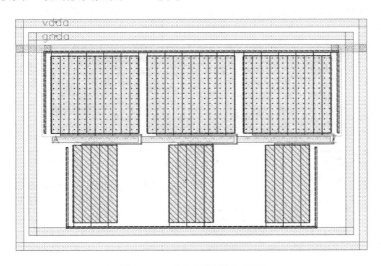

图 4-42　反相器链最终版图

 # 4.4　反相器链版图验证与参数提取

完成反相器链的版图设计后，还需要对版图进行验证和后仿真，本节就介绍运用 Mentor Calibre 工具进行这两个方面操作的具体方法和基本流程。

1. DRC 验证

（1）在版图视图窗口中执行菜单命令"Calibre"→"Run DRC"，弹出 DRC 对话框如图 4-43 所示。

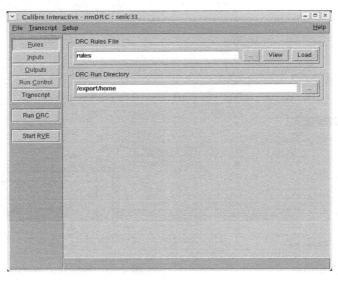

图 4-43　DRC 对话框

（2）单击"Rules"按钮，在"DRC Rules File"区域中单击"…"按钮，选择设计规则文件，并在"DRC Run Directory"区域中单击"…"按钮，选择运行目录，如图 4-44 所示。

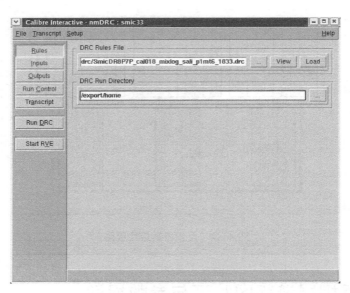

图 4-44　DRC 规则选项设置

（3）单击"Inputs"按钮，在"Layout"选项卡中选中"Export from layout viewer"选项（高亮），表示从版图视窗中提取版图数据，如图 4-45 所示。

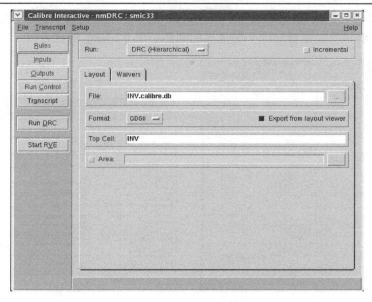

图 4-45　DRC 输入选项设置

（4）单击"Outputs"按钮，此处选择默认的设置（也可以改变相应输出文件的名称），如图 4-46 所示。

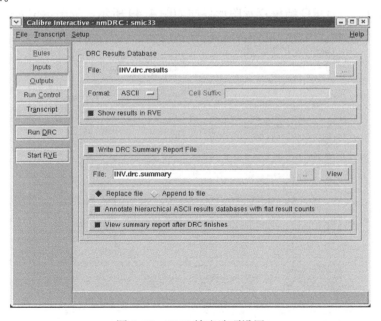

图 4-46　DRC 输出选项设置

（5）单击"Run Control"按钮，此处可以选择默认设置。最后单击"Run DRC"按钮，Calibre 开始导出版图文件并对其进行 DRC 检查。 Calibre DRC 完成后，自动弹出输出结果，包括一个图形界面的错误文件查看器和一个文本格式文件，如图 4-47 和图 4-48 所示。

（6）图 4-47 所示的 Calibre DRC 输出结果的图形界面表明，在版图中存在 8 个 DRC

错误，分别为 M1_2（一层金属的间距小于 0.23μm）和 7 个密度的错误，其中密度的错误可以暂时忽略，所以目前仅需要修改一层金属的间距小于 0.23μm 的问题。

图 4-47　Calibre DRC 结果查看图形界面

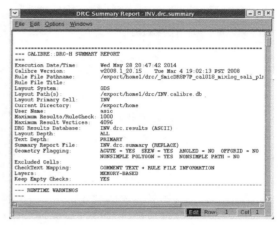

图 4-48　Calibre DRC 输出文本

（7）错误修改：单击"Check M1_2 – 1 Result"，并双击其下的"01"，就可以定位到版图中错误的所在位置，DRC 结果查看图形界面如图 4-49 所示，版图定位如图 4-50 所示。

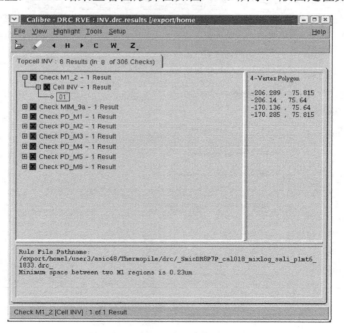

图 4-49　DRC 结果查看图形界面

（8）根据提示进行版图修改：按"s"键，然后选中要修改的一层金属的左上角，将下侧的一层金属向下拉，使得两块一层金属的间距扩大至大于 0.23μm 即可，这里将间距修改为 0.5μm，修改后的版图如图 4-51 所示。

一层金属间距小于0.23μm

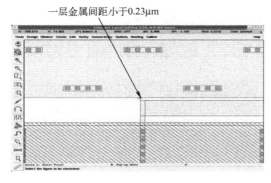

一层金属间距修改为0.5μm

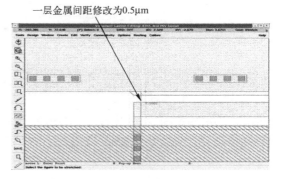

图 4-50　相应版图错误定位　　　　　　　　　　图 4-51　修改后版图

（9）DRC 错误修改完毕后，在 DRC 对话框中单击"Run DRC"按钮，再次进行 DRC 检查，这时弹出如图 4-52 所示的界面，界面中除密度的错误外，没有其他的错误显示，这表明 DRC 已经通过。

2. LVS 验证

（1）在版图视图窗口中执行菜单命令"Calibre"→"Run LVS"，弹出 LVS 对话框，如图 4-53 所示。

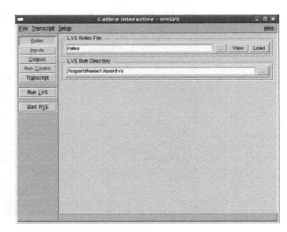

图 4-52　Calibre DRC 通过界面　　　　　　　　图 4-53　LVS 对话框

（2）单击"Rules"按钮，在"LVS Rules File"区域中单击"..."按钮，选择 LVS 规则文件；在"LVS Run Directory"区域中单击"..."按钮，选择运行目录，如图 4-54 所示。

（3）单击"Inputs"按钮，在"Layout"选项卡中选中"Export from layout viewer"选项（高亮），表示从版图视窗中提取版图数据，如图 4-55 所示。

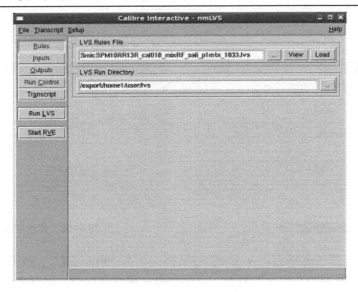

图 4-54　LVS 规则选项设置

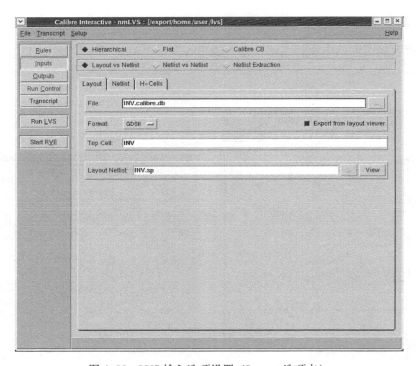

图 4-55　LVS 输入选项设置（Layout 选项卡）

（4）单击"Inputs"按钮，选择"Netlist"选项卡，如果电路网表文件已经存在，则直接调取，并取消"Export from schematic viewer"的选中状态；如果电路网表需要从同名的电路单元中导出，那么需要同时打开电路图 schematic 窗口，然后在"Netlist"选项卡中选中"Export from schematic viewer"选项（高亮），如图 4-56 所示。

（5）单击"Outputs"按钮，在此可以选择默认的设置（也可以改变相应输出文件的名称）。"Create SVDB Database"选项用于是否生成相应的数据库文件，而"Start RVE after

LVS finishes"选项用于在 LVS 完成后是否自动弹出相应的图形界面，如图 4-57 所示。

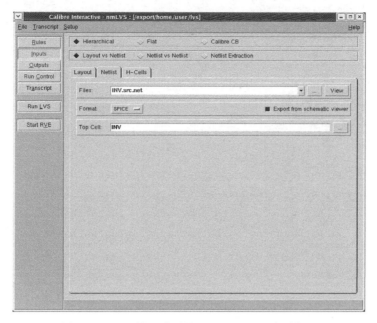

图 4-56　LVS 输入选项设置（"Netlist"选项卡）

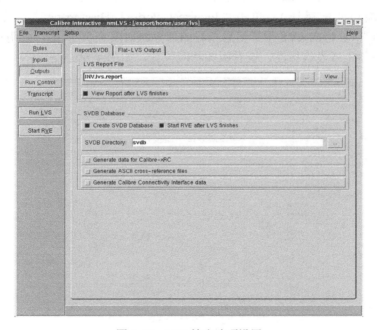

图 4-57　LVS 输出选项设置

（6）单击"Run Control"按钮，此处可以选择默认设置；单击"Run LVS"按钮，Calibre 开始导出版图文件并对其进行 LVS 检查，Calibre LVS 完成后，自动弹出输出结果并弹出图形界面（在"Outputs"选项卡中选择，如果没有自动弹出，可单击"Start RVE"按钮开启图形界面），以便查看错误信息，如图 4-58 所示。

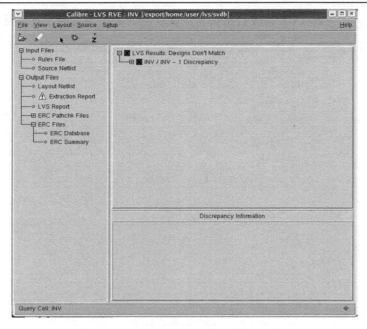

图 4-58　Calibre LVS 结果查看图形界面

（7）图 4-59 所示的 Calibre LVS 输出结果的图形界面表明，在版图与电路图存在一项不匹配错误（端口匹配错误）。单击"Incorrect Ports-1 Discrepancy"，然后单击其下的"Discrepancy #1"，相应的 LVS 报错信息查看图形界面如图 4-59 所示，表明端口"A"没有标在相应的版图层上或没有标注，查看版图相应位置，如图 4-60 所示。

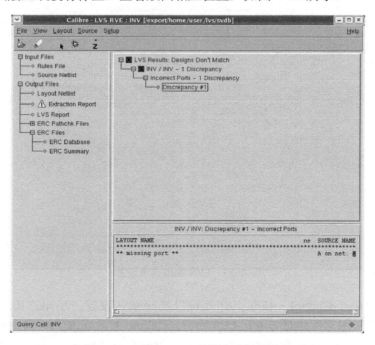

图 4-59　Calibre LVS 结果查看图形界面

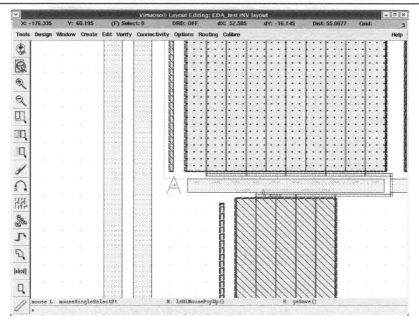

图 4-60　相应版图错误定位

（8）图 4-61 所示的标志 A 没有打在相应的版图层上，导致 Calibre 无法找到其端口信息，修改方式为将标志右移至相应的版图层上即可，如图 4-61 所示。

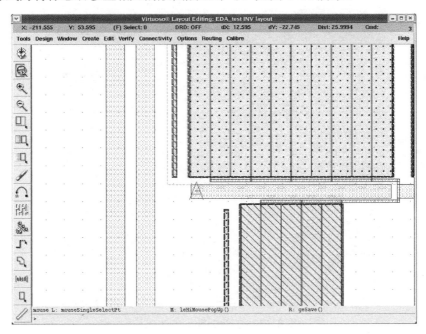

图 4-61　标志修改后的版图

（9）LVS 匹配错误修改完毕后，再次做 LVS，自动弹出的窗口如图 4-62 所示，表明 LVS 已经通过。

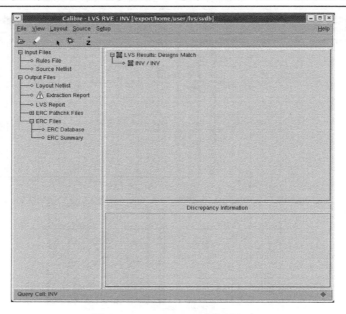

图 4-62　Calibre LVS 通过界面

3. PEX 参数提取

（1）在版图视图窗口中执行菜单命令"Calibre"→"Run PEX"，弹出 PEX 对话框，如图 4-63 所示。

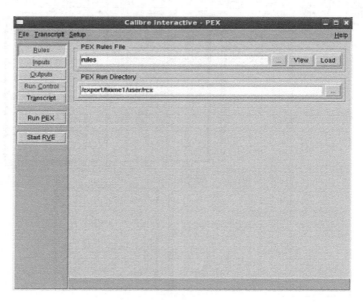

图 4-63　打开 Calibre PEX 工具

（2）单击"Rules"按钮，在"PEX Rules File"区域中单击"..."按钮，选择提取规则文件；在"PEX Run Directory"区域中单击"..."按钮，选择运行目录，如图 4-64 所示。

（3）单击"Inputs"按钮，在"Layout"选项卡中选中"Export from layout viewer"选项（高亮），如图 4-65 所示。

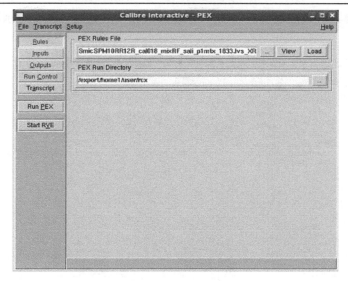

图 4-64　PEX 规则选项设置

（4）单击"Inputs"按钮，选择"Netlist"选项卡，如果电路网表文件已经存在，则直接调取，并取消"Export from schematic viewer"的选中状态；如果电路网表需要从同名的电路单元中导出，那么在"Netlist"选项卡中选中"Export from schematic viewer"选项（高亮），如图 4-66 所示。

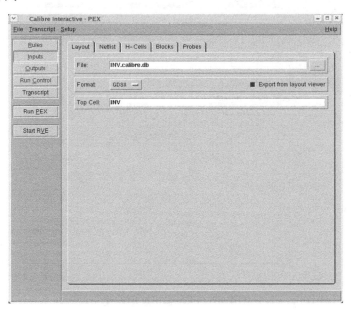

图 4-65　PEX 输入选项设置（"Layout"选项卡）

（5）单击"Outputs"按钮，将"Extraction Type"选项修改为"Transistor Level-R+C-No Inductance"，表明是晶体管级提取，提取版图中的寄生电阻和电容，忽略电感信息；将"Netlist"选项卡中的"Format"修改为"HSPICE"（也可以反提为 CALIBREVIEW、ELDO、SPECTRE 等其他格式，并采用相应的仿真器进行后仿真），表明提出的网表需采用

Hspice 软件进行仿真；其他选项卡（Nets、Reports、SVDB）选择默认选项即可，如图 4-67 所示。

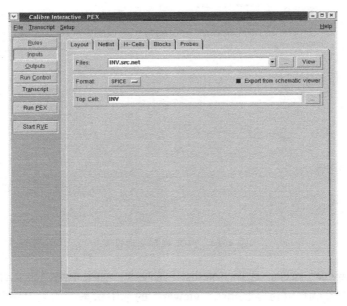

图 4-66　PEX 输入选项设置（"Netlist"选项卡）

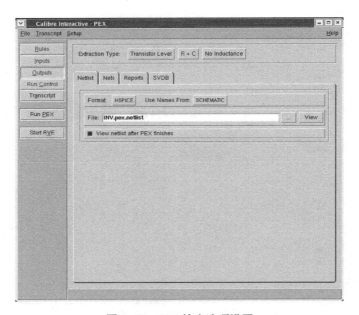

图 4-67　PEX 输出选项设置

　　（6）单击"Run Control"按钮，选择默认设置。单击"Run PEX"按钮，Calibre 开始导出版图文件并对其进行参数提取。Calibre PEX 完成后，自动弹出输出结果并弹出图形界面（在"Outputs"选项卡中选择，如果没有自动弹出，可单击"Start RVE"按钮开启图形界面），以便查看错误信息。在 Calibre PEX 运行后，同时会弹出参数提取后的主网表，如图 4-68 所示。此网表可以在 Hspice 软件中进行后仿真。另外，主网表还根据选择提取的寄生参数包括若干个寄生参数网表文件（在反提为 R+C 的情况下，还有.pex 和.pxi 两个寄生参数网表文件），在进行后仿真时一并进行调用。

图 4-68　Calibre PEX 提出部分的主网表图

4.5　反相器链电路后仿真

采用 Calibre PEX 对反相器链进行参数提取后，即可采用 Hspice 工具对其进行后仿真。首先需要建立仿真网表，并在仿真网表中通过"include"的方式调用电路网表。Calibre PEX 用于 Hspice 电路网表如下（此网表为主网表文件，其调用两个寄生参数文件，分别为"INV.pex.netlist.pex"和"INV.pex.netlist. INV.pxi"，由于主反提网表文件较大，故以下只列出前、后数行，寄生参数文件不予列出）：

.include "INV.pex.netlist.pex"
.subckt INV   VDDA A GNDA Z

MNM1 N_NET17_MNM1_d N_A_MNM1_g N_GNDA_MNM1_s N_GNDA_MNM1_b N18 L=5e-06 W=5e-05 AD=1.35e-11 AS=2.4e-11 PD=5.054e-05 PS=0.00010096

MNM1@2 N_NET17_MNM1_d N_A_MNM1@2_g N_GNDA_MNM1@2_s N_GNDA_MNM1_b N18 L=5e-06 W=5e-05 AD=1.35e-11 AS=1.35e-11 PD=5.054e-05 PS=5.054e-05

MNM1@3 N_NET17_MNM1@3_d N_A_MNM1@3_g N_GNDA_MNM1@2_s N_GNDA_MNM1_b N18 L=5e-06 W=5e-05 AD=1.35e-11 AS=1.35e-11 PD=5.054e-05 PS=5.054e-05

MNM1@4 N_NET17_MNM1@3_d N_A_MNM1@4_g N_GNDA_MNM1@4_s N_GNDA_MNM1_b N18 L=5e-06 W=5e-05 AD=1.35e-11 AS=1.35e-11 PD=5.054e-05 PS=5.054e-05

MNM1@5 N_NET17_MNM1@5_d N_A_MNM1@5_g N_GNDA_MNM1@4_s N_GNDA_MNM1_b N18 L=5e-06 W=5e-05 AD=2.4e-11 AS=1.35e-11 PD=0.00010096 PS=5.054e-05

MNM2 N_NET21_MNM2_d N_NET17_MNM2_g N_GNDA_MNM2_s N_GNDA_MNM1_b N18 L=5e-06   W=5e-05 AD=1.35e-11 AS=2.4e-11 PD=5.054e-05 PS=0.00010096

MNM2@2 N_NET21_MNM2_d N_NET17_MNM2@2_g N_GNDA_MNM2@2_s N_GNDA_MNM1_ b

N18 L=5e-06 W=5e-05 AD=1.35e-11 AS=1.35e-11 PD=5.054e-05 PS=5.054e-05

MNM2@3 N_NET21_MNM2@3_d N_NET17_MNM2@3_g N_GNDA_MNM2@2_s N_GNDA_ MNM1_b N18 L=5e-06 W=5e-05 AD=1.35e-11 AS=1.35e-11 PD=5.054e-05 PS=5.054e-05

MNM2@4 N_NET21_MNM2@3_d N_NET17_MNM2@4_g N_GNDA_MNM2@4_s N_GNDA_ MNM1_b N18 L=5e-06 W=5e-05 AD=1.35e-11 AS=1.35e-11 PD=5.054e-05 PS=5.054e-05

MNM2@5 N_NET21_MNM2@5_d N_NET17_MNM2@5_g N_GNDA_MNM2@4_s N_GNDA_ MNM1_b N18 L=5e-06 W=5e-05 AD=2.4e-11 AS=1.35e-11 PD=0.00010096 PS=5.054e-05

MNM3 N_Z_MNM3_d N_NET21_MNM3_g N_GNDA_MNM3_s N_GNDA_MNM1_b N18 L=5e-06 W=5e-05 AD=1.35e-11 AS=2.4e-11 PD=5.054e-05 PS=0.00010096

MNM3@2 N_Z_MNM3_d N_NET21_MNM3@2_g N_GNDA_MNM3@2_s N_GNDA_MNM1_b N18 L=5e-06 W=5e-05 AD=1.35e-11 AS=1.35e-11 PD=5.054e-05 PS=5.054e-05

......

MPM3@4 N_Z_MPM3@3_d N_NET21_MPM3@4_g N_VDDA_MPM3@4_s N_VDDA_MPM1_b P18 L=5e-06 W=5e-05 AD=1.35e-11 AS=1.35e-11 PD=5.054e-05 PS=5.054e-05

MPM3@5 N_Z_MPM3@5_d N_NET21_MPM3@5_g N_VDDA_MPM3@4_s N_VDDA_MPM1_b P18 L=5e-06 W=5e-05 AD=1.35e-11 AS=1.35e-11 PD=5.054e-05 PS=5.054e-05

MPM3@6 N_Z_MPM3@5_d N_NET21_MPM3@6_g N_VDDA_MPM3@6_s N_VDDA_MPM1_b P18 L=5e-06 W=5e-05 AD=1.35e-11 AS=1.35e-11 PD=5.054e-05 PS=5.054e-05

MPM3@7 N_Z_MPM3@7_d N_NET21_MPM3@7_g N_VDDA_MPM3@6_s N_VDDA_MPM1_b P18 L=5e-06 W=5e-05 AD=1.35e-11 AS=1.35e-11 PD=5.054e-05 PS=5.054e-05

MPM3@8 N_Z_MPM3@7_d N_NET21_MPM3@8_g N_VDDA_MPM3@8_s N_VDDA_MPM1_b P18 L=5e-06 W=5e-05 AD=1.35e-11 AS=1.35e-11 PD=5.054e-05 PS=5.054e-05

MPM3@9 N_Z_MPM3@9_d N_NET21_MPM3@9_g N_VDDA_MPM3@8_s N_VDDA_MPM1_b P18 L=5e-06 W=5e-05 AD=1.35e-11 AS=1.35e-11 PD=5.054e-05 PS=5.054e-05

MPM3@10 N_Z_MPM3@9_d N_NET21_MPM3@10_g N_VDDA_MPM3@10_s N_VDDA_MPM1_b P18 L=5e-06 W=5e-05 AD=1.35e-11 AS=2.4e-11 PD=5.054e-05 PS=0.00010096

.include "INV.pex.netlist.INV.pxi"

.ends

基于反相器链寄生参数提取后的网表建立的反相器链后仿真网表如下所述。

```
.title INV
.inc "INV.pex.netlist"
x1    VDDA A GNDA Z   INV
vvdda vdda 0 1.8
vgnda gnda 0 0
va a 0 pulse(0 1.8 0.1n 0.1n 0.1n 10u 20u)
.temp 27
.lib 'F:\model\smic0907_0.18_MS\Spice_Model\TD-MM18-SP-2001v10R\ms018_v1p9.lib' tt
.op
.tran 0.1n 100u
.option post accurate probe nomod captab
.probe v(a) v(z)
.end
```

完成反相器链仿真网表建立后，就可以在 Hspice 中对其进行仿真。

（1）启动 Hspice，弹出 Hspice 主窗口。在主窗口中单击"Open"按钮，打开 INV.sp 文件，如图 4-69 所示。

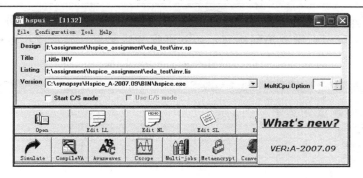

图 4-69 打开 INV.sp 文件

（2）在主窗口中单击"Simulate"按钮，开始仿真。仿真完成后，单击"Avanwaves"按钮，弹出"AvanWaves"窗口和"Results Browser"对话框，如图 4-70 和图 4-71 所示。

图 4-70 "Avanwaves"窗口

（3）在"Results Browser"对话框中单击"Transient: title inv"，则在"Types"栏中显示打印的仿真结果，如图 4-72 所示。

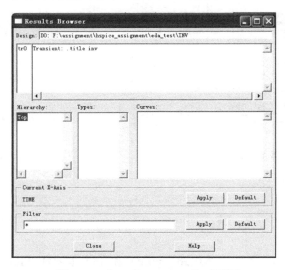

图 4-71 "Results Browser"对话框

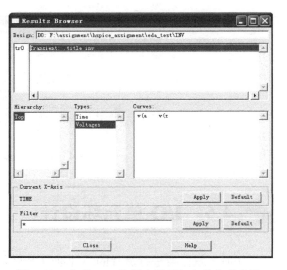

图 4-72 在"Types"栏中显示打印的仿真结果

（4）在"Types"栏选中"Voltages"选项，在"Curves"栏中分别双击"v(a)"和"v(z)"，同时单击鼠标右键取消网格显示，并进行分栏显示。显示反相器链的仿真结果如图 4-73 所示，可见后仿真功能与前仿真相对应，功能正确。

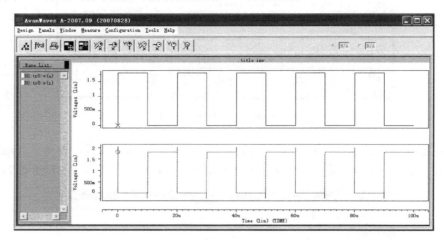

图 4-73　反相器链后仿真结果

（5）完成仿真结果的查看后，在主窗口中单击"Edit LL"按钮，查看仿真状态列表。图 4-74 所示的是部分晶体管的直流工作点，包括工作区域（region）、直流电流（id）、栅源电压（vgs）、漏源电压（vds）等。

```
**** mosfets

subckt     x1          x1          x1          x1          x1          x1
element    1:mnm1      1:mnm1@2    1:mnm1@3    1:mnm1@4    1:mnm1@5    1:mnm2
model      0:n18       0:n18       0:n18       0:n18       0:n18       0:n18
region     Cutoff      Cutoff      Cutoff      Cutoff      Cutoff      Linear
id         58.0738p    58.0738p    58.0738p    58.0738p    58.0738p    17.6395p
ibs        -1.066e-24  -1.202e-24  -1.202e-24  -1.235e-24  -1.235e-24  -3.765e-25
ibd        -32.5909f   -32.5909f   -32.5909f   -32.6168f   -32.6168f   -5.274e-24
vgs        -1.7345n    -2.3753n    -2.3753n    -2.4082n    -2.4082n    1.8000
vds        1.8000      1.8000      1.8000      1.8000      1.8000      5.0446m
vbs        -434.2162p  -1.0751n    -1.0751n    -1.1079n    -1.1079n    -159.3575p
vth        393.1846m   393.1846m   393.1846m   393.1846m   393.1846m   393.1846m
vdsat      40.0543m    40.0543m    40.0543m    40.0543m    40.0543m    1.1961
vod        -393.1846m  -393.1846m  -393.1846m  -393.1846m  -393.1846m  1.4068
beta       3.3768m     3.3768m     3.3768m     3.3768m     3.3768m     2.5527m
gam eff    773.7570m   773.7570m   773.7570m   773.7570m   773.7570m   773.7570m
gm         1.7647n     1.7647n     1.7647n     1.7647n     1.7647n     6.2161p
gds        2.0363p     2.0363p     2.0363p     2.0363p     2.0363p     3.5395m
gmb        600.3591p   600.3591p   600.3591p   600.3591p   600.3591p   4.8490p
cdtot      38.9299f    38.9299f    38.9299f    38.9299f    47.7824f    2.2748p
cgtot      627.5011f   627.5011f   627.5011f   627.5011f   627.5011f   2.1456p
cstot      66.8040f    52.6091f    52.6091f    52.6091f    52.6091f    2.1759p
cbtot      659.2333f   645.0384f   645.0384f   645.0384f   653.8908f   739.9687f
cgs        18.5421f    18.5421f    18.5421f    18.5421f    18.5421f    1.0563p
cgd        18.4669f    18.4669f    18.4669f    18.4669f    18.4669f    1.0675p
```

图 4-74　部分晶体管的直流工作点

4.6　I/O 单元环设计

任何一款需要进行流片的芯片都包含两大部分，即主体电路（core）和 I/O 单元环（IO ring）。其中，I/O 单元环作为连接集成电路主体电路与外界信号通信的桥梁，不仅提供了输出驱动和接收信号功能，而且还为内部集成电路提供了有效的静电防护，是集成电路芯片必备的单元。本节主要介绍 I/O 单元环的设计，以及与内部主体电路的连接方法和流程。

一个完整的模拟 I/O 单元环包括 I/O 单元（连接主体电路的 I/O 信号）、I/O 电源单元（为 I/O 单元环上的所有单元供电）、I/O 地单元（I/O 单元环的地平面）、主体电路电源单元（为主体电路供电）、主体电路地单元（主体电路地平面）、各种尺寸的填充单元（填充多余空间的单元）和角单元（放置在矩形或正方形四个角位置的填充单元）。

在设计工具包中，一般都包含有 I/O 单元的电路和版图信息，方便设计者直接进行调用。但也有部分工艺厂商仅提供 I/O 单元的电路网表（.cdl 文件），这时就需要设计者首先根据电路网表依次建立 I/O 单元的电路图（Schematic）和符号图（Symbol），然后与相应的版图归纳成一个专门的 I/O 单元库，以备设计之用。本节采用的 smic18mmrf 工艺库就属于第 2 种类型，笔者已经根据单元网表建立好相应的电路图和符号图放置于 smic18_IO_ANALOG 库中进行调用，这里就不再赘述建立的过程。

与普通电路的版图设计顺序不同，I/O 单元环设计首先进行版图设计，之后再进行电路图设计。这是因为设计者需要根据主体电路的面积来摆放合适的单元，既做到最大程度地使用单元，又没有浪费宝贵的芯片面积。以下就详细介绍 I/O 环的详细设计过程。

（1）参考工艺厂提供的设计文档，确定 I/O 环上所使用的单元为 PANA2APW（I/O 单元）、PVDD5APW（I/O 电源单元）、 PVSS5APW（I/O 单元环的地平面）、PVDD1APW（主体电路电源单元）、PVSS1APW（主体电路地单元）或不同尺寸的填充单元（如 PFILL50AW 表示填充单元宽度为 50μm）。

（2）在 CIW 主窗口中执行菜单命令"File"→"New"→"Cellview"，弹出"Create New File"对话框，在"Library Name"栏中选择已经建好的库"EDA_test"，在"Cell Name"栏中输入"io_ring"，并在"Tool"栏中选择"Virtuoso"，如图 4-75 所示。

（3）单击"OK"按钮，弹出版图设计窗口，采用创建元器件命令从 EDA_test 库中调取已经设计好的反相器链版图作为参照。单击图标 或通过快捷键"i"启动创建元器件命令，弹出"Create Instance"对话框，单击"Browse"按钮，从 EDA_test 库中选择 INV 所在位置，在"View"栏中选择"layout"进行调用，如图 4-76 所示。然后单击"Close"按钮，返回"Create Instance"对话框，单击"Hide"按钮完成添加，如图 4-77 所示。

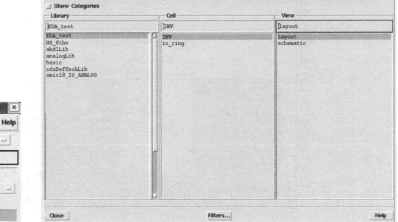

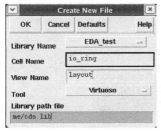

图 4-75　新建 I/O 环 cell 对话框　　　　　　　图 4-76　调用 INV 版图

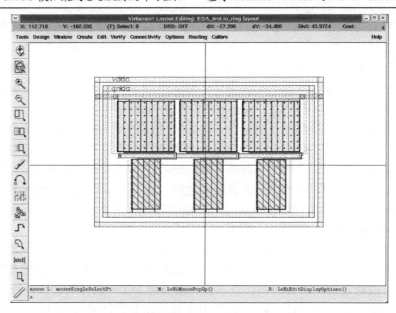

图 4-77　完成 INV 版图调用

（4）依据主体电路信号所在的位置，进行总体版图规划。在左侧摆放输入信号 A（使用 PANA2APW 单元），在右侧摆放输出信号 Z（使用 PANA2APW 单元），I/O 单元电源和地摆放在下侧（分别使用 PVDD5APW 单元和 PVSS5APW 单元），电路电源和地（分别使用 PVDD1APW 单元和 PVSS1APW 单元）摆放在上侧，其余空间由填充单元或电源、地单元填充，四个角用角单元填充。完成规划后，依次按"i"键，从"smic_IO_ANALOG"库中调用上述单元进行摆放，特别要注意每个单元的边界层（border）要严丝合缝地对齐，否则会造成错误，相邻两个单元的边界如图 4-78 所示。最终完成摆放的 I/O 单元环如图 4-79 所示。

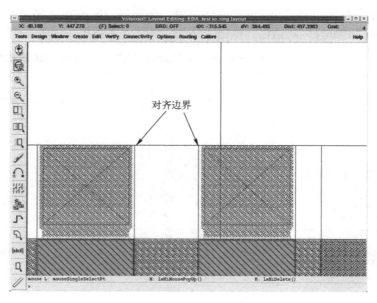

图 4-78　每个单元的边界都要对齐

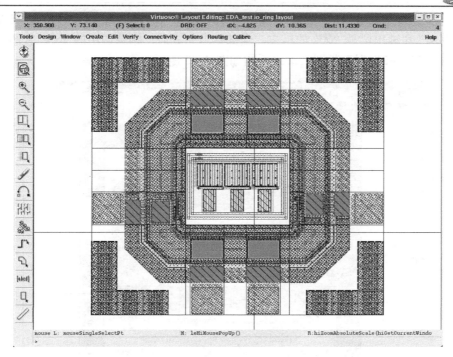

图 4-79　I/O 单元环摆放完成

（5）完成单元摆放后，需要对这些单元进行标注。注意，这里一般用顶层金属的标志层对单元进行标注，鼠标在 LSW 窗口层中单击 M6_TXT/dg，然后在版图设计区域单击图标 [abcd] 或按快捷键 "1"，如图 4-80 所示。在相应的单元版图层上单击即可，首先添加电路电源 "vdda" 的标志，如图 4-81 所示。

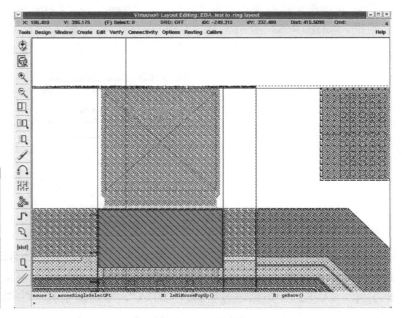

图 4-80　"Create Label" 对话框 　　　　　　　　　图 4-81　放置标志示意图

（6）之后继续完成电路地"gnda"、I/O 单元电源 "SAVDD"、I/O 单元地"SAVSS"、输入信号"A"和输出信号"Z"的标志，全部标志完成后，删除调用的 INV 版图，单击图标或按快捷键"F2"保存版图，最终版图如图 4-82 所示。

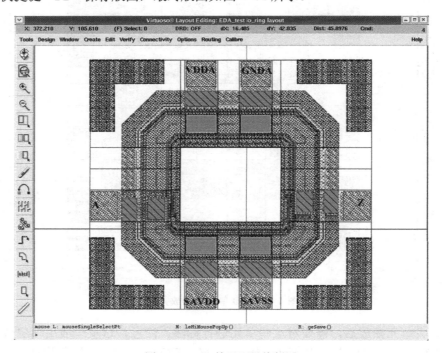

图 4-82　I/O 单元环最终版图

（7）经过上述步骤就完成了 I/O 单元环的版图设计，然后要对版图进行电路图的设计。在 CIW 对话框中执行菜单命令"File"→"New"→"Cellview"，弹出"Create New File"对话框，如图 4-83 所示。在"Cell Name"栏中输入"io_ring"，在"Tool"栏中选择"Composer-Schematic"，单击"OK"按钮，打开原理图设计窗口。

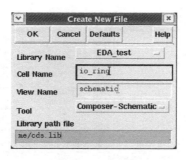

图 4-83　建立 I/O 单元环电路

（8）单击"Instance"按钮或按"i"键，从"smic_IO_ANALOG"库中调用与版图对应的单元电路；单击"Pin"按钮或按"p"键，设置 I/O 单元电源引脚"SAVDD"，I/O 单元地引脚"SAVSS"，电路电源引脚"VDDA"，电路地引脚"GNDA"，输入引脚"A"，输出引脚"Z"；单击"Wire(narrow)"按钮或按"w"键，进行连接，最终建立 I/O 单元环电路，如图 4-84 所示。

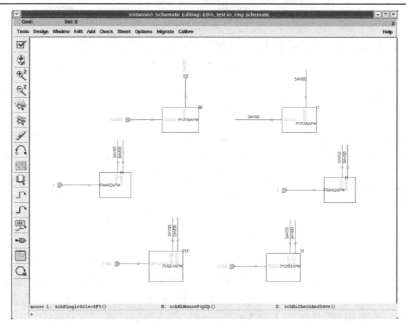

图 4-84 I/O 单元环电路

（9）为了进行后续调用，还需要为 I/O 单元环建立电路符号（Symbol）。在原理图设计窗口中执行菜单命令"Design"→"Create Cellview"→"From Cellview"，弹出"Cellview From Cellview"对话框，如图 4-85 所示。单击"OK"按钮，弹出"Symbol Generation Options"对话框如图 4-86 所示。在各栏中分配端口后，单击"OK"按钮，完成电路符号的建立，如图 4-87 所示。

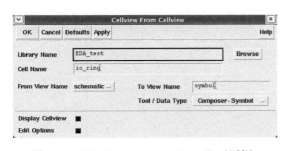

图 4-85 "Cellview From Cellview"对话框

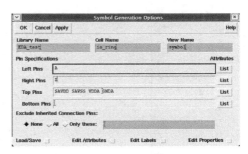

图 4-86 分配电路符号端口

（10）建立好 I/O 单元环电路图后，同样要对 I/O 单元环版图进行 DRC、LVS 验证，直至通过为止，这里就不再赘述。

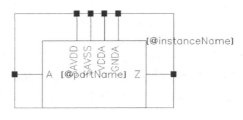

图 4-87 I/O 单元的电路符号

4.7　主体电路版图与 I/O 单元环的连接

在完成了反相器链电路版图和 I/O 单元环版图后，接下来就要将二者连接起来，成为一个完整的、可供工艺厂进行流片的集成电路芯片，具体步骤如下所述。

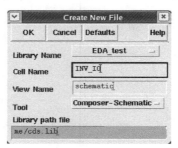

图 4-88　"Create New File" 对话框

（1）建立反相器链电路和 I/O 单元环连接的电路图。在 CIW 对话框中执行菜单命令"File"→"New"→"Cellview"，弹出"Create New File"对话框，如图 4-88 所示。在"Cell Name"栏中输入"INV_IO"，在"Tool"栏中选择"Composer-Schematic"，单击"OK"按钮，打开原理图设计窗口。

（2）单击"Instance"按钮或按"i"键，从"EDA_test"库中分别调用反相器链的电路符号和 I/O 单元的电路符号，如图 4-89 所示。单击"Pin"按钮或按"p"键，设置 I/O 单元电源引脚"SAVDD"，I/O 单元地引脚"SAVSS"，电路电源引脚"VDDA"，电路地引脚"GNDA"，输入引脚"A"，输出引脚"Z"。注意，这里的引脚均与 I/O 单元环的节点连接，而反相器电路符号只是进行物理线连接；单击"Wire(narrow)"按钮或按"w"键进行连接，最终建立 I/O 单元环电路如图 4-89 所示。

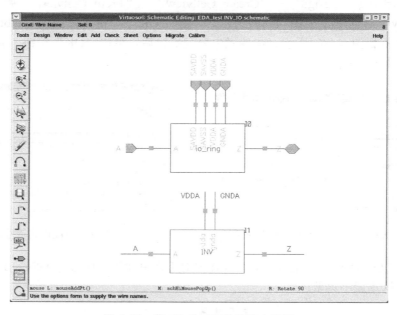

图 4-89　带 I/O 单元环的整体电路图

（3）为整体电路建立版图。在 CIW 对话框中执行菜单命令"File"→"New"→"Cellview"，弹出"Create New File"对话框，在"Library Name"栏中选择已经建好的库"EDA_test"，在"Cell Name"栏中输入"INV_IO"，并在"Tool"栏中选择"Virtuoso"工具，如图 4-90 所示。

（4）单击"OK"按钮，弹出版图设计窗口，采用创建器件命令从 EDA_test 工艺库中分别调用反相器链和 I/O 单元环的版图，如图 4-91 所示。

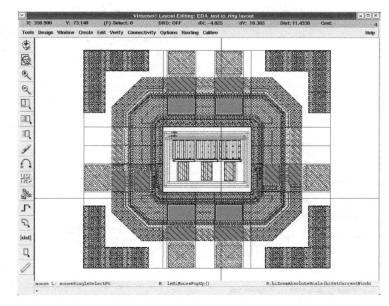

图 4-90　新建整体电路版图　　　　　　　图 4-91　反相器链版图和 I/O 单元环版图摆放完成

（5）摆放完成后，即可进行主体电路端口和 I/O 单元环的版图连接，其中 I/O 单元电源和地是独立存在的，不需要与主体电路进行连接。首先连接输入端口 A，由于 I/O 单元的连接点只有二层金属，而主体电路的端口是一层金属，所以使用二层金属进行连接，在主体电路处添加一层金属到二层金属的通孔完成连接，在 LSW 窗口选择二层金属，然后按"r"键，绘制矩形进行连接，如图 4-92 所示。

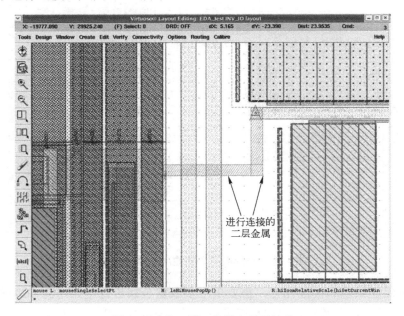

图 4-92　将 A 端口与输入单元连接

（6）按"o"键，弹出"Create Contact"对话框，选择一层金属到二层金属的通孔，横向和纵向的通孔数都为 5，如图 4-93 所示。单击[Hide]按钮，将光标放置在 A 端口位置完成连接，如图 4-94 所示。

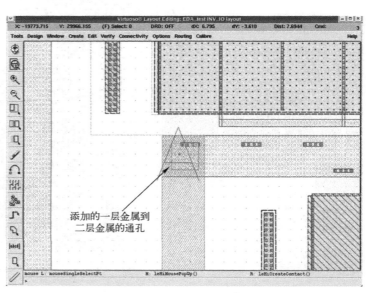

图 4-93　"Create Contact"对话框 　　　　图 4-94　添加一层金属到二层金属的通孔

（7）采用同样方式完成端口 Z 和输出单元的连接，如图 4-95 所示。

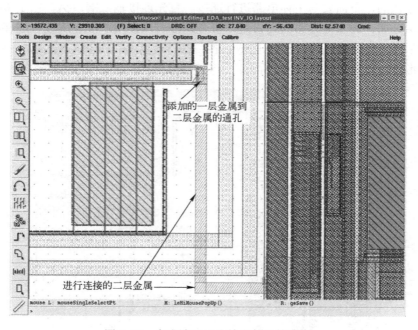

图 4-95　完成端口 Z 和输出单元的连接

（8）为了保证供电和接地充分，需要采用多条宽金属进行电路电源和地的连接，其中地连接采用二层金属进行连接，电源直接采用一层金属进行连接，具体操作方式同步骤（5）

和步骤（6），最后完成连接如图 4-96 所示。

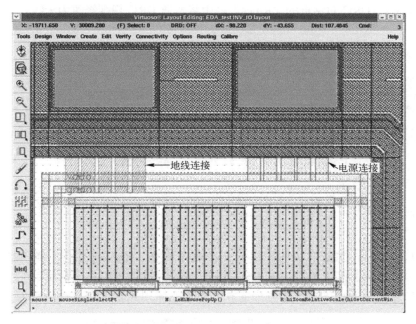

图 4-96 进行电路电源和地的连接

（9）完成所有连接后，再在输入、输出、电源、地等单元上逐一标注，完成整体的版图设计，如图 4-97 所示。最后再对整体版图进行 DRC、LVS 验证，直至通过为止。其中，若 DRC 仍存在各层金属或多晶硅密度的问题，可在版图的空白处直接添加不连接任何节点的金属和多晶硅，直至密度满足 DRC 要求为止。

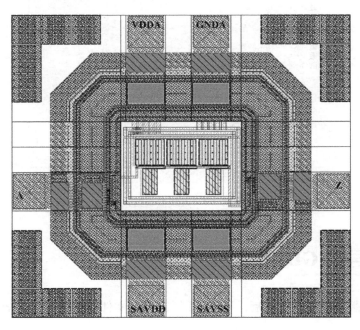

图 4-97 完成标注添加后的整体版图

（10）完成 DRC、LVS 检查后，还需要对整体版图进行天线规则检查，其操作方式与 DRC 相同，只是在 DRC 对话框的"Rules"栏中将普通 DRC 规则修改为天线规则，如图 4-98 所示。

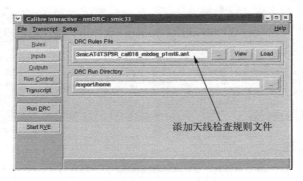

图 4-98　在 DRC 对话框中添加天线检查规则文件

（11）单击"Run DRC"按钮，进行天线规则检查。检查通过后，弹出检查结果对话框，如图 4-99 所示。图中没有显示天线错误，表示通过该项检查。如果显示有错误，则应根据提示在需要修改的长连线位置添加通孔，更换金属层连接方式来修改错误。

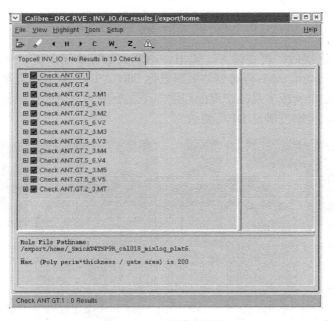

图 4-99　天线检查结果

 ## 4.8　导出 GDSII 文件

在完成整体版图设计和检查后，即可进行 GDSII 文件的导出，完成全部设计流程，具体操作如下所述。

（1）如图 4-100 所示，在 CIW 对话框中执行菜单命令"File"→"Export"→

"Stream…"，弹出"Stream out"对话框，如图 4-101 所示。

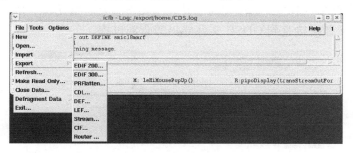

图 4-100　执行菜单命令"File"→"Export"→"Stream…"

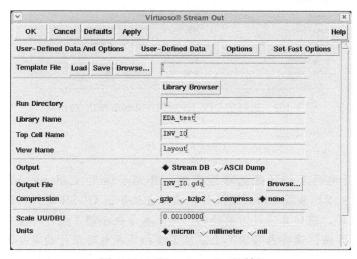

图 4-101　"Stream out"对话框

（2）在"Stream out"对话框中单击"Library Brower"按钮，在弹出的库列表中选择 INV_IO 版图所在的位置，如图 4-102 所示。单击"Close"按钮，返回"Stream out"对话框，如图 4-103 所示。

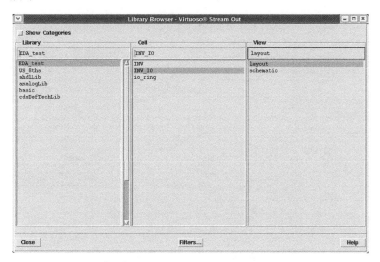

图 4-102　在弹出的库列表中选择 INV_IO 版图所在的位置

（3）单击"OK"按钮，完成 GDSII 文件的导出。

以上就是一个简单 CMOS 集成电路芯片从电路图设计、前仿真、版图设计、验证、反提后仿真、I/O 单元环拼接直到 GDSII 文件导出的全部过程。

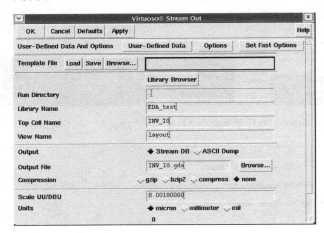

图 4-103　选择了 INV_IO 后的"Stream out"对话框

【本章小结】

本章以一个简单的反相器链电路为实例，介绍了运用 Cadence Virtuoso 和 Mentor Calibre 进行 CMOS 模拟集成电路版图设计、验证直至导出 GDSII 文件的全流程。版图设计首先是以电路图设计、前仿真通过为前提的，因此本章也介绍了设计环境准备、电路图设计和前仿真的流程和方法，这些内容实际上涵盖了模拟集成电路设计的完整流程，读者可以从中了解到作为一个模拟集成电路工程师所要学习和掌握的工具和设计流程。

第5章 运算放大器的版图设计与后仿真

运算放大器简称运放，1947 年由 John R.Ragazzini 命名，用于代表一种特殊类型的放大器。通过合理配置外部元器件，运算放大器可以完成电信号的放大、加、减、微分和积分等数学运算。运算放大器几乎遍布所有模拟系统和混合信号系统，从偏置电压产生，到信号的采样、检测滤波和放大，运算放大器在模拟信号系统中都扮演着不可替代的角色。

本章首先介绍运算放大器的基础知识，并采用 Cadence Virtuoso 版图设计工具分别对单级放大器和两级全差分运算放大器进行版图设计，然后采用 Mentor Calibre PEX 分别对两款放大器进行寄生参数提取，最后采用 Hspice 仿真工具分别对两款放大器进行后仿真，从而得出运算放大器的各种性能参数。

 ## 5.1 运算放大器基础

运算放大器是一种具有高增益的放大器（本章主要考虑运算跨导放大器 OTA），图 5-1 所示的是运算放大器的基本符号。图中，u_{ip} 和 u_{in} 端分别代表运算放大器的同相输入端和反向输入端，u_{out} 代表信号输出端。

图 5-2 所示的是一个典型的两级差分输入单端输出运算放大器的结构框图，它描述了运算放大器的 5 个重要组成部分，即差分输入级、增益级、输出缓冲级、直流偏置电路和相位补偿电路（本章描述的运算放大器不包括输出缓冲级）。差分输入级通常是一个差分跨导器，差分输入的优势在于它比单端输入具有更加优秀的共模抑制比，它将输入差分电压信号转换为差分电流，并提供一个差分到单端信号的转换。一个好的跨导器应具有良好的噪声、失调性能及线性度。增益级是运算放大器的核心部分，起到信号放大的作用。在实际使用中，运算放大器往往要驱动一个低阻抗的负载，因此就需要一个输出缓冲级，将运算放大器较大的输出阻抗调整下来，使信号得以顺利的输出。直流偏置电路在运算放大器正常工作时为晶体管提供合适的静态工作点，这样输出的交流信号就可以加载在所需要的直流工作点上。相位补偿电路用于稳定运算放大器的频率特性，反映在频域上就是有足够的相位裕度，而在时域上就是避免输出信号振荡，具有更快的稳定和建立时间。

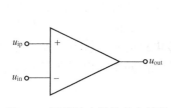

图 5-1 运算放大器的基本符号

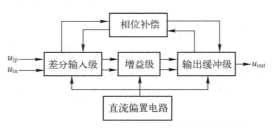

图 5-2 两级差分输入单端输出运算放大器的结构框图

5.1.1 运算放大器的基本特性和分类

1. 运算放大器的基本特性

理想的运算放大器具有无穷大的差模电压增益、无穷大的输入阻抗和零输出阻抗。图 5-3 所示为理想差分运算放大器的等效电路。图中，u_d 为输入差分电压，即为两个输入端的差值：

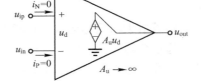

$$u_d = u_{ip} - u_{in} \tag{5-1}$$

A_u 为运算放大器的差模电压增益，输出电压 u_{out} 为

图 5-3　理想差分运算放大器的等效电路

$$u_{out} = A_u(u_{ip} - u_{in}) \tag{5-2}$$

理想运算放大器的差模电压增益为无穷大，所以其差模输入电压值非常小，差模输入电流基本相等，$i_N \approx i_P \approx 0$。

但在实际中，运算放大器参数远没有达到理想状态，一个典型的两级运算放大器电压增益一般约为 80～90dB（10000～40000 倍），输入阻抗在 $10^6\Omega$ 数量级，输出阻抗在 $10^3\Omega$ 数量级。而且运算放大器存在输入噪声电流、输入失调电压、寄生电容、增益非线性、有限带宽、有限输出摆幅和有限共模抑制比等非理想因素，非理想运算放大器的等效电路如图 5-4 所示。

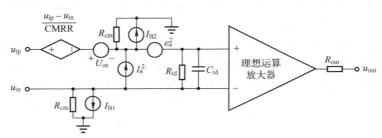

图 5-4　非理想运算放大器的等效电路

图 5-4 中，R_{id} 和 C_{id} 分别为运算放大器输入等效输入电阻和等效输入电容；R_{out} 为输出等效电阻；R_{cm} 为共模输入等效电阻；U_{os} 为输入失调电压，其定义为运算放大器的输出端为零时的输入差分电压；I_{B1} 和 I_{B2} 分别为偏置电流，而共模抑制比（CMRR）采用电压控制电压源（$(u_{ip}-u_{in})$/CMRR）来表示，它可以近似模拟运算放大器共模输入信号的影响；运算放大器的噪声源采用等效方均根电压源 e_{n^2} 和等效方均根电流源 i_{n^2} 来等效。

图 5-4 中并未列出所有运算放大器的非理想特性。在运算放大器的设计中，有限增益带宽积、有限压摆率、有限输出摆幅等特性尤为重要。运算放大器的输出响应由大信号特性和小信号特性混合构成，小信号建立时间完全由小信号等效电路的零、极点位置，或者由其交流特性定义的增益带宽积及相位特性决定，而大信号的建立时间由输出压摆率来决定。

2. 运算放大器的分类

运算放大器根据输入/输出可分为单端、差分和全差分结构。

图 5-5 所示为单端运算放大器结构示意图。单端运算放大器的输入端和输出端都只有一个，其基本特点是结构简单，功耗较低，但是电源和地的噪声会串入到信号输出端 u_{out}。

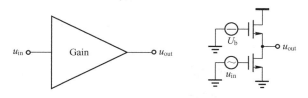

图 5-5　单端运算放大器结构示意图

图 5-6 所示为差分运算放大器结构示意图。差分运算放大器有两个差分输入端（u_{ip} 和 u_{in}）和一个输出端 u_{out}，其基本特点是结构简单，相同性能条件下其功耗约为单端放大器的 2 倍，差分输入端会降低共模信号的影响。

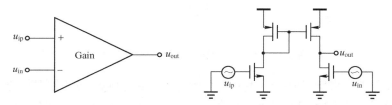

图 5-6　差分运算放大器结构示意图

图 5-7 所示为全差分运算放大器结构示意图。全差分运算放大器有两个差分输入端（u_{ip} 和 u_{in}）和两个差分输出端（u_{outp} 和 u_{outn}），其基本特点是电路规模和功耗为单端放大器的 2 倍，输出信号摆幅为单端结构的 2 倍，电源和地的噪声在输出信号端得到抑制，同时降低了输入信号的共模噪声对输出信号的影响。另外，全差分运算放大器需要共模反馈电路来稳定并确定输出共模点。

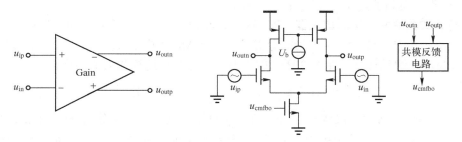

图 5-7　全差分运算放大器结构示意图

运算放大器根据其是否级联，可分为单级结构和级联结构。单级结构通常有套筒式共源共栅结构（Telescopic Cascode）、折叠式共源共栅结构（Folded Cascode)和增益自举结构（Gain Boost），共源共栅结构用于提高运算放大器的输出电阻和直流增益；多级级联结构由于引入较多的极点，容易造成运算放大器在闭环使用中的不稳定，所以通常只选用两级运算放大器结构。

1）套筒式共源共栅运算放大器（Telescopic Cascode OTA）　全差分套筒式共源共栅运算放大器如图 5-8 所示。其中，M_1 和 M_2 管为输入差分对管，$M_3 \sim M_6$ 为共源共栅晶体管，

M_7、M_8 和 M_0 为电流源晶体管，图 5-8 所示的运算放大器的增益为

$$A_u = g_{m1}[(g_{m3}r_{o3}r_{o1}) \parallel (g_{m5}r_{o5}r_{o7})] \tag{5-3}$$

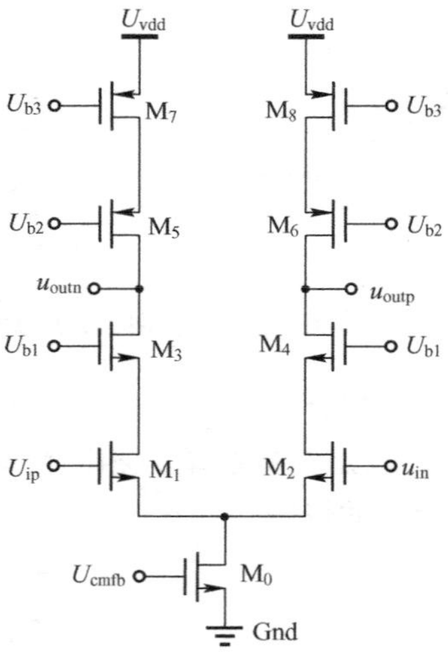

图 5-8　全差分套筒式共源共栅运算放大器

式中，g_{M1} 为输入差分对管（M_1 和 M_2）的有效跨导；g_{M3} 和 g_{M5} 分别共源共栅晶体管 M_3 和 M_5 的有效跨导；r_{o1} 为输入对管的导通电阻；r_{o7} 为电流源晶体管 M_7 的导通电阻；r_{o3} 和 r_{o5} 为共源共栅晶体管 M_3 和 M_5 的导通电阻。一般情况下，全差分套筒式共源共栅结构运算放大器的增益容易设计到 80dB 以上，但这是以减小输出摆幅和增加极点为代价的。

在图 5-8 所示的电路中，其输出摆幅为

$$U_{sw,out} = 2 \cdot [U_{vdd} - (U_{eff1} + U_{eff3} + U_{eff0} + |U_{eff5}| + |U_{eff7}|)] \tag{5-4}$$

式中，U_{effj} 表示 M_j 的过驱动电压。套筒式共源共栅运算放大器的另一个缺点是无法实现输入与输出短路，限制了其在负反馈系统的应用。

2）**折叠式共源共栅运算放大器**（Folded Cascode OTA）　折叠式共源共栅运算放大器如图 5-9 所示。其中，M_{11} 和 M_{12} 为差分对管，M_3～M_6 为共源共栅晶体管，M_1、M_2、M_7、M_8 和 M_{13} 为电流源晶体管，图 5-9 所示的折叠式共源共栅运算放大器的增益为

$$A_u = g_{m11} \{ [g_{m3}r_{o11}(r_{o1} \parallel r_{o3})] \parallel (g_{m5}r_{o5}r_{o7}) \} \tag{5-5}$$

式中，g_{M11} 为输入对管的有效跨导；g_{M3} 和 g_{M5} 分别为共源共栅晶体管 M_3 和 M_5 的有效跨导；r_{o11} 为输入管的等效输出电阻；r_{o1} 和 r_{o7} 分别为电流源晶体管 M_1 和 M_7 的等效输出电阻；r_{o3} 和 r_{o5} 为共源共栅晶体管 M_3 和 M_5 的等效输出电阻。

图 5-9 所示的全差分折叠式共源共栅运算放大器的特点在于对电压电平的选择，因为其差分输入对管 M_{11} 和 M_{12} 的上端并不"层叠"共源共栅管，所以输入共模范围大。折叠式共源共栅运算放大器与套筒式结构相比，其输出摆幅较大，但这个优点是以较大的功耗、较低的电压增益、较低的极点频率和较高的噪声为代价获得的。

由于折叠式共源共栅运算放大器电路的输入端和输出端可以短接，且输入共模电压更容易选取，所以可以将其输入端和输出端短接作为单位增益缓冲器。相对于单端运算放大器，全差分运算放大器对环境噪声有更强的抑制能力，因此得到了更为广泛的应用。

3）增益自举运算放大器（Gain Boost OTA）　图 5-8 和图 5-9 所示的套筒式和折叠式共源共栅运算放大器均采用一组共源共栅晶体管来提高运算放大器的输出电阻和增益。如果电源电压不够高，想进一步增大运算放大器的输出电阻和增益，增益自举方式是一种可行的方法。

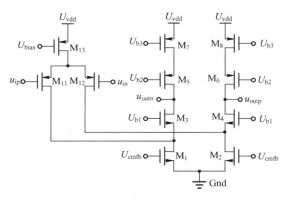

图 5-9　全差分折叠式共源共栅运算放大器

图 5-10 所示为增大等效输出电阻的方法。其中，图 5-10（a）所示为通过增加共源共栅晶体管 M_2 来提高等效输出电阻 R_{out}，如果没有共源共栅晶体管 M_2，其等效输出电阻为

$$R_{out} = r_{o1} \tag{5-6}$$

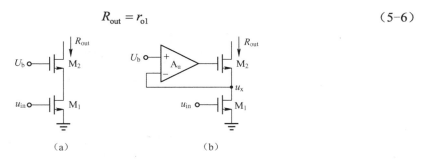

（a）　　　　　　　　　　　（b）

图 5-10　增大等效输出电阻的方法

而加入 M_2 之后，其等效输出电阻为

$$R_{out} = g_{M2} r_{o2} r_{o1} \tag{5-7}$$

式中，r_{o1} 为输入管 M_1 的等效电阻，g_{M2} 和 r_{o2} 分别为共源共栅晶体管的跨导和等效电阻。

如图 5-10（b）所示，增益自举运算放大器在偏置电压和共源共栅晶体管之间加入放大器，放大器增益为 A_u，并通过负反馈方式将 M_2 的源端与放大器相连，使得 M_2 的漏极电压的变化对节点 u_x 的影响有所降低，由于 u_x 点电压变化降低，通过 M_1 输出电阻的电流更加稳定，产生更高的输出电阻，其等效输出电阻为

$$R_{out} \approx A_u g_{M2} r_{o2} r_{o1} \tag{5-8}$$

由式（5-6）至式（5-8）可知，采用共源共栅的增益自举结构，运算放大器的等效输出电阻和增益大约增加了 $A_u g_{M2} r_{o2}$ 倍，相对于仅采用共源共栅结构，增益自举结构的等效输出电阻和增益提高了 A_u 倍，这就实现了在不增加共源共栅层数的情况下显著提高

输出电阻的目的。通常情况下，增益自举与共源共栅结构同时使用，电压增益可以达到 110dB 以上。

图 5-11 所示为带增益自举的套筒式共源共栅结构运算放大器结构图。其中，M_0、M_7 和 M_8 为电流源晶体管，M_1 和 M_2 为输出差分对管，$M_3 \sim M_6$ 为共源共栅晶体管，A_1 和 A_2 为性能相近的放大器。图 5-11 所示的带增益自举的套筒式共源共栅运算放大器的增益为

$$A_u = g_{M1}[(g_{M3}r_{o3}r_{o1}A_1) \| (g_{M5}r_{o5}r_{o7}A_2)] \tag{5-9}$$

式中，g_{M1} 和 r_{o1} 为输出差分对管的有效跨导和等效输出电阻；g_{M3} 和 r_{o3} 分别为 M_3 的有效跨导和等效输出电阻；g_{M5} 和 r_{o5} 分别为 M_5 的有效跨导和等效输出电阻；r_{o7} 为电流源晶体管 M_7 的等效输出电阻；A_1 和 A_2 分别为放大器增益。

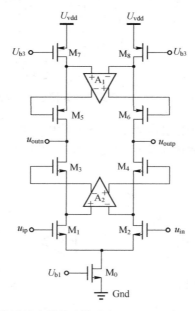

图 5-11　带增益自举的套筒式共源共栅运算放大器结构图

放大器 A_1 和 A_2 有效地提高了运算放大器的等效输出电阻和增益，但同时也对放大器 A_1 和 A_2 提出了较为严格的要求。由于作为负反馈的放大器 A_1 和 A_2 引入了共轭零-极点对（doublet），而共轭零-极点对的位置如果处理不好，会造成运算放大器的建立时间过长，所以对放大器 A_1 和 A_2 的频率特性进行了规定，规定放大器 A_1 和 A_2 的单位增益带宽 ω_g 应该位于主运算放大器闭环带宽 $\beta\omega_u$ 和开环非主极点 ω_{nd} 之间，即

$$\beta\omega_u < \omega_g < \omega_{nd} \tag{5-10}$$

4）两级运算放大器（Two Stage OTA）　单级放大器的电路增益被限制为输入差分对管的跨导与输出阻抗的乘积，而共源共栅运算放大器虽然提高了增益，但是也限制了放大器的输出摆幅。在一些应用中，共源共栅结构的运算放大器提供的增益和（或）输出摆幅无法满足要求。为此，可以采用两级结构实现运算放大器来进行折中设计。其中，两级运算放大器的第 1 级提供高增益，而第 2 级提供较大的输出摆幅。与单级运算放大器不同，两级运算放大器可以将增益和输出摆幅分开处理。

图 5-12 所示为两级运算放大器结构图。其中，$M_0 \sim M_4$ 构成运算放大器的第 1 级，

$M_5 \sim M_8$ 构成运算放大器的第 2 级，电阻 R_c 和电容 C_c 用于对放大器进行频率补偿。图中，每一级都可以运用单级放大器完成，但第 2 级一般是简单的共源级结构，这样可以提供最大的输出摆幅。第 1 级和第 2 级的增益分别为 $A_{u1} = g_{M1}(r_{o1} /\!/ r_{o3})$ 和 $A_{u2} = g_{M7}(r_{o5} /\!/ r_{o7})$，其中 g_{M1} 和 r_{o1} 分别为第 1 级输入差分对管的有效跨导和等效输出电阻；r_{o3} 为第 1 级负载 M_3 的等效输出电阻；g_{M7} 和 r_{o7} 分别为第 2 级输入管 M_7 的有效跨导和等效输出电阻；r_{o5} 为第 2 级负载 M5 的等效输出电阻；R_c 和 C_c 分别为补偿电阻和补偿电容。因此，总的增益与一个共源共栅运算放大器的增益差不多，但是差分信号输出端 u_{outp} 和 u_{outn} 的摆幅等于 $U_{vdd} - (|U_{eff5}| + |U_{eff7}|)$。要得到高的增益，第 1 级可以插入共源共栅器件，这样就很容易实现 100dB 以上的增益。

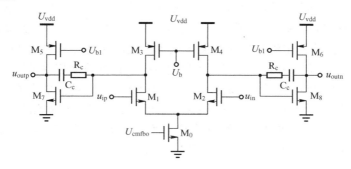

图 5-12　两级运算放大器结构图

通常也可以级联更多级数的放大器来实现更高的增益。但是在频率特性中，每一级增益在开环传输函数中至少引入一个极点，因此在反馈系统中使用多级运算放大器很难保证系统稳定，必须增加复杂的电路对系统进行频率补偿。

5.1.2　运算放大器性能参数

运算放大器的性能指标参数主要包括开环增益、小信号带宽、输入/输出电压范围、噪声与失调电压、共模抑制比、电压抑制比和压摆率等。

1）**开环增益**（DC-Gain）　运算放大器的开环增益定义为输出电压变化与输入电压变化之比。理想情况下，运算放大器的开环增益应该是无穷大；实际上，其开环增益要小于理想的开环增益。在工作过程中，不同器件的开环增益之间的差异最高可达 30%，因此使用放大器时，最好将其配置为闭环系统，这时开环增益就决定了运算放大器反馈系统的精度。单级放大器的开环增益为输入晶体管的有效跨导与等效输出电阻的乘积，而多级放大器的开环增益为各单级放大器增益的乘积。

2）**小信号带宽**（BandWidth）　运算放大器的高频特性在许多应用系统中起着决定性作用，因为当工作频率增加时，运算放大器的开环增益开始下降，直接导致闭环系统产生更大的误差。小信号带宽通常表示为单位增益带宽，即运算放大器开环增益下降到 0dB 时的信号带宽。单级放大器的小信号带宽，即单位增益带宽定义为输入管跨导与输出负载电容比值。

3）**输入/输出电压范围**（Input and Output Voltage Range）　运算放大器的两个输入端均有一定的输入摆幅限制，这些限制是由输入级设计导致的。运算放大器的输出电压范围定义在规定的工作和负载条件下，能将运算放大器的输出端驱动到接近正电源轨或负电源轨的程度。运算放大器的输出电压范围能力取决于输出级设计，以及输出级在测试环境下驱动电流的大小。

4）噪声与失调电压（Noise and Offset Voltage）　运算放大器的噪声包括热噪声、$1/f$ 噪声等晶体管噪声。噪声决定了运算放大器能处理的最小信号电平。输入失调电压定义为在闭环电路中，运算放大器工作在其线性区域时，使输出电压为零时的两个输入端的最大电压差。输入失调电压总是在室温条件下定义的，其单位为 μV 或 mV。运算放大器的失调电压主要与输入差分对管的匹配程度有关。

5）共模抑制比（CMRR）　运算放大器的共模抑制比表征运算放大器对两个输入端共模电压变化的敏感度。单电源运算放大器的共模抑制比范围是 45～90dB。通常情况下，当运算放大器用在输入共模电压会随输入信号变化的电路中时，该参数就不能被忽视。

6）电源抑制比（PSRR）　电源抑制比定义为运算放大器从输入到输出增益与从电源（地）到输出增益的比值，电源抑制比量化了运算放大器对电源或地变化的敏感度。理想情况下，电源抑制比应该是无穷大。运算放大器电源抑制比的典型规格范围为 60～100dB。与运算放大器的开环增益特性一样，直流和低频时对电源噪声的抑制能力要高于高频时。

7）压摆率（Slew Rate）　又称为转换速率，表示运算放大器对信号变化速度的反应能力，是衡量运算放大器在大幅度信号作用时工作速度的指标。只有当输入信号变化斜率的绝对值小于压摆率时，输出电压才能按线性规律变化。

5.2　单级运算放大器的版图设计与后仿真

5.2.1　单级运算放大器的版图设计

本节将采用 3.3V 电源电压的中芯国际 1p6m CMOS 工艺，配合 Virtuoso 软件实现一款单级运算放大器的电路和版图设计，并对其进行后仿真验证。一个典型的单级运算放大器电路如图 5-13 所示，主要包括偏置电路、主放大器电路和共模反馈电路。

图 5-13 所示的单级放大器电路中的主放大器电路采用折叠共源共栅结构（$M_0 \sim M_{10}$），其中 M_1 和 M_2 为输入晶体管，M_0 为电流源，M_3 和 M_4、M_7 和 M_8 分别为 N 端和 P 端共源共栅管，M_5 和 M_6、M_9 和 M_{10} 为电流源。共模反馈电路采用连续时间结构（$M_{53} \sim M_{60}$），其中 $M_{55} \sim M_{58}$ 为输入管。偏置电路采用共源共栅结构及普通结构，用于产生偏置电压，将主放大器电路偏置在合适的直流工作点上。

图 5-13 所示的单级放大器的增益为

$$A_u = G_m R_{out} \doteq g_{M1} \left\{ [g_{M7} r_{o1} (r_{o7} \| r_{o9})] \| (g_{M4} r_{o4} r_{o6}) \right\} \tag{5-11}$$

式中，g_{M1} 为输入管的等效跨导；r_{o1} 为输入管的等效输入电阻；g_{M7} 和 g_{M4} 分别为共源共栅晶体管的等效跨导；r_{o7} 和 r_{o4} 分别为共源共栅晶体管的等效电阻；r_{o9} 和 r_{o6} 分别为上下电流源的等效电阻。

图 5-13 所示的单级放大器的等效输入热噪声为

$$U_{n,int}^2 = 8kT \left(\frac{2}{3g_{M1}} + \frac{2g_{M6}}{3g_{M1}^2} + \frac{2g_{M9}}{3g_{M1}^2} \right) \tag{5-12}$$

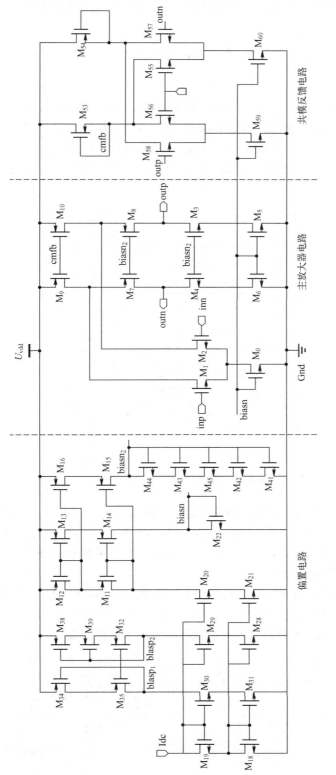

图5-13　单级放大器电路

式中，k 为玻尔兹曼常数；T 为室温绝对温度；g_{M1} 为输入管的等效跨导；g_{M6} 和 g_{M9} 分别为上、下电流源的等效跨导。

图 5-13 所示的单级放大器的单端输出最大摆幅为

$$U_{sw,s} = U_{vdd} - \left(U_{od3} + U_{od5} + \left| U_{od7} \right| + \left| U_{od9} \right| \right) \tag{5-13}$$

式中，U_{od3}、U_{od5}、U_{od7} 和 U_{od9} 分别为晶体管 M_3、M_5、M_7 和 M_9 的过驱动电压。

基于图 5-13 所示的电路图，规划单级运算放大器的版图布局。首先对运算放大器的功能模块进行布局，粗略估计其版图大小及摆放的位置，根据信号流走向，将运算放大器的模块摆放，从下至上依次为主放大器电路、偏置电路及共模反馈电路。单级运算放大器布局图如图 5-14 所示。

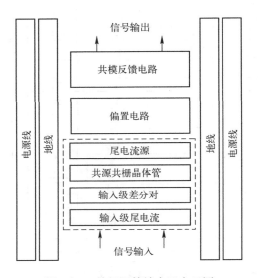

图 5-14　单级运算放大器布局图

图 5-14 中，虚线框内的主放大器从下至上依次为输入级尾电流源（M_0）、输入级差分对（M_1 和 M_2）、共源共栅晶体管（M_3 和 M_4、M_7 和 M_8）和尾电流源（M_5 和 M_6、M_9 和 M_{10}）。电源线和地线分布在模块的两侧，方便与之相连。其他电路基本呈左右对称分布。下面主要介绍各模块的版图设计。

图 5-15 所示为单级运算放大器的输入差分对管的版图（M_1 和 M_2）。为了降低外部噪声对差分对管的影响，需要对其采用保护环进行隔离；将两个对管放置的较近，并且采用轴对称形式来降低其失调电压；输入差分对管两侧分别采用 dummy 管来降低工艺误差带来的影响。

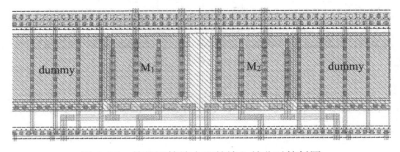

图 5-15　单级运算放大器的输入差分对管版图

图 5-16 所示为单级运算放大器输出级的共源共栅管（Pcascode 和 Ncascode）及电流源（Psource 和 Nsource）版图。此部分还包括了部分偏置电路，目的是得到较好的电流匹配。布线采用横向第 2 层和第 4 层金属，纵向第 1 层和第 3 层等奇数层金属，以获得较好的布线空间和资源。此部分版图仍然采用轴对称形式，并且在其两侧采用 dummy 晶体管来降低工艺误差带来的影响。

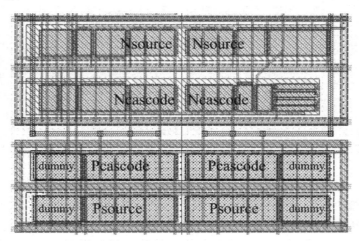

图 5-16　单级运算放大器的共源共栅管和尾电流源版图

图 5-17 所示为单级运算放大器的偏置电路版图。此部分版图完全为主放大器服务，输入偏置电流从版图左侧进入，而偏置电压的输出在版图两侧。为了降低外部噪声的影响，偏置电路版图也同样采用相应的保护环将其围住进行噪声隔离；而版图两侧仍然采用 dummy 管来降低工艺误差带来的影响。

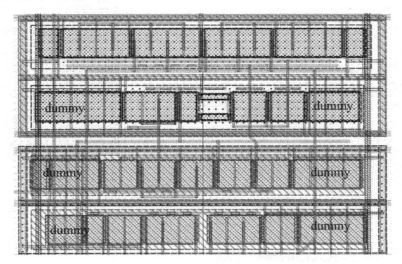

图 5-17　单级运算放大器的偏置电路版图

图 5-18 所示为单级运算放大器的连续时间共模反馈电路的版图。此部分电路仍然是一个放大器电路，需要对输入管进行保护，采用轴对称版图设计，以及两侧放置 dummy 晶体管。另外，共模反馈输出端布线不要跨在正常工作的晶体管上，但可以在 dummy 晶体管上

布线，如图 5-19 所示。

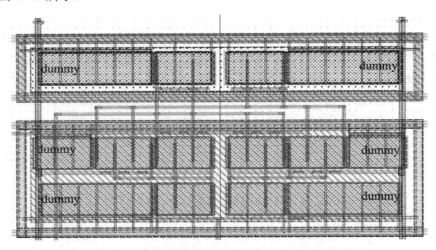

图 5-18　单级运算放大器的连续时间共模反馈电路版图

在完成各个模块版图设计的基础上，就可以进行整体版图的拼接，依据最初的布局原则，完成单级运算放大器的版图如图 5-20 所示。整体呈矩形对称分布，主体版图两侧分布较宽的电源线和地线。至此，就完成了单级运算放大器的版图设计。采用 Calibre 进行 DRC、LVS 和天线规则检查，其具体步骤和方法可参考第 4 章中的操作，这里不再赘述。

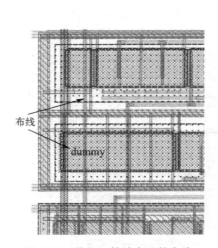

图 5-19　单级运算放大器的布线

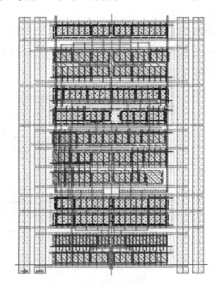

图 5-20　单级运算放大器版图

5.2.2　单级运算放大器的参数提取

在完成单级运算放大器的版图设计后，需要利用 Calibre 软件进行版图的参数提取，具体操作流程如下所述。

（1）启动 Cadence Virtuoso 工具命令 icfb，弹出 CIW 对话框，如图 5-21 所示。

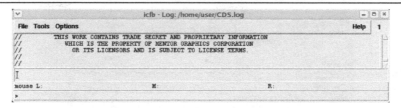

图 5-21　CIW 对话框

（2）打开单级运算放大器的版图。执行菜单命令"File"→"Open"，弹出"Open File"对话框，在"Library name"栏中选择"layout_test"，"Cell Name"栏中选择"folded_OTA"，"View Name"栏中选择"layout"，如图 5-22 所示。

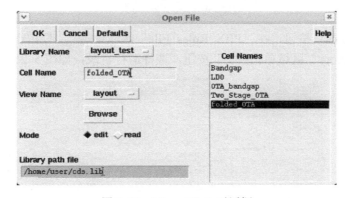

图 5-22　"Open File"对话框

单击"OK"按钮，打开单级运算放大器的版图，如图 5-23 所示。

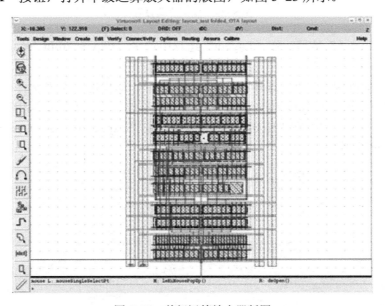

图 5-23　单级运算放大器版图

（3）打开 Calibre PEX 工具。在单级运算放大器版图视图中执行菜单命令"Calibre"→"Run PEX"，弹出 PEX 工具对话框，如图 5-24 所示。

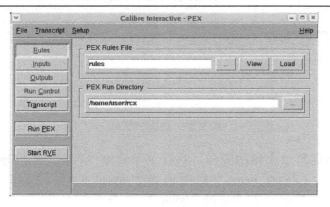

图 5-24　打开 Calibre PEX 工具

（4）单击"Rules"按钮，在"PEX Rules File"区域单击"..."按钮，选择提取文件；在"PEX Run Directory"区域单击"..."按钮，选择运行目录，如图 5-25 所示。

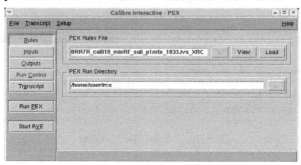

图 5-25　规则选项设置

（5）单击"Inputs"按钮，在"Layout"选项中选中"Export from layout viewer"选项（高亮），如图 5-26 所示。

（6）单击"Inputs"按钮，选择"Netlist"选项卡，如果电路网表文件已经存在，则直接调取，并取消"Export from schematic viewer"选项的选中状态；如果电路网表需要从同名的电路单元中导出，那么在"Netlist"选项卡中选中"Export from schematic viewer"选项（高亮），如图 5-27 所示。

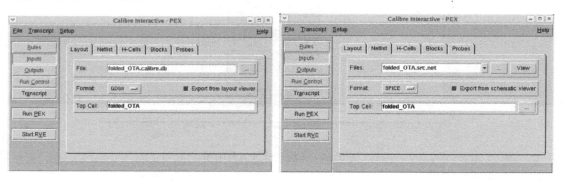

图 5-26　输入选项设置（"Layout"选项卡）　　　　图 5-27　输入选项设置（"Netlist"选项卡）

（7）单击"Outputs"按钮，将"Extraction Type"选项修改为"Transistor Level-R+C-No Inductance"，表明是晶体管级提取，提取版图中的寄生电阻和电容，忽略电感信息；将"Netlist"选项卡中的"Format"修改为"HSPICE"，表明提出的网表需采用 Hspice 软件进行仿真；其他选项卡（Nets、Reports、SVDB）选择默认选项即可，如图 5-28 所示。

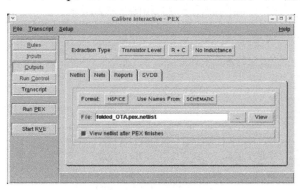

图 5-28　输出选项设置

（8）单击"Run Control"按钮，选择默认设置；单击"Run PEX"按钮，Calibre 开始导出版图文件并对其进行参数提取。Calibre PEX 完成后，自动弹出输出结果并弹出图形界面（在"Outputs"选项卡中选择，如果没有自动弹出，可单击"Start RVE"按钮开启图形界面），以便查看错误信息。

（9）在 Calibre PEX 运行后，同时会弹出参数提取后的主网表，如图 5-29 所示。此网表可以在 Hspice 软件中进行后仿真。另外，主网表还根据选择提取的寄生参数包括若干个寄生参数网表文件（在反提为 R+C 的情况下，一般有.pex 和.pxi 两个寄生参数网表文件），在进行后仿真时一并进行调用。

图 5-29　Calibre PEX 提出部分的主网表图

5.2.3　单级运算放大器的后仿真

利用 Calibre PEX 对单级运算放大器进行参数提取后，接下来就要利用 Hspice 工具对其进行后仿真。Calibre PEX 用于 Hspice 电路网表如图 5-30 所示。注意，此网表为主网表文件，其调用两个寄生参数文件，分别为 folded_OTA.pex.netlist.pex 和 folded_OTA.pex.netlist.FOLDED_OTA.pxi，在仿真时需要将 3 个网表放置于同一目录下。由于反提网表文件较大，故以下仅列出部分网表的截图。folded_OTA.pex.netlist.pex 和 folded_OTA.pex.netlist.FOLDED_OTA.pxi 网表的部分截图如图 5-31 和图 5-32 所示。

```
* File: folded_OTA.pex.netlist
* Program "Calibre xRC"
* Version "v2008.2_11.12"
*
.include "folded_OTA.pex.netlist.pex"
.subckt folded_OTA  GNDA OUTP VDDA OUTN INN INP I05U VCM
*
* VCM VCM
* I05U I05U
* INP INP
* INN INN
* OUTN OUTN
* VDDA VDDA
* OUTP OUTP
* GNDA GNDA
M0_noxref N_VDDA_M0_noxref_d N_VDDA_M0_noxref_g N_VDDA_M0_noxref_s
+ N_VDDA_X91/M0_noxref_b P33 L=2e-06 W=4e-06 AD=0 AS=1.36e-12 PD=0 PS=6.01333e-06
M1_noxref N_VDDA_M0_noxref_s N_VDDA_M1_noxref_g N_VDDA_M1_noxref_s
+ N_VDDA_X91/M0_noxref_b P33 L=2e-06 W=4e-06 AD=0 AS=1.08e-12 PD=0 PS=4.54e-06
M2_noxref N_VDDA_M1_noxref_s N_VDDA_M2_noxref_g N_VDDA_M2_noxref_s
+ N_VDDA_X91/M0_noxref_b P33 L=2e-06 W=4e-06 AD=0 AS=1.08e-12 PD=0 PS=4.54e-06
M3_noxref N_VDDA_M2_noxref_s N_VDDA_M3_noxref_g N_VDDA_M3_noxref_s
+ N_VDDA_X91/M0_noxref_b P33 L=2e-06 W=4e-06 AD=0 AS=1.08e-12 PD=0 PS=4.54e-06
......................................
MM1@2 N_NET47_MM1@2_d N_INP_MM1@2_g N_NET44_MM1_s N_GNDA_MM41_b N33 L=1e-06
+ W=4e-06 AD=1.08e-12 AS=1.08e-12 PD=4.54e-06 PS=4.54e-06
MM1@3 N_NET47_MM1@2_d N_INP_MM1@3_g N_NET44_MM1@3_s N_GNDA_MM41_b N33 L=1e-06
+ W=4e-06 AD=1.08e-12 AS=1.92e-12 PD=4.54e-06 PS=8.96e-06
MM39 N_NET0155_MM39_d N_BIASP2_MM39_g N_NET0184_MM39_s N_VDDA_X91/M0_noxref_b
+ P33 L=3.5e-06 W=3.5e-07 AD=2.114e-13 AS=2.114e-13 PD=1.88e-06 PS=1.88e-06
MM38 N_NET0184_MM38_d N_BIASP2_MM38_g N_VDDA_MM38_s N_VDDA_X91/M0_noxref_b P33
+ L=3.5e-06 W=3.5e-07 AD=2.114e-13 AS=2.114e-13 PD=1.88e-06 PS=1.88e-06
c_1 NET0242 0 0.058889f
c_2 NET0101 0 0.058815f
*
.include "folded_OTA.pex.netlist.FOLDED_OTA.pxi"
*
.ends
*
*
```

图 5-30　部分主网表文件

```
* Nominal Temperature: 27C
* Circuit Temperature: 27C
*
.subckt PM_FOLDED_OTA%GNDA 20 26 32 40 46 52 61 67 73 80 86 94 104 112 118 125
+ 131 140 149 155 161 168 181 182 183 184 210 211 212 213 234 242 250 260 282
+ 284 285 286 287 288 337 338 339 340 341 342 343 392 393 394 395 396 397 398
+ 448 449 450 451 452 453 489 495 505 511 520 532 538 559 560 561 562 563 564
+ 566 567 568 569 570 571 650 651 652 653 654 655 656 657 658 659 660 661 662
+ 1878 1934 2014 2099 2173 2262 2902 2903 2905 2911 2912 2918 2923 2924 2925 2
+ 2927 2933 2934 2938 2943 2945 2946 2947 2950 3030 3035 3042 3044 3050 3054 3
+ 3063 3066 3071 3076 3082 3086 3090 3093 3100 3102 3107 3112 3118 3122 3124 3
+ 3133 3139 3141 3148 3150 3156 3158 3165 3170 3174 3176 3182 3184 3191 3196 3
+ 3204 3208 3212 3216 3218 3223 3230 3234 3236 3243 3247 3249 3256 3258 3265 3
+ 3271 3277 3279 3285 3287 3294 3296 3300 3306 3310 3312 3317 3323 3325 3331 3
+ 3340 3417 3434
c0 3477 0 3.52176f
c1 3474 0 6.5373f
c2 3471 0 1.7986f
c3 3468 0 1.85885f
c4 3465 0 2.06008f
c5 3455 0 3.90255f
c6 3448 0 0.189683f
c7 3445 0 0.189683f
c8 3442 0 0.189683f
c9 3439 0 0.189683f
c10 3436 0 0.189683f
c11 3417 0 4.81013f
c12 3414 0 0.286933f
c13 3412 0 0.210514f
c14 3409 0 0.0277002f
c15 3406 0 0.136016f
c16 3403 0 0.271946f
c17 3400 0 0.421545f
c18 3397 0 0.423021f
c19 3394 0 0.206827f
c20 3391 0 0.148056f
c21 3388 0 0.214891f
c22 3385 0 0.0297516f
c23 3383 0 0.458396f
```

图 5-31　folded_OTA.pex.netlist.pex 部分网表

```
*
x_PM_FOLDED_OTA%GNDA N_GNDA_M5_noxref_s N_GNDA_M6_noxref_s N_GNDA_M7_noxref_s
+ N_GNDA_M8_noxref_s N_GNDA_M9_noxref_s N_GNDA_M10_noxref_s N_GNDA_M14_noxref_
+ N_GNDA_M15_noxref_d N_GNDA_M16_noxref_d N_GNDA_MM0_s N_GNDA_MM0@3_s
+ N_GNDA_MM59@2_s N_GNDA_MM5@3_s N_GNDA_MM6@3_s N_GNDA_MM6@2_s N_GNDA_MM60_s
+ N_GNDA_MM60@3_s N_GNDA_MM0@5_s N_GNDA_M50_noxref_s N_GNDA_M51_noxref_s
+ N_GNDA_M52_noxref_s N_GNDA_MM41_s N_GNDA_X124/M0_noxref_d
+ N_GNDA_X124/M0_noxref_s N_GNDA_X124/M1_noxref_s N_GNDA_X124/M2_noxref_s
+ N_GNDA_X125/M0_noxref_d N_GNDA_X125/M0_noxref_s N_GNDA_X125/M1_noxref_s
+ N_GNDA_X125/M2_noxref_s N_GNDA_M55_noxref_d N_GNDA_M56_noxref_s
+ N_GNDA_M57_noxref_s N_GNDA_M59_noxref_d N_GNDA_X138/M0_noxref_d
+ N_GNDA_X138/M0_noxref_s N_GNDA_X138/M1_noxref_s N_GNDA_X138/M2_noxref_s
+ N_GNDA_X138/M3_noxref_s N_GNDA_X138/M4_noxref_s N_GNDA_X138/M5_noxref_s
+ N_GNDA_X139/M0_noxref_d N_GNDA_X139/M0_noxref_s N_GNDA_X139/M1_noxref_s
+ N_GNDA_X139/M2_noxref_s N_GNDA_X139/M3_noxref_s N_GNDA_X139/M4_noxref_s
+ N_GNDA_X139/M5_noxref_s N_GNDA_X140/M0_noxref_d N_GNDA_X140/M0_noxref_s
+ N_GNDA_X140/M1_noxref_s N_GNDA_X140/M2_noxref_s N_GNDA_X140/M3_noxref_s
+ N_GNDA_X140/M4_noxref_s N_GNDA_X140/M5_noxref_s N_GNDA_X141/M0_noxref_d
+ N_GNDA_X141/M0_noxref_s N_GNDA_X141/M1_noxref_s N_GNDA_X141/M2_noxref_s
+ N_GNDA_X141/M3_noxref_s N_GNDA_X141/M4_noxref_s N_GNDA_X141/M5_noxref_s
+ N_GNDA_M61_noxref_d N_GNDA_M61_noxref_s N_GNDA_M65_noxref_d N_GNDA_M65_noxre
+ N_GNDA_MM31_s N_GNDA_M75_noxref_d N_GNDA_M75_noxref_s N_GNDA_X156/M0_noxref_
+ N_GNDA_X156/M0_noxref_s N_GNDA_X156/M1_noxref_s N_GNDA_X156/M2_noxref_s
+ N_GNDA_X156/M3_noxref_s N_GNDA_X156/M4_noxref_s N_GNDA_X156/M5_noxref_s
+ N_GNDA_X156/M6_noxref_s N_GNDA_X156/M7_noxref_s N_GNDA_X156/M8_noxref_s
+ N_GNDA_X156/M9_noxref_s N_GNDA_X156/M10_noxref_s N_GNDA_X156/M11_noxref_s
+ N_GNDA_X157/M0_noxref_d N_GNDA_X157/M0_noxref_s N_GNDA_X157/M1_noxref_s
+ N_GNDA_X157/M2_noxref_s N_GNDA_X157/M3_noxref_s N_GNDA_X157/M4_noxref_s
+ N_GNDA_X157/M5_noxref_s N_GNDA_X157/M6_noxref_s N_GNDA_X157/M7_noxref_s
+ N_GNDA_X157/M8_noxref_s N_GNDA_X157/M9_noxref_s N_GNDA_X157/M10_noxref_s
+ N_GNDA_X157/M11_noxref_s N_GNDA_X141/M0_noxref_g N_GNDA_X141/M1_noxref_g
+ N_GNDA_X141/M2_noxref_g N_GNDA_X141/M3_noxref_g N_GNDA_X141/M4_noxref_g
+ N_GNDA_X141/M5_noxref_g N_GNDA_M5_noxref_d N_GNDA_M56_noxref_d
+ N_GNDA_M8_noxref_d N_GNDA_M57_noxref_d N_GNDA_M62_noxref_s N_GNDA_MM22_s
+ N_GNDA_MM18_s N_GNDA_M14_noxref_s N_GNDA_M66_noxref_s N_GNDA_MM59_s
+ N_GNDA_MM5@2_s N_GNDA_MM31@2_s N_GNDA_MM0@4_s N_GNDA_MM28_s N_GNDA_M59_noxre
+ N_GNDA_MM21_s N_GNDA_M53_noxref_d N_GNDA_M54_noxref_d N_GNDA_M50_noxref_d
+ N_GNDA_M55_noxref_g N_GNDA_M5_noxref_g N_GNDA_X156/M0_noxref_g
+ N_GNDA_X138/M5_noxref_g N_GNDA_X139/M0_noxref_g N_GNDA_X156/M1_noxref_g
```

图 5-32　folded_OTA.pex.netlist.FOLDED_OTA.pxi 部分网表

1. 瞬态特性分析

运算放大器的瞬态特性分析主要包括放大器闭环的建立时间（setup-time）指标，其仿真需要将运算放大器配置成闭环电压放大器形式。通过在信号输入端加入阶跃电压，观察信号输出端的时域信号建立到一定精度（如 0.1%）所需要的时间，如图 5-33 所示。

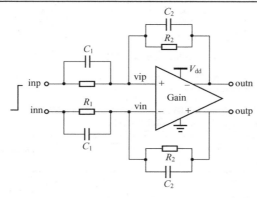

图 5-33　运算放大器建立时间仿真图

　　建立的运算放大器后仿真建立时间仿真网表 folded_OTA_setuptime_post_simulation.sp
如下：

```
.title folded_OTA_setuptime_post_simulation_program
.include 'E:\layout_book\netlist\post\folded\folded_OTA.pex.netlist'
.include 'E:\layout_book\netlist\post\folded\baluninout.sp'
x1 gnda outp vdda outn inn inp I05u vcm folded_OTA
x2 in inc in1 in2 balunin
x3 out outc outn outp balunout
v1 vdda 0 3.3
v2 gnda 0 0
v3 in 0 pwl 0 0 1u 0 1.001u 0.5 5u 0.5 5.02u −0.5 10u −0.5 10.02u 0.5 15u 0.5
v4 inc 0 1.65
v5 vcm 0 1.65
c11 outp 0 1p
c21 outn 0 1p
i1 vdda I05u 0.5u
r1 in1 inn 100Meg
r2 in2 inp 100Meg
r3 inn outp 100Meg
r4 inp outn 100Meg
c1 in1 inn 1p
c2 in2 inp 1p
c3 inn outp 1p
c4 inp outn 1p
.option post accurate probe
.op
.temp 25
.tran 0.1n 15u
.probe tran v(in) v(out)
.lib 'E:\models\hspice\ms018_v1p9.lib' tt
.lib 'E:\models\hspice\ms018_v1p9.lib' res_tt
.lib 'E:\models\hspice\ms018_v1p9.lib' mim_tt
.lib 'E:\models\hspice\ms018_v1p9.lib' bjt_tt
.end
```

完成单级运算放大器建立时间的仿真网表建立后，即可在 Hspice 中对其进行仿真。

（1）启动 Hspice，弹出 Hspice 主窗口。在主窗口中单击"Open"按钮，打开 folded_OTA_setuptime_post_simulation.sp 文件，如图 5-34 所示。

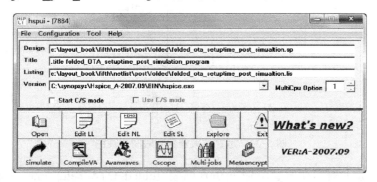

图 5-34 打开 folded_OTA_setuptime_post_simulation.sp 文件

（2）在主窗口中单击"Simulate"按钮，开始仿真。仿真完成后，单击"Avanwaves"按钮，如图 5-35 和图 5-36 所示，弹出"AvanWaves"窗口和"Results Browser"对话框。

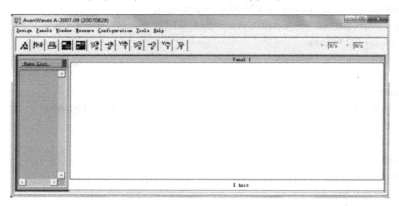

图 5-35 "AvanWaves"窗口

（3）在"Results Browser"对话框中单击"Transient: .title folded_ota_setuptime_post_simulation_program"，则在"Types"栏中显示打印的仿真结果，如图 5-37 所示。

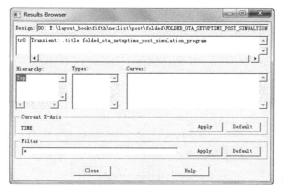

图 5-36 "Results Browser"对话框

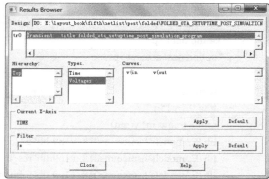

图 5-37 在"Types"栏中显示打印的仿真结果

（4）在"Types"栏中选中"Voltages"选项，在"Curves"栏中双击"v(in"和"v(out"，则在"Types"栏中显示打印的后仿真结果，在"AvanWaves"窗口中显示运算放大器建立时间的后仿真结果，如图 5-38 所示。

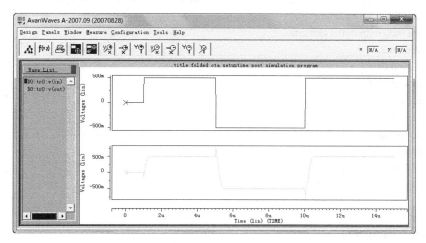

图 5-38　单级运算放大器建立时间的后仿真结果图

图 5-39 所示为标注后的单级运算放大器建立的后仿真结果图，图中下半部分为输入信号波形，1μs 时阶跃波形从 0 跳变为 500mV，在 5μs 时阶跃波形从 500mV 跳变为-500mV，在 10μs 时阶跃波形从-500mV 跳变为 500mV。由图 5-39 可以看出，稳定精度 0.5%范围内的运算放大器负向建立时间为 0.6014μs（即 601.4ns），正向建立时间为 0.601μs（即 601ns）。

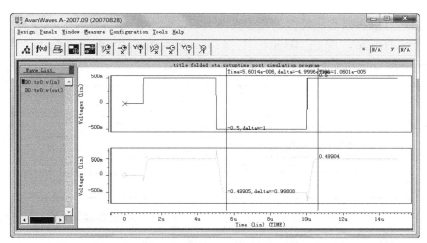

图 5-39　标注后的单级运算放大器建立时间的后仿真结果图

2. 交流特性分析

运算放大器的交流特性分析主要包括运算放大器的开环增益、单位增益带宽、相位裕度及噪声等性能指标。建立的单级运算放大器后仿真交流特性的仿真网表 folded_OTA_ac_post_simulation.sp 如下所述。

```
.title folded_OTA_ac_post_simulation_program
.include 'E:\layout_book\Fifth\netlist\post\folded\folded_OTA.pex.netlist'
.include 'E:\layout_book\Fifth\netlist\post\folded\baluninout.sp'
x1 gnda outp vdda outn inn inp I05u vcm folded_OTA
x2 in inc inp inn balunin
x3 out outc outp outn balunout
v1 vdda 0 3.3
v2 gnda 0 0
v3 in 0 dc 0 ac 1
v4 inc 0 1.65
v5 vcm 0 1.65
c1 outp 0 2p
c2 outn 0 2p
i1 vdda I05u 0.5u
.option post accurate probe
.op
.temp 25
.ac dec 100 0.5 0.1g
.noise v(out) v3 1
.probe noise inoise inoise(mag) onoise(mag)
.probe ac vdb(out) vp(out)
.lib 'E:\models\hspice\ms018_v1p9.lib' tt
.lib 'E:\models\hspice\ms018_v1p9.lib' res_tt
.lib 'E:\models\hspice\ms018_v1p9.lib' mim_tt
.lib 'E:\models\hspice\ms018_v1p9.lib' bjt_tt
.end
```

完成单级运算放大器交流特性的后仿真网表后，即可在 Hspice 中对其进行仿真。

（1）启动 Hspice，弹出 Hspice 主窗口。在主窗口中单击"Open"按钮，打开 folded_ota_ac_post_simulation.sp 文件，如图 5-40 所示。

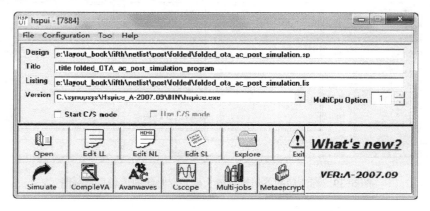

图 5-40　打开 foled_ota_ac_post_simulation.sp 文件

（2）单击"Simulate"按钮，开始仿真。仿真完成后，单击"Avanwaves"按钮，弹出 "AvanWaves"窗口和"Results Browser"对话框，如图 5-41 和图 5-42 所示。

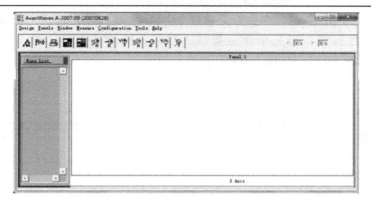

图 5-41　"AvanWaves"窗口

（3）在"Results Browser"对话框中单击"AC: .title folded_ota_ac_post_simulation_program"，则在"Types"栏中显示打印的仿真结果，如图 5-43 所示。

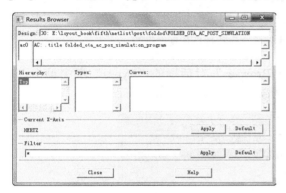

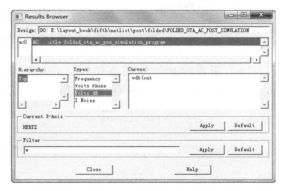

图 5-42　"Results Browser"对话框　　　　　图 5-43　在"Types"栏中显示打印的仿真结果

（4）在"Types"栏选中"Volts dB"，在"Curves"栏中双击"vdb(out"；之后再在"Types"栏选中"Volts Phase"，再在"Curves"栏中双击"vp(out"，则在"AvanWaves"窗口中显示单级运算放大器的交流特性后仿真结果，如图 5-44 所示。

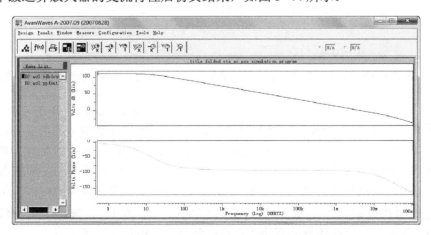

图 5-44　单级运算放大器的交流特性后仿真结果图

（5）在"AvanWaves"窗口中执行菜单命令"Measure"→"Anchor cursor"，对运算放大器交流特性进行标注，可见单级运算放大器的直流增益为 111dB，单位增益带宽为 4.28MHz，相位裕度 83.2°，如图 5-45 所示。

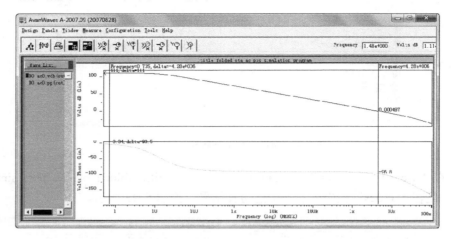

图 5-45　标注后的单级运算放大器的交流特性后仿真结果图

（6）查看噪声特性仿真结果。在"Results Browser"对话框的"Types"栏中单击"I noise"，显示等效输入噪声和等效输出噪声的后仿真结果，如图 5-46 所示。

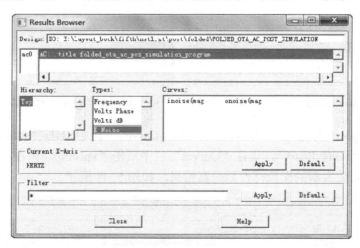

图 5-46　在"Results Browser"对话框中显示单级运算放大器的等效输入和输出噪声后仿真结果

（7）在"Curves"栏中分别双击"inoise(mag"和"onoise(mag"，并在"AvanWaves"窗口中执行菜单命令"Measure"→"Anchor cursor"，对单级运算放大器的噪声特性进行标注，如图 5-47 所示。由图可见，在 10kHz 带宽内，低频段由 $1/f$ 占主导地位，随着频率上升而逐渐下降，热噪声逐渐成为噪声的主要来源。由后仿真结果可见，在频率点为 50kHz 时，单级运算放大器的等效输入噪声为 $63.6\text{nV}/\sqrt{\text{Hz}}$，等效输出噪声为 $5.48\mu\text{V}/\sqrt{\text{Hz}}$。

（8）完成后仿真结果的查看后，在主窗口中单击"Edit LL"按钮，查看仿真状态列表。图 5-48 所示为部分晶体管的直流工作点，包括直流电流 id、栅源电压 vgs、漏源电压 vds 等，"region"项显示都工作在饱和区。

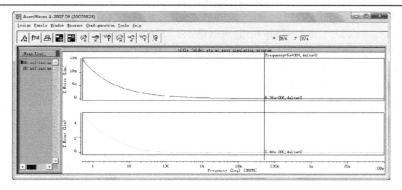

图 5-47　单级运算放大器的等效输入噪声和等效输出噪声的后仿真结果

subckt	x1	x1	x1	x1	x1
element	1:mm13@2	1:mm13@3	1:mm13@4	1:mm14	1:mm14@2
model	0:p33	0:p33	0:p33	0:p33	0:p33
region	Saturati	Saturati	Saturati	Saturati	Saturati
id	-249.9871n	-249.9871n	-249.9926n	-249.9916n	-249.9916n
ibs	1.833e-22	1.833e-22	2.334e-22	1.9974a	1.9974a
ibd	1.9976a	1.9976a	1.9976a	32.6781f	32.6754f
vgs	-730.6698m	-730.6698m	-730.6707m	-1.0625	-1.0625
vds	-730.8652m	-730.8657m	-730.8666m	-1.8038	-1.8038
vbs	2.1469u	2.1469u	1.2672u	730.8752m	730.8752m
vth	-673.1334m	-673.1334m	-673.1330m	-1.0018	-1.0018
vdsat	-84.7963m	-84.7963m	-84.7969m	-90.9576m	-90.9576m
vod	-57.5364m	-57.5364m	-57.5377m	-60.6399m	-60.6399m
beta	88.7838u	88.7838u	88.7838u	82.0264u	82.0264u
gam eff	833.8297m	833.8297m	833.8298m	806.7789m	806.7789m
gm	4.0922u	4.0922u	4.0922u	4.1120u	4.1120u
gds	2.5130n	2.5130n	2.5131n	1.3649n	1.3649n
gmb	1.1243u	1.1243u	1.1244u	1.6680u	1.6680u
cdtot	3.1513f	3.1513f	3.1513f	3.3416f	2.6373f
cgtot	29.7573f	29.7573f	29.7574f	29.1369f	29.1369f
cstot	35.5450f	35.5450f	36.7696f	32.7104f	32.7104f
cbtot	21.1898f	21.1898f	22.4343f	17.0126f	16.3083f
cgs	22.6109f	22.6109f	22.6111f	23.3229f	23.3229f
cgd	1.2690f	1.2690f	1.2690f	1.2675f	1.2675f

图 5-48　部分晶体管的直流工作点

3. 其他特性分析

单级运算放大器的特性分析还包括电源抑制比分析、共模抑制比分析、闭环压摆率及动态范围等性能指标。

1）单级运算放大器电源抑制比（PSRR）分析　单级运算放大器电源抑制比分析需要两个运算放大器，其中一个用于得出运算放大器的输入/输出差模增益，另外一个用于得出运算放大器电源/输出的增益，然后通过计算得到运算放大器的电源抑制比，如图 5-49 所示。

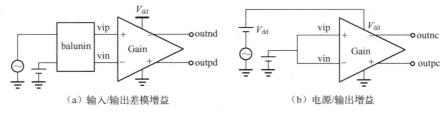

（a）输入/输出差模增益　　　　　　（b）电源/输出增益

图 5-49　单级运算放大器的 PSRR 仿真配置图

建立的单级运算放大器 PSRR 仿真网表文件 folded_OTA_PSRR_post_simulation.sp 如下所述。

```
.title folded_OTA_psrr_post_simulation_program
.include 'E:\layout_book\Fifth\netlist\post\folded\folded_OTA.pex.netlist'
```

```
.include 'E:\layout_book\Fifth\netlist\post\folded\baluninout.sp'
x1 gnda outpd vdda outnd inn inp I05u1 vcm folded_OTA
x2 gnda outpc vdda1 outnc inc inc I05u2 vcm folded_OTA
x3 out_d outc_d outnd outpd balunout
x4 out_c outc_c outnc outpc balunout
x5 in inc inn inp balunin

v0 vdda1 0 3.3
v1 vdda 0 3.3
v2 gnda 0 0
v3 in 0 dc 0 ac 1
v4 inc 0 1.65
v5 vcm 0 1.65
c1 outnd 0 2p
c2 outpd 0 2p
c3 outnc 0 2p
c4 outpc 0 2p
i1 vdda I05u1 0.5u
i2 vdda I05u2 0.5u
.option post accurate probe
.op
.temp 25
.ac dec 100 0.5 0.1g
.probe ac vdb(outnd)
.lib 'E:\models\hspice\ms018_v1p9.lib' tt
.lib 'E:\models\hspice\ms018_v1p9.lib' res_tt
.lib 'E:\models\hspice\ms018_v1p9.lib' mim_tt
.lib 'E:\models\hspice\ms018_v1p9.lib' bjt_tt
.alter power gain
v0 vdda1 0 3.3 ac 1
v3 in 0 0
.probe ac vdb(outnc)
.end
```

完成单级运算放大器 PSRR 的后仿真网表后，即可在 Hspice 中对其进行仿真。

（1）启动 Hspice，弹出 Hspice 主窗口。在主窗口中单击"Open"按钮，打开 folded_OTA_psrr_post_simulation.sp 文件，如图 5-50 所示。

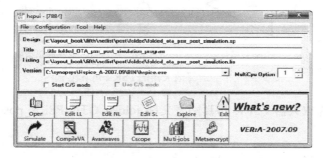

图 5-50　打开 folded_OTA_psrr_post_simulation.sp 文件

（2）单击"Simulate"按钮，开始仿真。仿真完成后，单击"Avanwaves"按钮，弹出"AvanWaves"窗口和"Results Browser"对话框，如图 5-51 和图 5-52 所示。

图 5-51　"AvanWaves"窗口

（3）在"Results Browser"对话框中单击"AC: .title folded_ota_psrr_post_simulation_program"，则在"Types"栏中显示打印的仿真结果，如图 5-53 所示。

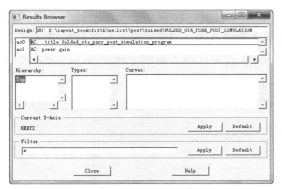

图 5-52　"Results Browser"对话框

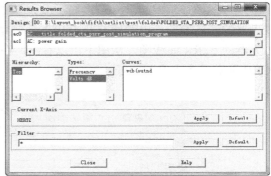

图 5-53　在"Types"栏中显示打印的仿真结果

（4）在"Types"栏选中"Volts dB"，再在"Curves"栏中双击"vdb(outnd"；在"Results Browser"窗口中单击"AC: power gain"，在"Types"栏选中"Volts dB"，再在"Curves"栏中双击"vdb(outnc"，则在"Types"栏中显示打印的仿真结果，如图 5-54 所示。图 5-54 所示的"AvanWaves"窗口中分别显示单级运算放大器的输入/输出增益及电源/输出增益的后仿真结果。

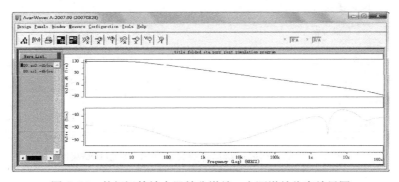

图 5-54　单级运算放大器差分增益、电源增益仿真结果图

（5）在 "AvanWaves" 窗口中单击函数图标 $f(x,y)$，对运算放大器的电源抑制比进行计算，将信号及数学符号加入其中（在 "Curves" 栏中选中信号，使用鼠标中键将其拖入到公式栏中），如图 5-55 所示。

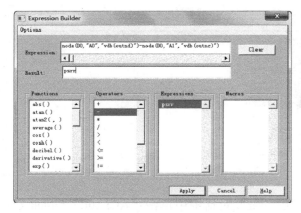

图 5-55　单级运算放大器 PSRR 的运算图

双击图 5-55 中的 "psrr"，显示出如图 5-56 所示波形，波形从上至下依次为单级运算放大器的开环增益、电源增益及 PSRR 随频率变化曲线。图 5-57 所示为标注后的单级运算放大器的 PSRR 曲线图，从图中可以看出，在 10kHz 处运算放大器的 PSRR 为 125dB。之后 PSRR 随着频率上升而降低。

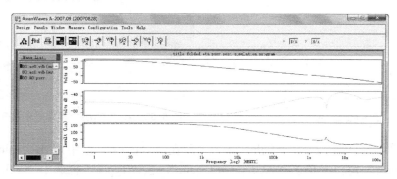

图 5-56　单级运算放大器 PSRR 后仿真结果图

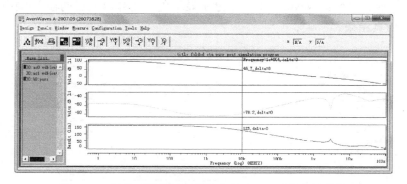

图 5-57　标注后的单级运算放大器 PSRR 后仿真结果图

2）**单级运算放大器共模抑制比（CMRR）分析**　　运算放大器共模抑制比（CMRR）的仿真同样需要两个运算放大器，一个对运算放大器得到输入/输出差模增益，另外一个运算放大器得到输入/输出共模增益，然后通过运算得到运算放大器的电源抑制比，如图 5-58 所示。

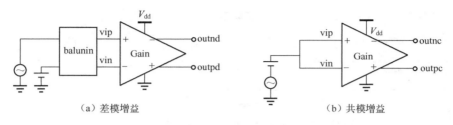

（a）差模增益　　　　　　　　　　　　　　（b）共模增益

图 5-58　单级运算放大器 CMRR 仿真配置图

建立的单级运算放大器 CMRR 仿真网表 folded_OTA_cmrr_post_simulation.sp 如下所述。

```
.title folded_OTA_cmrr_post_simulation_program
.include 'E:\layout_book\Fifth\netlist\post\folded\folded_OTA.pex.netlist'
.include 'E:\layout_book\Fifth\netlist\post\folded\baluninout.sp'
x1 gnda outpd vdda outnd inn inp I05u1 vcm folded_OTA
x2 gnda outpc vdda outnc in in I05u2 vcm folded_OTA
x3 out_d outc_d outnd outpd balunout
x4 out_c outc_c outnc outpc balunout
x5 in inc inn inp balunin
v1 vdda 0 3.3
v2 gnda 0 0
v3 in 0 dc 0 ac 1
v4 inc 0 1.65
v5 vcm 0 1.65
c1 outnd 0 2p
c2 outpd 0 2p
c3 outnc 0 2p
c4 outpc 0 2p
i1 vdda I05u1 0.5u
i2 vdda I05u2 0.5u
.option post accurate probe
.op
.temp 25
.ac dec 100 0.5 0.1g
.probe ac vdb(outnd) vdb(outnc)
.lib 'E:\models\hspice\ms018_v1p9.lib' tt
.lib 'E:\models\hspice\ms018_v1p9.lib' res_tt
.lib 'E:\models\hspice\ms018_v1p9.lib' mim_tt
.lib 'E:\models\hspice\ms018_v1p9.lib' bjt_tt
.end
```

完成运算放大器 CMRR 的仿真网表建立后，即可在 Hspice 中对其进行仿真。

（1）启动 Hspice，弹出 Hspice 主窗口。在主窗口中单击"Open"按钮，打开 folded_OTA_cmrr_post_simulation.sp 文件，如图 5-59 所示。

（2）单击"Simulate"按钮，开始仿真。仿真完成后，单击"Avanwaves"按钮，弹出"AvanWaves"窗口和"Results Browser"对话框，如图 5-60 和图 5-61 所示。

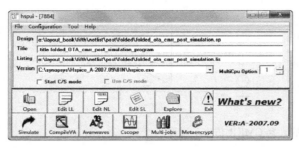

图 5-59　打开 folded_OTA_cmrr_post_simulation.sp 文件

图 5-60　"AvanWaves"窗口

（3）在"Results Browser"对话框中单击"AC: .title folded_ota_cmrr_post_simulation_program"，则在"Types"栏中显示打印的仿真结果，如图 5-62 所示。

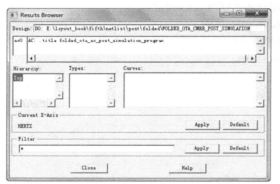

图 5-61　"Results Browser"对话框

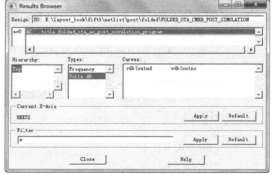

图 5-62　在"Types"栏中显示打印的仿真结果

（4）在"Types"栏选中"Volts dB"，在"Curves"栏中分别双击"vdb(outnd"和"vdb(outnc"，则在"Types"栏中显示打印的仿真结果，如图 5-62 所示。图 5-63 所示的是运算放大器的差模增益和共模增益的仿真结果。

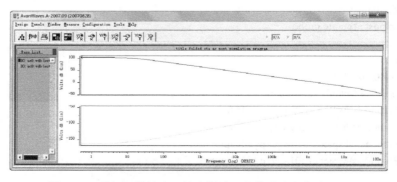

图 5-63　单级运算放大器差分增益和共模增益仿真结果图

（5）在"AvanWaves"窗口工具栏中单击函数图标 $f^{(x)}$，对单级运算放大器的共模抑制比进行计算，将信号及数学符号加入其中，如图 5-64 所示。

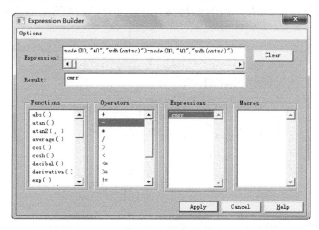

图 5-64　单级运算放大器 PSRR 的运算图

双击图 5-64 中的"cmrr"，显示出如图 5-65 所示波形，图 5-65 所示的波形从上至下依次为运算放大器的开环差模增益、共模增益及 CMRR 随频率变化曲线。图 5-66 所示为标注后的单级运算放大器的 CMRR 曲线图，从图中可以看出，在 10kHz 处运算放大器的 PSRR 为−152dB。

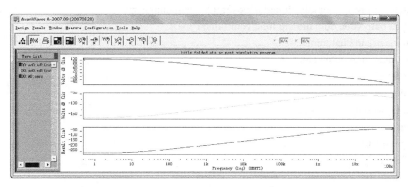

图 5-65　单级运算放大器 CMRR 后仿真图

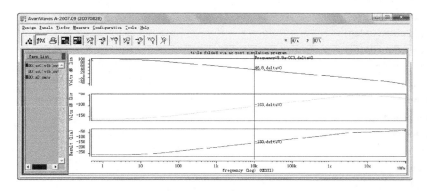

图 5-66　标注后的单级运算放大器 CMRR 后仿真图

3）单级运算放大器闭环压摆率（Slew Rate）分析 运算放大器闭环压摆率的仿真需要将运算放大器配置成闭环，并且为单位增益形式，在信号输入端加入阶跃信号，通过对输出信号的大信号进行测量，得到放大器的闭环压摆率，仿真电路图如图 5-67 所示。

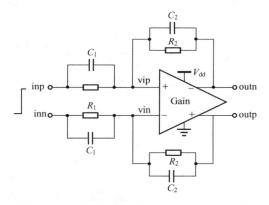

图 5-67　运算放大器闭环压摆率仿真配置图

建立的单级运算放大器闭环压摆率的后仿真网表 folded_OTA_cl_sr_post_simulation.sp 如下所述。

```
.title folded_OTA_close_loop_sr_post_simulation_program
.include 'E:\layout_book\Fifth\netlist\post\folded\folded_OTA.pex.netlist'
.include 'E:\layout_book\Fifth\netlist\post\folded\baluninout.sp'
x1 gnda outp vdda outn inn inp I05u vcm folded_OTA
x2 in inc in1 in2 balunin
x3 out outc outn outp balunout
v1 vdda 0 3.3
v2 gnda 0 0
v3 in 0 pwl 0 0 1u 0 1.001u 1.8 4u 1.8
v4 inc 0 1.65
v5 vcm 0 1.65
c11 outp 0 1p
c21 outn 0 1p
i1 vdda I05u 0.5u
r1 in1 inn 10Meg
r2 in2 inp 10Meg
r3 inn outp 10Meg
r4 inp outn 10Meg
c1 in1 inn 1p
c2 in2 inp 1p
c3 inn outp 1p
c4 inp outn 1p
.option post accurate probe
.op
.temp 25
.tran 0.1n 4u
.probe tran v(in) v(out)
```

```
.lib 'E:\models\hspice\ms018_v1p9.lib' tt
.lib 'E:\models\hspice\ms018_v1p9.lib' res_tt
.lib 'E:\models\hspice\ms018_v1p9.lib' mim_tt
.lib 'E:\models\hspice\ms018_v1p9.lib' bjt_tt
.end
```

完成单级运算放大器闭环压摆率的后仿真网表建立后，即可在 Hspice 中对其进行仿真。

（1）启动 Hspice，弹出 Hspice 主窗口。在主窗口中单击"Open"按钮，打开 folded_OTA_sr_post_simulation.sp 文件，如图 5-68 所示。

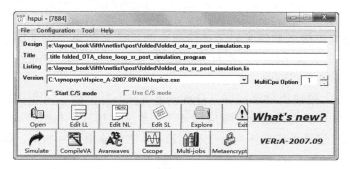

图 5-68　打开 folded_OTA_sr_post_simulation.sp 文件

（2）单击"Simulate"按钮，开始仿真。仿真完成后，单击"Avanwaves"按钮，弹出"AvanWaves"窗口和"Results Browser"对话框。

（3）在"Results Browser"窗口中单击"Transient:.title folded_ota_close_loop_sr_post_simulation_program"，则在"Types"栏中显示打印的仿真结果，如图 5-69 所示。

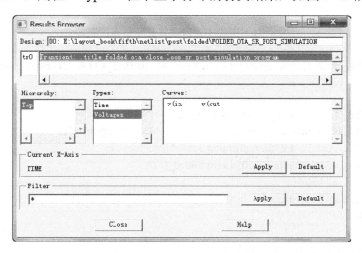

图 5-69　在"Types"栏中显示打印的仿真结果

（4）在"Types"栏选中"Voltages"，再在"Curves"栏中依次双击"v(in"和"v(out"，则在"AvanWaves"窗口中显示单级运算放大器闭环压摆率的后仿真结果，如图 5-70 所示。

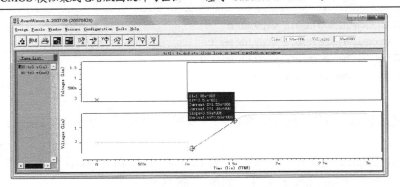

图 5-70　单级运算放大器闭环压摆率的后仿真结果

图 5-70 所示为单级运算放大器闭环压摆率的后仿真结果,上半部分为输入阶跃电压(0～1.8V),下半部分为输出信号,执行菜单命令"Measure"→"PointToPoint",得到运算放大器的闭环压摆率为 3.68V/μs。

4）单级运算放大器输出动态范围（Dynamic Range）分析　单级运算放大器输出动态范围的仿真需要对运算放大器进行配置成闭环电压放大器形式,在信号输入端加入单频正弦信号,并通过对输出信号做快速傅里叶变换（FFT）评价输出信号质量,如图 5-71 所示。

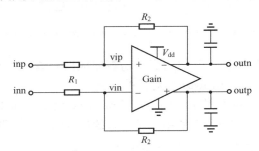

图 5-71　运算放大器建立时间仿真配置图

建立的单级运算放大器动态范围后仿真网表 folded_OTA_dr_post_simulation.sp 如下所述。

```
.title folded_OTA_dr_post_simulation_program
.include 'E:\layout_book\Fifth\netlist\post\folded\folded_OTA.pex.netlist'
.include 'E:\layout_book\Fifth\netlist\post\folded\baluninout.sp'
x1 gnda outp vdda outn inn inp I05u vcm folded_OTA
x2 in inc in1 in2 balunin
x3 out outc outp outn balunout
v1 vdda 0 3.3
v2 gnda 0 0
v3 in 0 sin(0 0.2 29k)
v4 inc 0 1.65
v5 vcm 0 1.65
c11 outp 0 1p
c21 outn 0 1p
i1 vdda I05u 0.5u
r1 in1 inn 1Meg
```

```
r2 in2 inp 1Meg
r3 inn outp 10Meg
r4 inp outn 10Meg
.option post accurate probe
.op
.temp 25
.tran 0.1n 20.5m
.fft v(out) start=0.5m stop=20.5m np=32768
.probe tran v(in) v(out)
.lib 'E:\models\hspice\ms018_v1p9.lib' tt
.lib 'E:\models\hspice\ms018_v1p9.lib' res_tt
.lib 'E:\models\hspice\ms018_v1p9.lib' mim_tt
.lib 'E:\models\hspice\ms018_v1p9.lib' bjt_tt
.end
```

完成运算放大器动态范围的仿真网表建立后，即可在 Hspice 中对其进行仿真。

（1）启动 Hspice，弹出 Hspice 主窗口。在主窗口中单击"Open"按钮，打开 folded_OTA_dr_post_simulation.sp 文件，如图 5-72 所示。

（2）单击"Simulate"按钮，开始仿真。仿真完成后，单击"AvanWaves"按钮，弹出"AvanWaves"窗口和"Results Browser"对话框，如图 5-73 和图 5-74 所示。

图 5-72　打开 folded_OTA_dr_post_simulation.sp 文件

图 5-73　"AvanWaves"窗口

（3）在"Results Browser"对话框中单击"Transient: .title folded_ota_dr_post_simulation_program"，则在"Types"栏中显示打印的仿真结果，如图 5-75 所示。

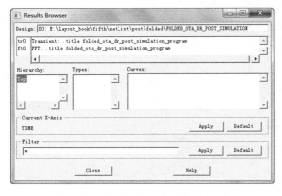
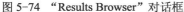

图 5-74　"Results Browser"对话框

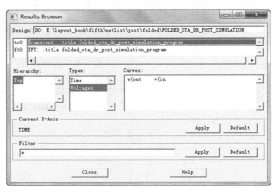

图 5-75　在"Types"栏中显示打印的仿真结果

（4）在"Types"栏选中"Voltages"，在"Curves"栏中分别双击"v(in"和"v(out"，则在"Types"栏中显示打印的后仿真结果。图 5-76 所示的是在"AvanWaves"窗口中显示单级运算放大器输出信号的后仿真结果。

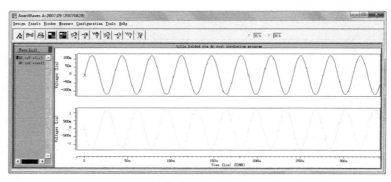

图 5-76 单级运算放大器输出信号的后仿真结果图

图 5-77 所示为标注后的单级运算放大器输出信号仿真图，图中上半部分为输入信号波形，29kHz 输入频率，±120mV 输入幅度；图中下半部分为输出信号波形图，由于运算放大器配置成 10 倍增益模式，所以输出信号应该为 29kHz 输出信号频率，接近±1.2V 的输出信号幅度。由图中可以看出，输出信号并没有发生明显的畸变情况。

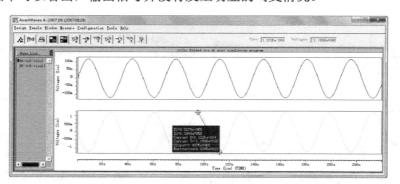

图 5-77 标注后的单级运算放大器输出信号的后仿真结果图

（5）在"Results Browser"对话框中单击"FFT: .title folded_ota_dr_post_simulation_program"，则在"Types"栏中显示打印的仿真结果，如图 5-78 所示。

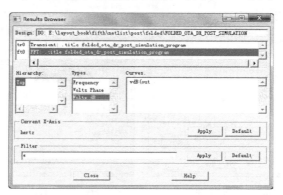

图 5-78 在"Types"栏中显示打印的仿真结果

（6）在"Types"栏中选中"Volts dB"，在"Curves"栏中双击"vdB(out"，则在"Types"栏中显示打印的仿真结果，如图 5-78 所示。图 5-79 所示的是在"AvanWaves"窗口中显示单级运算放大器输出信号 FFT 频谱的后仿真结果。

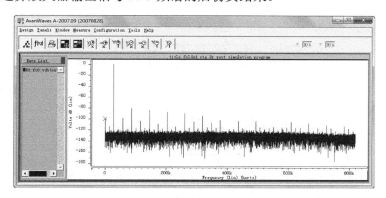

图 5-79　单级运算放大器输出信号 FFT 频谱后仿真图

图 5-80 所示为标注后的单级运算放大器输出信号 FFT 频谱仿真图，图中输出信号功率以基波频率 29kHz 归一化，三次谐波频率 87kHz 的功率在所有各次谐波中最高为-80.1dB，所以设计的运算放大器在输出信号频率为 29kHz，信号幅度为±1.2V 时的动态范围为-80.1dB。

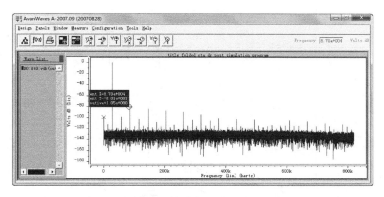

图 5-80　标注后的单级运算放大器输出信号 FFT 频谱仿真图

 # 5.3　两级全差分运算放大器的版图设计与后仿真

5.3.1　两级全差分运算放大器的版图设计

本节仍将采用 3.3V 电源电压的中芯国际 1p6m CMOS 工艺，配合 Virtuoso 软件实现两级全差分运算放大器的电路和版图设计，并对其进行后仿真验证。两级运算放大器可以将输出摆幅和电路增益分别处理，有利于进行噪声和低功耗设计，因此成为高性能运算放大器设计普遍采用的结构。两级全差分运算放大器电路如图 5-81 所示，主要包括偏置电路、主放大器电路和共模反馈电路。

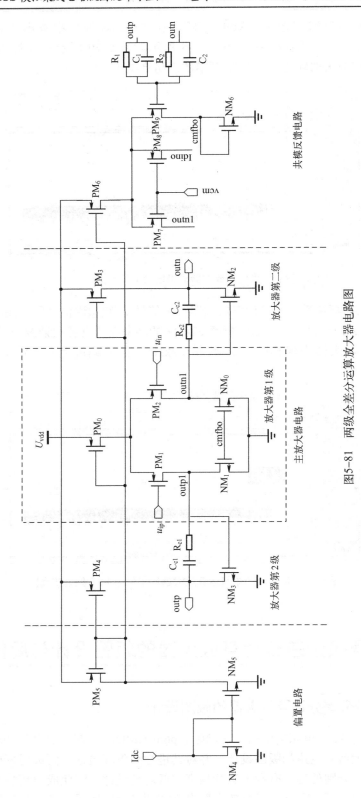

图5-81　两级全差分运算放大器电路图

图 5-81 所示的两级全差分运算放大器电路中的主放大器电路采用两级结构，第 1 级由晶体管 $PM_0 \sim PM_2$、NM_0 和 NM_1 构成，其中 PM_1 和 PM_2 为输入晶体管，PM_0 为电流源，NM_1 和 NM_0 为负载晶体管，第 2 级由 PM_3、PM_4、NM_2 和 NM_3 构成。共模反馈电路采用连续时间结构（$PM_6 \sim PM_9$、NM_6、R_1、R_2、C_1 和 C_2）。偏置电路用于产生偏置电压，将主放大器电路偏置在合适的直流工作点上。

图 5-81 所示的两级全差分运算放大器的差分直流增益由两级构成，分别为 A_{v1} 和 A_{v2}：

$$A_{v1} = -G_{m1}R_{o1} = -g_{mPM1}\left(r_{oNM1} /\!/ r_{oPM1}\right) \tag{5-14}$$

$$A_{v2} = -G_{m2}R_{o2} = -g_{mNM3}\left(r_{oPM4} /\!/ r_{oNM3}\right) \tag{5-15}$$

式中，g_{mPM1} 为第 1 级差分对管的有效跨导；r_{oPM1} 为第 1 级输入管的等效输出电阻；r_{oNM1} 为第一级负载管的等效输出电阻；g_{mNM3} 和 r_{oNM3} 分别为第 2 级放大器的差分输入对管的有效跨导和等效输出电阻；r_{oPM1} 为第 2 级放大器负载晶体管的等效输出电阻。

因此，运算放大器的总体增益为

$$A_v = A_{v1}A_{v2} = g_{mPM1}g_{mNM3}(r_{oNM1} /\!/ r_{oPM1})(r_{oPM4} /\!/ r_{oNM3}) \tag{5-16}$$

图 5-81 所示的两级全差分运算放大器的差分压摆率（Slew-Rate，SR）要各级分别进行分析。首先，第 1 级放大器的压摆率为

$$SR_1 = \left.\frac{dv_{out}}{dt}\right|_{max} = \frac{I_{C_{c1}}\big|_{max}}{C_{c1}} = \frac{2I_{dsNM1}}{C_{c1}} \tag{5-17}$$

第 2 级放大器的压摆率为

$$SR_2 = \left.\frac{dv_{out}}{dt}\right|_{max} = \frac{I_{C_c}\big|_{max}}{C_c} = \frac{2I_{dsNM3}}{C_{c1} + C_L} \tag{5-18}$$

整体运算放大器的压摆率由以上二者的最小值决定，即：

$$SR = \min\left\{\frac{2I_{ds,NM1}}{C_{c1}}, \frac{2I_{ds,NM3}}{C_{c1} + C_L}\right\} \tag{5-19}$$

运算放大器的频率特性一般由主极点和非主极点决定。由于密勒补偿电容 C_c 的存在，主极点 p1 和次极点 p2 将会分开的很远。假设 $\left|\omega_{p1}\right| \ll \left|\omega_{p2}\right|$，则在单位增益带宽频率 ω_u 处第一极点引入$-90°$相移，整个相位裕量是 $60°$。所以非主极点在单位增益带宽频率处的相移是$-30°$。运算放大器的相位裕度 PM$>60°$，$\varphi_1 \approx 90°$，由此可得：

$$\varphi_2 = 180° - PM - \varphi_1 \leqslant 30° \tag{5-20}$$

$$\frac{\omega_u}{\omega_{p2}} \leqslant \tan 30° \approx 0.577 \Rightarrow \frac{\omega_u}{\omega_{p2}} \geqslant 1.73 \tag{5-21}$$

在设计中一般取 $\omega_u / \omega_{p2} = 2$，留有一定的设计裕度。

图 5-81 所示的两级全差分运算放大器密勒补偿电阻 R_{c1} 和 R_{c2} 可以单独用于控制零点的位置。控制零点的位置主要有以下 3 种方法。

（1）将零点"搬移"到无穷远处，消除零点，R_c 必须等于 $1/g_{m,NM3}$。

（2）把零点从右半平面移动左半平面，并且落在第 2 极点 ω_{p2} 上。这样，输出负载电容引起的极点就去除掉了。这样做必须满足如下条件：

$$\omega_{z1} = \omega_{p2} \Rightarrow \frac{1}{C_c\left(\dfrac{1}{g_{m,NM3}} - R_c\right)} = \frac{-g_{m,PM1}}{C_L} \tag{5-22}$$

（3）把零点从右半平面移动左半平面，并且使其大于单位增益带宽频率 ω_u。如设计零点 ω_z 超过极点 ω_u 的 20%，即 $\omega_z = 1.2\omega_u$。因为 $R_c \gg 1/g_{m,NM3}$，所以可以近似得到：

$$\omega_z \simeq -1/R_c C_c \tag{5-23}$$

且 $\omega_u = -g_{m,PM1}/C_c$，可以最终得到：

$$R_c = \frac{1}{1.2g_{m,PM1}} \tag{5-24}$$

本设计采用第 3 种方法，采用调零电阻主极点抵消的方式来提高运算放大器的相位裕度。

基于图 5-81 所示的电路图，规划两级全差分运算放大器的版图布局。首先对运算放大器的功能模块进行布局，粗略估计其版图大小及摆放的位置，根据信号流走向，将两级全差分运算放大器的模块摆放分为左、右两个部分，左侧部分从上至下依次为第 1 级放大器电路（包括共模反馈电路）、第 2 级放大器电路、偏置电路和电阻阵列，右侧部分为电容阵列。两级全差分运算放大器布局如图 5-82 所示。

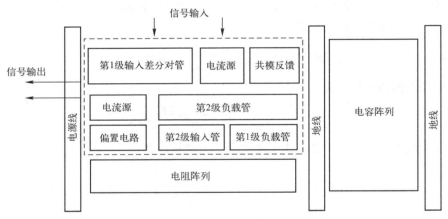

图 5-82　两级全差分运算放大器布局图

图 5-83 所示为两级全差分运算放大器的第 1 级输入差分对管版图（PM_1 和 PM_2），差分对管应放置得尽可能近，并采用轴对称方式，必要时可以采用交叉放置 PM_1 和 PM_2 的方式进一步降低失配；靠近版图的左侧放置 dummy 晶体管提高匹配程度；采用 N 型保护环将其围住，降低外界噪声对其的影响。

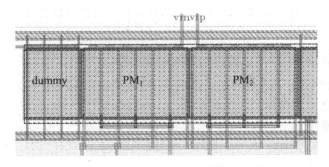

图 5-83　两级全差分运算放大器的第 1 级输入差分对管版图

图 5-84 所示为两级全差分运算放大器的共模反馈部分电路版图，主要包括 $PM_6 \sim$ PM_9。其中 PM_6 为电流源，可紧邻输入管 PM_2，$PM_7 \sim PM_9$ 实现共模反馈功能，PM_7 和 PM_8 可认为是差分管，应紧邻放置，最右侧采用 dummy 管填充，降低工艺误差带来的影响。

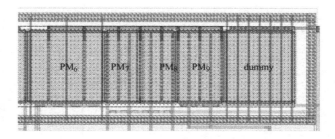

图 5-84　两级全差分运算放大器的共模反馈部分电路版图

图 5-85 所示为两级全差分运算放大器负载管版图，版图分为第 1 级负载管（NM_0 和 NM_1）和第 2 级负载管（NM_2 和 NM_3），两部分分别紧邻放置，中间采用 dummy 管进行隔离。4 个晶体管采用 P 型保护环围绕。

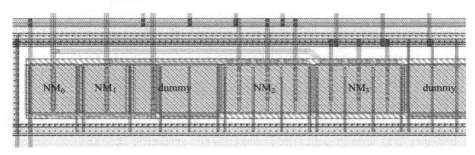

图 5-85　两级全差分运算放大器的负载管版图

图 5-86 所示为两级全差分运算放大器的电阻阵列，放大器中所有电阻全部放在 P 型保护环内，其中右上角为运算放大器第 2 级的补偿电阻 R_{c1} 和 R_{c2}，左侧和右下侧分别为共模检测电阻，电阻呈阵列排布、最左侧和最右侧分别加入 dummy 电阻有助于工艺上的匹配，降低失配影响。

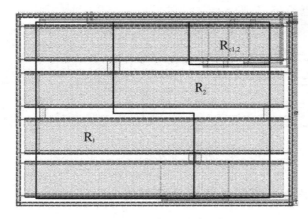

图 5-86　两级全差分运算放大器电阻阵列版图

图 5-87 所示为两级全差分运算放大器的电容阵列，所有电容均放置在同一个 P 型保护环内，其中上半部分为运算放大器的补偿电容 C_c，下半部分为共模检测电容 C_1 和 C_2。所有电容采用同一尺寸有利于匹配，其连接全部采用第 4 层金属。

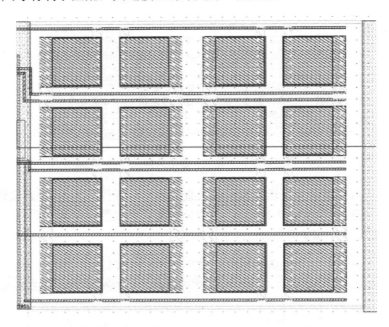

图 5-87 两级全差分运算放大器的电容阵列版图

在各个模块版图完成的基础上，就可以进行整体版图的拼接，依据最初的布局原则，完成两级全差分运算放大器的版图，如图 5-88 所示。整体呈矩形对称分布，至此就完成了单级运算放大器的版图设计。采用 Calibre 进行 DRC、LVS 和天线规则检查的具体步骤和方法可参考第 4 章中的操作，这里不再赘述。

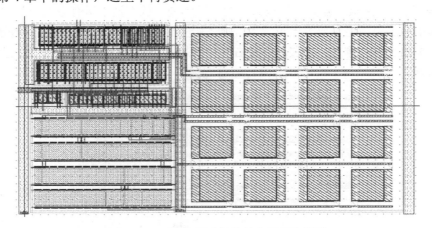

图 5-88 两级全差分运算放大器最终版图

5.3.2 两级全差分运算放大器的参数提取

在完成两级全差分运算放大器的版图设计后，需要利用 Calibre 软件进行版图的参数提取，具体操作流程如下所述。

（1）启动 Cadence Virtuoso 工具命令 icfb，弹出 CIW 对话框，如图 5-89 所示。

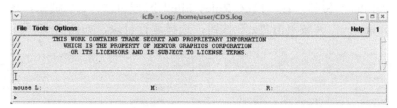

图 5-89 CIW 对话框

（2）打开比较器的电路图和版图。执行菜单命令"File"→"Open"，弹出打开版图对话框，在"Library name"栏中选择"layout_test"，"Cell Name"栏中选择"Two-Stage-OTA"，"View Name"栏中选择"layout"，如图 5-90 所示。

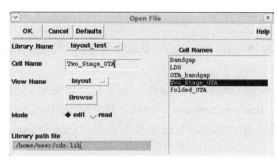

图 5-90 打开电路图对话框

单击"OK"按钮，打开两级全差分运算放大器的版图，如图 5-91 所示。

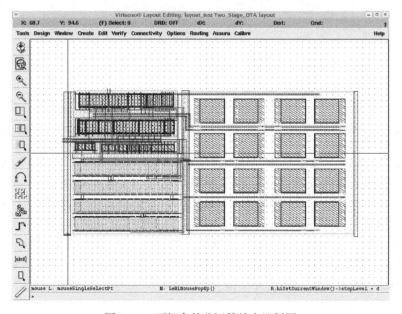

图 5-91 两级全差分运算放大器版图

（3）打开 Calibre PEX 工具。执行菜单命令"Calibre"→"Run PEX"，弹出 PEX 工具对话框，如图 5-92 所示。

（4）单击"Rules"按钮，在"PEX Rules File"区域单击"..."按钮，选择提取文件；在"PEX Run Directory"区域单击"..."按钮，选择运行目录，如图 5-93 所示。

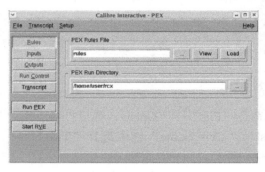

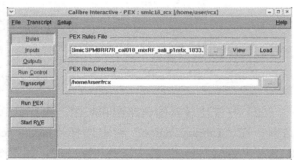

图 5-92　打开 Calibre PEX 工具

图 5-93　规则选项设置

（5）单击"Inputs"按钮，在"Layout"选项卡中选中"Export from layout viewer"选项（高亮），如图 5-94 所示。

（6）单击"Inputs"按钮，选择"Netlist"选项卡，如果电路网表文件已经存在，则直接调取，并取消"Export from schematic viewer"选项的选中状态；如果电路网表需要从同名的电路单元中导出，那么在"Netlist"选项卡中选择"Export from schematic viewer"选项（高亮），如图 5-95 所示。

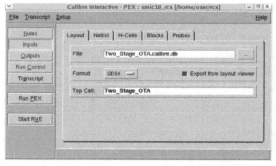

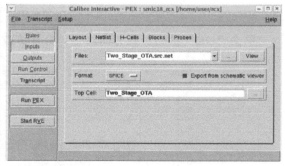

图 5-94　输入选项设置（"Layout"选项卡）

图 5-95　输入选项设置（"Netlist"选项卡）

（7）单击"Outputs"按钮，将"Extraction Type"选项修改为"Transistor Level-R+C-No Inductance"，表明是晶体管级提取，提取版图中的寄生电阻和电容，忽略电感信息；将"Netlist"选项卡中的"Format"修改为"HSPICE"，表明提出的网表需采用 Hspice 软件进行仿真；其他选项卡（如 Nets、Reports、SVDB）选择默认选项即可，如图 5-96 所示。

（8）单击"Run Control"按钮，选择默认设置；单击"Run PEX"按钮，Calibre 开始导出版图文件并对其进行参数提取。Calibre PEX 完成后，自动弹出输出结果并弹出图形界面（在"Outputs"选项卡中选择，如果没有自动弹出，可单击"Start RVE"按钮开启图形界面），以便查看错误信息。

（9）在 Calibre PEX 运行后，同时会弹出参数提取后的主网表，此网表可以在 Hspice 软件中进行后仿真，如图 5-97 所示。另外，主网表还根据选择提取的寄生参数包括若干个寄生参数网表文件（在反提为 R+C 的情况下，一般有.pex 和.pxi 两个寄生参数网表文件），在进行后仿真时一并进行调用。

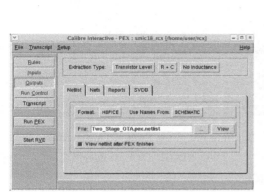

图 5-96　输出选项设置　　　　图 5-97　Calibre PEX 提出部分的主网表图

5.3.3　两级全差分运算放大器的后仿真

利用 Calibre PEX 对两级全差分运算放大器进行参数提取后，还要利用 HSPICE 工具对其进行后仿真。Calibre PEX 用于 HSPICE 电路网表如图 5-98 所示。注意，此网表为主网表文件，其调用两个寄生参数文件，分别为 Two_Stage_OTA.pex.netlist.pex 和 Two_Stage_OTA.pex.netlist. TWO_STAGE_OTA.pxi，在仿真时需要将 3 个网表放置于同一目录下。由于反提网表文件较大，故以下只列出部分网表的截图。Two_Stage_OTA.pex.netlist.pex 和 Two_Stage_OTA.pex.netlist.TWO_STAGE_OTA.pxi 网表的部分截图如图 5-99 和图 5-100 所示。

```
* Program "Calibre xRC"
* Version "v2008.2_11.12"
*
.include "Two_Stage_OTA.pex.netlist.pex"
.subckt Two_Stage_OTA  GNDA VDDA VOUTN VOUTIP IDC_5U VIN VIP VCM
*
* VCM VCM
* VIP VIP
* VIN VIN
* IDC_5U IDC_5U
* VOUTIP VOUTIP
* VOUTN VOUTN
* VDDA VDDA
* GNDA GNDA
R0_noxref N_GNDA_R0_noxref_pos N_GNDA_R0_noxref_neg RHRPO 4945.33
R1_noxref N_GNDA_R1_noxref_pos N_GNDA_R1_noxref_neg RHRPO 4945.33
R2_noxref N_GNDA_R2_noxref_pos N_GNDA_R2_noxref_neg RHRPO 4945.33
R3_noxref N_GNDA_R3_noxref_pos N_GNDA_R3_noxref_neg RHRPO 4945.33
R4_noxref N_GNDA_R4_noxref_pos N_GNDA_R4_noxref_neg RHRPO 4945.33
R5_noxref N_GNDA_R5_noxref_pos N_GNDA_R5_noxref_neg RHRPO 4945.33
R6_noxref N_GNDA_R6_noxref_pos N_GNDA_R6_noxref_neg RHRPO 4945.33
R7_noxref N_GNDA_R7_noxref_pos N_GNDA_R7_noxref_neg RHRPO 4945.33
*
mX134/M0_noxref N_GNDA_X134/M0_noxref_d N_GNDA_X134/M0_noxref_g
+ N_GNDA_X134/M0_noxref_s N_GNDA_MNM3_b N33 L=1e-06 W=5e-06 AD=0 AS=2.4e-12 PD=0
+ PS=1.096e-05
mX135/M0_noxref N_GNDA_X135/M0_noxref_d N_GNDA_X135/M0_noxref_g
+ N_GNDA_X135/M0_noxref_s N_GNDA_MNM3_b N33 L=1e-06 W=5e-06 AD=0 AS=2.4e-12 PD=0
+ PS=1.096e-05
*
.include "Two_Stage_OTA.pex.netlist.TWO_STAGE_OTA.pxi"
*
.ends
*
*
```

图 5-98　两级全差分运算放大器反提部分主网表文件

```
* File: Two_Stage_OTA.pex.netlist.pex
* Program "Calibre xRC"
* Version "v2008.2_11.12"
* Nominal Temperature: 27C
* Circuit Temperature: 27C
*
.subckt PM_TWO_STAGE_OTA%X66/noxref_4 9 10
c0 10 0 0.443548f
c1 9 0 0.443548f
c2 6 0 0.0644395f
r3 7 10 2.72562
r4 6 7 3.75
r5 3 9 2.72562
r6 1 3 3.75
r7 1 6 0.763043
.ends

.subckt PM_TWO_STAGE_OTA%X66/noxref_5 9 10
c0 10 0 0.443548f
c1 9 0 0.443953f
c2 6 0 0.0644395f
r3 7 10 2.72562
r4 6 7 3.75
r5 3 9 2.72562
r6 1 3 3.75
r7 1 6 0.763043
.ends

.subckt PM_TWO_STAGE_OTA%X66/noxref_6 9 10
c0 10 0 0.443548f
c1 9 0 0.443548f
c2 6 0 0.0644395f
r3 7 10 2.72562
r4 6 7 3.75
r5 3 9 2.72562
```

```
* File: Two_Stage_OTA.pex.netlist.TWO_STAGE_OTA.pxi

x_PM_TWO_STAGE_OTA%X66/noxref_4 N_X66/noxref_4 RR4_neg
+ N_X66/noxref_4 RR4039_neg PM_TWO_STAGE_OTA%X66/noxref_4
x_PM_TWO_STAGE_OTA%X66/noxref_5 N_X66/noxref_5 RR4039_pos
+ N_X66/noxref_5 RR4038_neg PM_TWO_STAGE_OTA%X66/noxref_5
x_PM_TWO_STAGE_OTA%X66/noxref_6 N_X66/noxref_6 RR4038_pos
+ N_X66/noxref_6 RR4037_neg PM_TWO_STAGE_OTA%X66/noxref_6
x_PM_TWO_STAGE_OTA%X66/noxref_7 N_X66/noxref_7 RR4037_pos
+ N_X66/noxref_7 RR4036_pos PM_TWO_STAGE_OTA%X66/noxref_7
x_PM_TWO_STAGE_OTA%X66/noxref_8 N_X66/noxref_8 RR4036_neg
+ N_X66/noxref_8 RR4035_neg PM_TWO_STAGE_OTA%X66/noxref_8
x_PM_TWO_STAGE_OTA%X66/noxref_9 N_X66/noxref_9 RR4035_pos
+ N_X66/noxref_9 RR4034_pos PM_TWO_STAGE_OTA%X66/noxref_9
x_PM_TWO_STAGE_OTA%X66/noxref_10 N_X66/noxref_10 RR4034_neg
+ N_X66/noxref_10 RR4033_neg PM_TWO_STAGE_OTA%X66/noxref_10
x_PM_TWO_STAGE_OTA%X66/noxref_11 N_X66/noxref_11 RR4033_pos
+ N_X66/noxref_11 RR4032_pos PM_TWO_STAGE_OTA%X66/noxref_11
x_PM_TWO_STAGE_OTA%X66/noxref_12 N_X66/noxref_12 RR4032_neg
+ N_X66/noxref_12 RR4031_neg PM_TWO_STAGE_OTA%X66/noxref_12
x_PM_TWO_STAGE_OTA%X66/noxref_13 N_X66/noxref_13 RR4031_pos
+ N_X66/noxref_13 RR4030_pos PM_TWO_STAGE_OTA%X66/noxref_13
x_PM_TWO_STAGE_OTA%X67/noxref_4 N_X67/noxref_4 RR4050_neg
+ N_X67/noxref_4 RR4049_neg PM_TWO_STAGE_OTA%X67/noxref_4
x_PM_TWO_STAGE_OTA%X67/noxref_5 N_X67/noxref_5 RR4049_pos
+ N_X67/noxref_5 RR4048_pos PM_TWO_STAGE_OTA%X67/noxref_5
x_PM_TWO_STAGE_OTA%X67/noxref_6 N_X67/noxref_6 RR4047_neg
+ N_X67/noxref_6 RR4047_neg PM_TWO_STAGE_OTA%X67/noxref_6
x_PM_TWO_STAGE_OTA%X67/noxref_7 N_X67/noxref_7 RR4047_pos
+ N_X67/noxref_7 RR4046_pos PM_TWO_STAGE_OTA%X67/noxref_7
x_PM_TWO_STAGE_OTA%X67/noxref_8 N_X67/noxref_8 RR4046_neg
+ N_X67/noxref_8 RR4045_neg PM_TWO_STAGE_OTA%X67/noxref_8
x_PM_TWO_STAGE_OTA%X67/noxref_9 N_X67/noxref_9 RR4045_pos
+ N_X67/noxref_9 RR4044_pos PM_TWO_STAGE_OTA%X67/noxref_9
x_PM_TWO_STAGE_OTA%X67/noxref_10 N_X67/noxref_10 RR4044_neg
```

图 5-99　Two_Stage_OTA.
pex.netlist.pex 部分网表文件

图 5-100　Two_Stage_OTA.pex.netlist.
TWO_STAGE_OTA.pxi 部分网表

1. 瞬态特性分析

运算放大器的瞬态特性分析主要包括放大器闭环的建立时间指标，运算放大器建立时间（setup-time）的仿真需要将运算放大器配置成闭环电压放大器形式。通过在信号输入端加入阶跃电压，观察信号输出端的时域信号建立到一定精度所需要的时间，仿真电路如图 5-34 所示。

建立的两级全差分运算放大器后仿真建立时间仿真网表 two_stage_OTA_post_setuptime_sim.sp 如下所述。

```
.title Two_Stage_OTA setuptime post_simualtion program
.include 'E:\layout_book\Fifth\netlist\post\Two_Stage_OTA.pex.netlist'
.include 'E:\layout_book\Fifth\netlist\post\baluninout.sp'
x1 gnda vdda voutn voutp idc_5u vin vip vcm Two_Stage_OTA
x2 in inc in1 in2 balunin
x3 out outc voutn voutp balunout
v1 vdda 0 3.3
v2 gnda 0 0
v3 in 0 pwl 0 0 1u 0 1.001u 0.5 5u 0.5 5.02u -0.5 10u -0.5 10.02u 0.5 15u 0.5
v4 inc 0 1.65
v5 vcm 0 1.65
c11 voutp 0 1p
c21 voutn 0 1p
i1 vdda Idc_5u 5u
r1 in1 vin 5Meg
r2 in2 vip 5Meg
r3 vin voutp 5Meg
r4 vip voutn 5Meg
c1 in1 vin 1p
c2 in2 vip 1p
c3 vin voutp 1p
```

```
c4 vip voutn 1p
.option post accurate probe
.op
.temp 25
.tran 0.1n 15u
.probe tran v(in) v(out)
.lib 'E:\models\hspice\ms018_v1p9.lib' tt
.lib 'E:\models\hspice\ms018_v1p9.lib' res_tt
.lib 'E:\models\hspice\ms018_v1p9.lib' mim_tt
.lib 'E:\models\hspice\ms018_v1p9.lib' bjt_tt
.end
```

完成两级全差分运算放大器建立时间的后仿真网表建立后，即可在 Hspice 中对其进行仿真。

（1）启动 Hspice，弹出 Hspice 主窗口。在主窗口中单击"Open"按钮，打开 two_stage_ota_setuptime_post_simulation.sp 文件，如图 5-101 所示。

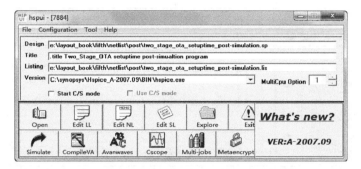

图 5-101 打开 two_stage_ota_setuptime_post_simulation.sp 文件

（2）单击"Simulate"按钮，开始仿真。仿真完成后，单击"Avanwaves"按钮，弹出"AvanWaves"窗口和"Results Browser"对话框，如图 5-102 和图 5-103 所示。

图 5-102 "AvanWaves"窗口

（3）在"Results Browser"对话框中单击"Transient: .title two_stage_ota setuptime post-simulation program"，则在"Types"栏中显示打印的仿真结果，如图 5-104 所示。

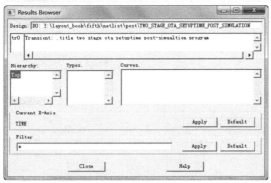

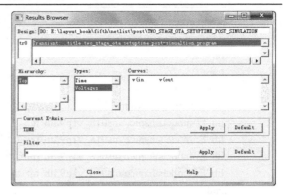

图 5-103 "Results Browser"对话框 　　　　图 5-104 在"Types"栏中显示打印的仿真结果

（4）在"Types"栏选中"Voltages"，在"Curves"栏中双击"v(out)"，则在"Types"栏中显示打印的仿真结果，如图 5-104 所示。图"5-105"所示的是在"AvanWaves"窗口中显示两级全差分运算放大器建立时间的后仿真结果。

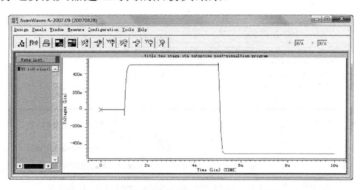

图 5-105　两级全差分运算放大器建立时间后仿真结果图

图 5-106 所示为标注后的两级全差分运算放大器建立仿真结果图，图中上半部分为输入信号波形，1μs 时阶跃波形从 0 跳变为 500mV，在 5μs 时阶跃波形从 500mV 跳变为 −500mV。由图 5-106 可以看出，稳定精度 0.5%范围内的两级全差分运算放大器负向建立时间为 0.326μs（即 326ns），正向建立时间为 0.273μs（即 273ns）。

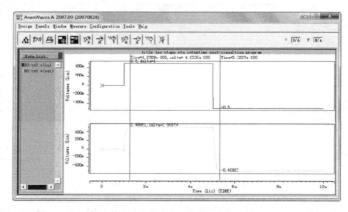

图 5-106　标注后的两级全差分运算放大器建立时间后仿真结果图

2. 交流特性分析

运算放大器的交流特性分析主要包括运算放大器的开环增益、单位增益带宽、相位裕度及噪声等性能指标。建立的单级运算放大器后仿真交流特性的仿真网表 two_stage_OTA_post_ac_sim.sp 如下所述。

```
.title Two_Stage_OTA ac post_simulatoin
.include 'E:\layout_book\Fifth\netlist\post\Two_Stage_OTA.pex.netlist'
.include 'E:\layout_book\Fifth\netlist\post\baluninout.sp'
x1 gnda vdda voutn voutp idc_5u vin vip vcm Two_Stage_OTA
x2 in inc vip vin balunin
x3 out outc voutp voutn balunout
v1 vdda 0 3.3
v2 gnda 0 0
v3 in 0 dc 0 ac 1
v4 inc 0 1.65
v5 vcm 0 1.65
c1 voutp 0 2p
c2 voutn 0 2p
i1 vdda Idc_5u 5u
.option post accurate probe
.op
.temp 25
.ac dec 100 0.5 0.1g
.noise v(out) v3 1
.probe noise inoise inoise(mag) onoise(mag)
.probe ac vdb(out) vp(out)

.lib 'E:\models\hspice\ms018_v1p9.lib' tt
.lib 'E:\models\hspice\ms018_v1p9.lib' res_tt
.lib 'E:\models\hspice\ms018_v1p9.lib' mim_tt
.lib 'E:\models\hspice\ms018_v1p9.lib' bjt_tt
.end
```

完成两级全差分运算放大器交流特性的后仿真网表后，即可在 Hspice 中对其进行仿真。

（1）启动 Hspice，弹出 Hspice 主窗口。在主窗口中单击"Open"按钮，打开 two_stage_ota_ac_post_simulation.sp 文件，如图 5-107 所示。

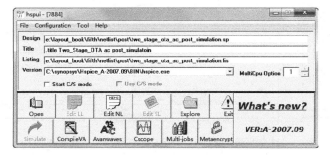

图 5-107　打开 two_stage_ota_ac_post_simulation.sp 文件

（2）单击"Simulate"按钮，开始仿真。仿真完成后，单击"Avanwaves"按钮，弹出
"AvanWaves"窗口和"Results Browser"对话框，如图 5-108 和图 5-109 所示。

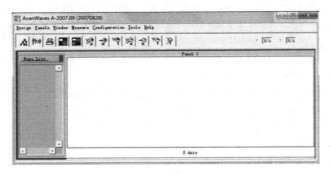

图 5-108 "AvanWaves"窗口

（3）在"Results Browser"对话框中单击"AC: title two_stage_ota ac post_simulation
program"，则在"Types"栏中显示打印的仿真结果，如图 5-110 所示。

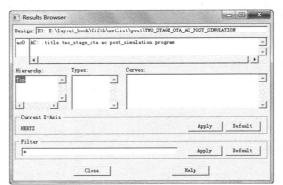

图 5-109 "Results Browser"对话框

图 5-110 在"Types"栏中显示打印的仿真结果

（4）在"Types"栏中选中"Volts dB"，再在"Curves"栏中双击"vdb(out)"；之后再在
"Types"栏中选中"Volts Phase"，再在"Curves"栏中双击"vp(out)"，则在"AvanWaves"
窗口中显示两级全差分运算放大器的交流特性后仿真结果，如图 5-111 所示。

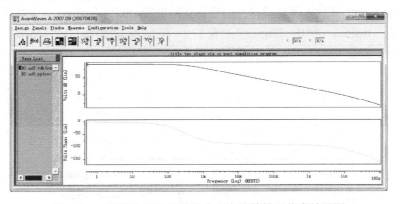

图 5-111 两级全差分运算放大器交流特性后仿真结果图

（5）在"AvanWaves"窗口中执行菜单命令"Measure"→"Anchor cursor"，对两级全差分运算放大器的交流特性后仿真进行标注，可见 OTA 的直流增益为 88dB，单位增益带宽为 7.27MHz，相位裕度 73°，如图 5-112 所示。

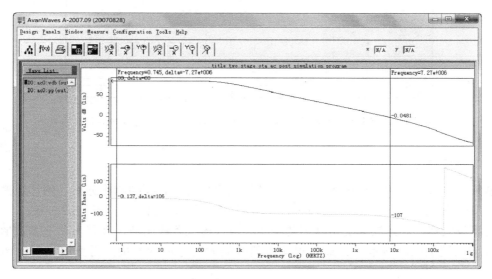

图 5-112　标注后的两级全差分运算放大器的交流特性后仿真结果图

（6）查看噪声特性仿真结果，在"Results Browser"对话框的"Types"栏中单击"I noise"，显示等效输入噪声和等效输出噪声的仿真结果，如图 5-113 所示。

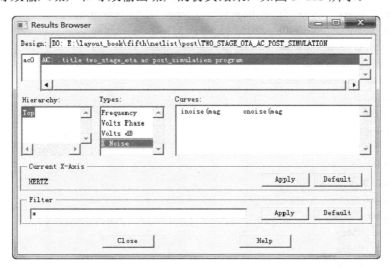

图 5-113　在 Results Browser 窗口显示两级全差分运算放大器等效输入、输出噪声后仿真结果

（7）在"Curves"栏中分别双击"inoise(mag"和"onoise(mag"，并在"AvanWaves"窗口中执行菜单命令"Measure"→"Anchor cursor"，对运算放大器噪声特性进行标注，如图 5-114 所示，在 10kHz 带宽内，低频段由 $1/f$ 占主导地位，随着频率上升而逐渐下降，热噪声逐渐成为噪声的主要来源。由仿真结果可见，在频率点为 50kHz 时，运算放大器的等效输入噪声为 $44.1\text{nV}/\sqrt{\text{Hz}}$，等效输出噪声为 $6.9\mu\text{V}/\sqrt{\text{Hz}}$。

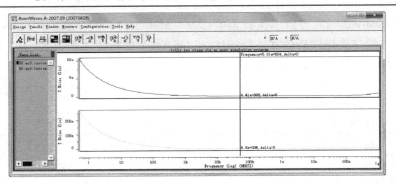

图 5-114　两级全差分运算放大器的等效输入噪声和等效输出噪声后仿真结果

3. 其他特性分析

单级运算放大器的特性分析还包括电源抑制比分析、共模抑制比分析、闭环压摆率及动态范围等性能指标。下面仅对闭环压摆率分析进行说明，其他可以参照 5.2.3 节。

运算放大器闭环压摆率的仿真需要将运算放大器配置成闭环，并且为单位增益形式，在信号输入端加入阶跃信号，通过对输出信号的大信号进行测量，得到放大器的闭环压摆率。

建立两级全差分运算放大器闭环压摆率的后仿真网表 two_stage_OTA_cl_sr_postsim.sp 如下所述。

```
.title   Two_Stage_OTA close loop slew rate post_simulation program
.include 'E:\layout_book\Fifth\netlist\post\Two_Stage_OTA.pex.netlist'
.include 'E:\layout_book\Fifth\netlist\Two_Stage_OTA\baluninout.sp'
x1 gnda vdda voutn voutp Idc_5u vin vip vcm Two_Stage_OTA
x2 in inc in1 in2 balunin
x3 out outc voutn voutp balunout
v1 vdda 0 3.3
v2 gnda 0 0
v3 in 0 pwl 0 0 1u 0 1.001u 3 3u 3
v4 inc 0 1.65
v5 vcm 0 1.65
c11 voutp 0 1p
c21 voutn 0 1p
i1 vdda Idc_5u 5u
r1 in1 vin 10Meg
r2 in2 vip 10Meg
r3 vin voutp 10Meg
r4 vip voutn 10Meg
c1 in1 vin 1p
c2 in2 vip 1p
c3 vin voutp 1p
c4 vip voutn 1p
.option post accurate probe
.op
.temp 25
```

```
.tran 0.1n 3u
.probe tran v(in) v(out)
.lib 'E:\models\hspice\ms018_v1p9.lib' tt
.lib 'E:\models\hspice\ms018_v1p9.lib' res_tt
.lib 'E:\models\hspice\ms018_v1p9.lib' mim_tt
.lib 'E:\models\hspice\ms018_v1p9.lib' bjt_tt
.end
```

　　完成两级全差分运算放大器闭环压摆率的后仿真网表建立后，即可在 Hspice 中对其进行仿真。

　　（1）启动 Hspice，弹出 Hspice 主窗口。在主窗口中单击"Open"按钮，打开 two_stage_ota_sr_post_simulation.sp 文件，如图 5-115 所示。

　　（2）单击"Simulate"按钮，开始仿真。仿真完成后，单击"AvanWaves"按钮，弹出 "AvanWaves"窗口和"Results Browser"对话框。

　　（3）在"Results Browser"对话框中单击"Transient: .title two_stage_ota close_loop slew_rate post_simulation program"，则在"Types"栏中显示打印的仿真结果，如图 5-116 所示。

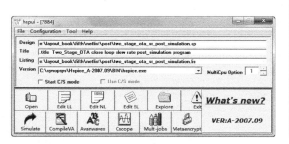

图 5-115　打开 two_stage_ota_sr_post_simulation.sp 文件　　　图 5-116　在"Types"栏中显示打印的仿真结果

　　（4）在"Types"栏选中"Voltages"，再在"Curves"栏中依次双击"v(in"和 "v(out"，则在"AvanWaves"窗口中显示运算放大器闭环压摆率的后仿真结果，如图 5-117 所示。

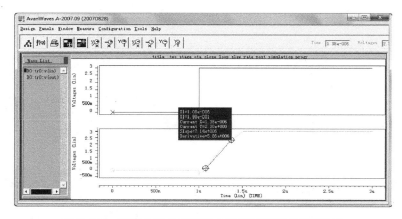

图 5-117　两级全差分运算放大器闭环压摆率仿真结果

图 5-117 所示为两级全差分运算放大器闭环压摆率的后仿真结果，上半部分为输入阶跃电压（0～3V），下半部分为输出信号，执行菜单命令 "Measure" → "PointToPoint"，得到运算放大器的闭环压摆率为 7.14V/µs。

【本章小结】

本章首先讨论了运算放大器电路的基础知识，包括基本概念、性能参数、基本分类及结构特点，之后分别针对单级运算放大器和两级全差分运算放大器结构，介绍了使用 Virtuoso 和 Calibre 进行版图设计和参数提取的方法，最后再使用 Hspice 对电路各参数进行后仿真，使读者对运算放大器的版图设计，以及后仿真流程和方法有一个深入的了解。

第6章 带隙基准源与低压差线性稳压器的版图设计与后仿真

集成电路中的电压源通常分为参考基准源和线性稳压器两种。作为参考基准的带隙基准源和提供稳定供电系统的低压差线性稳压器是模拟集成电路和数-模混合集成电路中非常重要的模块，前者在集成电路中具有输出电压与温度基本无关的特性，而后者作为基本供电系统为集成电路内部提供稳定、纯净、高效的直流电压。

本章首先介绍带隙基准源和低压差线性稳压器的基本原理、基本结构和性能指标，其次介绍带隙基准源和低压差线性稳压器的版图设计方法，再次采用 Mentor Calibre 工具对版图进行参数提取，最后采用 Hspice 仿真工具分别对带隙基准电压源电路和低压差线性稳压器进行后仿真，得出各种性能参数，并讨论 Hspice 进行电路设计的相关流程和仿真技巧。

6.1 带隙基准源的版图设计与后仿真

基准电压源作为模拟集成电路和数模混合信号集成电路的一个非常重要的单元模块，在各种电子系统中起着非常重要的作用。随着对各种电子产品的性能要求越来越高，对基准电压源的要求也日益提高，基准电压源的输出电压温度特性及噪声的抑制能力决定着这个电路系统的性能。

带隙基准源具有与标准 CMOS 工艺完全兼容，可以工作于低电源电压下等优点，另外还具有低温度漂移、低噪声和较高的电源抑制比（PSRR）等性能，能够满足大部分电子系统的要求。

6.1.1 带隙基准源基本原理

集成电路中很多功能模块需要与温度无关的电压源和电流源，这通常对电路功能模块的影响很大。怎样才能够得到一个与温度无关的恒定的电压或电流呢？假设电路中存在这样两个相同的物理量，这两个物理量具有相反的温度系数，将这两个物理量按照一定的权重相加，即可获得零温度系数的参考电压，如图 6-1 所示。

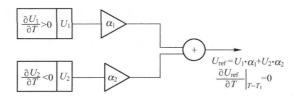

图 6-1 零温度系数带隙基准电压源原理图

在图 6-1 中，电压源 U_1 具有正温度系数 $\left(\dfrac{\partial U_1}{\partial T} > 0\right)$，而电压源 U_2 具有负温度系数 $\left(\dfrac{\partial U_2}{\partial T} < 0\right)$。选择两个权重值 α_1 和 α_2，满足 $\alpha_1 \cdot \dfrac{\partial U_1}{\partial T} + \alpha_2 \cdot \dfrac{\partial U_2}{\partial T} = 0$，则得到零温度系数的基准电压值 $U_{\text{ref}} = U_1 \cdot \alpha_1 + U_2 \cdot \alpha_2$。接下来的任务就是怎样得到这两个具有相反温度系数的电压值 U_1 和 U_2。在半导体工艺中，双极型晶体管能够分别提供正、负温度系数的物理量，并且具有较高的可重复性，被广泛应用于带隙基准源的设计中。最近各种文献也提到过采用工作在亚阈值区的 MOS 晶体管也可以获得正、负温度系数，但是通常亚阈值区模型的准确度有待考察，并且现代标准 CMOS 工艺提供纵向 PNP 型双极晶体管的模型，使得双极晶体管仍然是带隙基准电压源的首选。

1. 负温度系数电压 $\left(\dfrac{\partial U_2}{\partial T} < 0\right)$

对于一个双极型晶体管来说，其集电极电流 I_c 与基极-发射极电压 U_{BE} 存在如下的关系：

$$I_c = I_s \cdot \exp\left(U_{\text{BE}}/U_T\right) \tag{6-1}$$

$$U_{\text{BE}} = U_T \cdot \ln\left(I_C/I_S\right) \tag{6-2}$$

式中，I_s 为晶体管的反向饱和电流；U_T 为热电压，$U_T = kT/q$，k 为玻尔兹曼常数，q 为电子电量。由式（6-2）对 U_{BE} 求导得

$$\frac{\partial U_{\text{BE}}}{\partial T} = \frac{\partial U_T}{\partial T} \ln \frac{I_c}{I_s} - \frac{U_T}{I_s} \frac{\partial I_s}{\partial T} \tag{6-3}$$

由半导体物理理论可得：

$$I_s = b \cdot T^{4+m} \exp \frac{-E_g}{kT} \tag{6-4}$$

对式（6-4）对温度求导数，并整理得

$$\frac{U_T}{I_s} \frac{\partial I_s}{\partial T} = (4 + m)\frac{U_T}{T} + \frac{E_g}{kT^2} U_T \tag{6-5}$$

由式（6-3）和式（6-5）联立可得

$$\frac{\partial U_{\text{BE}}}{\partial T} = \frac{U_{\text{BE}} - (4 + m)U_T - E_g/q}{T} \tag{6-6}$$

式中，$m \approx 1.5$；当衬底材料为硅时，$E_g = 1.12\text{eV}$。当 $U_{\text{BE}} = 750\text{mV}$，$T = 300\text{K}$ 时，$\dfrac{\partial U_{\text{BE}}}{\partial T} = -1.5\text{mV}/\text{℃}$。

由式（6-6）可知，U_{BE} 电压的温度系数 $\dfrac{\partial U_{\text{BE}}}{\partial T}$ 本身与温度 T 相关，如果正温度系数是一个与温度无关的值，那么在进行温度补偿时就会出现误差，造成只能在一个温度点得到零温度系数的参考电压。

2. 正温度系数电压 $\left(\dfrac{\partial U_1}{\partial T} > 0\right)$

如果两个相同的双极晶体管在不同的集电极电流偏置情况下，那么其基极-发射极电压

的差值与绝对温度成正比,如图 6-2 所示。两个尺寸相同的双极晶体管 VQ_1 和 VQ_2,在不同的集电极电流 I_0 和 nI_0 的偏置下,忽略它们的基极电流,那么存在

$$\Delta U_{BE} = U_{BE1} - U_{BE2} = U_T \ln \frac{I_{c1}}{I_{s1}} - U_T \ln \frac{I_{c2}}{I_{s2}} = U_T \ln \frac{nI}{I_{s1}} - U_T \ln \frac{I}{I_{s2}} \tag{6-7}$$

由图 6-2 可知, $I_{s1} = I_{s2} = I_s$, $I_{c1} = nI_{c2}$,则有

$$\Delta U_{BE} = U_T \ln \frac{nI}{I_s} - U_T \ln \frac{I}{I_s} = U_T \ln n = \frac{kT}{q} \ln n \tag{6-8}$$

式(6-8)对温度求导数可得

$$\frac{\partial \Delta U_{BE}}{\partial T} = \frac{k}{q} \ln n > 0 \tag{6-9}$$

由式(6-9)可以看出, ΔU_{BE} 具有正温度系数,而这种关系与温度 T 无关。

3. 零温度系数基准电压 $\left(\frac{\partial U_{REF}}{\partial T} = 0 \right)$

利用得到的正、负温度系数的电压,可以得到一个与温度无关的基准电压 U_{REF} ,如图 6-3 所示。

$$U_{REF} = \alpha_1 \cdot \frac{kT}{q} \ln n + \alpha_2 \cdot U_{BE} \tag{6-10}$$

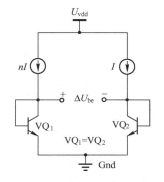

图 6-2 正温度系数电压电路图

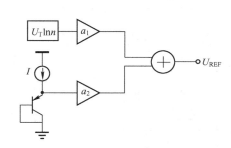

图 6-3 零温度系数基准电压产生原理

下面说明如何选择 α_1 和 α_2 ,进而得到零温度系数电压 U_{REF} 。在室温(300K),有负温度系数电压 $\frac{\partial U_{BE}}{\partial T} = -1.5\text{mV/K}$,而正温度系数电压 $\frac{\partial \Delta U_{BE}}{\partial T} = \frac{k}{q} \ln n = 0.087\text{mV/K} \cdot \ln n$ 。式(6-10)对温度 T 求导数得

$$\frac{\partial U_{REF}}{\partial T} = \alpha_1 \cdot \frac{k}{q} \ln n + \alpha_2 \cdot \frac{\partial U_{BE}}{\partial T} \tag{6-11}$$

令式(6-11)为零,带入正、负温度系数电压值,并令 $\alpha_2 = 1$,可得

$$\alpha_1 \cdot \ln n = 17.2 \tag{6-12}$$

所以零温度系数基准电压为

$$U_{\text{REF}} \approx 17.2 \frac{kT}{q} + U_{\text{BE}} \approx 1.25\text{V} \tag{6-13}$$

4. 零温度系数基准源电路结构

从以上分析来看，零温度系数基准电压主要通过基极-发射极电压 U_{BE} 和 $17.2\,kT/q$ 相加获得，其基本原理如图 6-3 所示。零温度系数基准电压产生电路如图 6-4 所示。假设图 6-4 中的电压 $U_1 = U_2$，那么对于左、右支路分别有

$$U_1 = U_{\text{BE1}} \tag{6-14}$$

$$U_2 = U_{\text{BE2}} + IR \tag{6-15}$$

有关系式

$$U_{\text{BE1}} = U_{\text{BE2}} + IR \tag{6-16}$$

有

$$IR = U_{\text{BE1}} - U_{\text{BE2}} = \ln n \cdot kT/q \tag{6-17}$$

联立式（6-15）和式（6-17）可得

$$U_2 = U_{\text{BE2}} + \ln n \cdot kT/q \tag{6-18}$$

对照式（6-18）与式（6-13），可知这种电路方式可以获得零温度系数基准电压。问题是如何使图 6-4 中电路两端电压相等，即 $U_1 = U_2$。

我们知道，理想的运算放大器在正常工作时，其输入的两端电压近似相等，那么可以产生以下两种电路，使得 $U_1 = U_2$，分别如图 6-5 和图 6-6 所示。

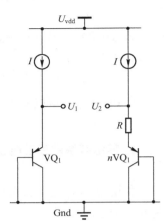

图 6-4 零温度系数基准电压
产生基本电路图

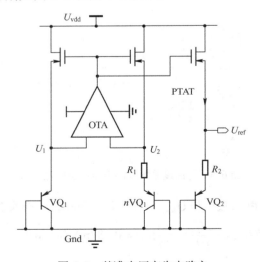

图 6-5 基准电压产生电路之一

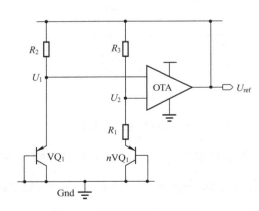

图 6-6 基准电压产生电路之二

完成这种相加的电路结构目前主要有两种，一种是通过运算放大器将两者进行相加，输出即为基准电压；另一种是先产生与温度成正比（PTAT）的电流，通过电阻转换成电压，该电压自然具有正温度系数，然后与二极管的基极-发射极电压 U_{BE} 相加获得。

在图 6-5 中，OTA（运算跨导放大器）的输入电压分别为 U_1 和 U_2，输出端 U_{ref} 驱动电阻 R_2 和 R_3，OTA 使得输入电压 U_1 和 U_2 近似相等，得出两侧双极型晶体管的基极-发射极

的电压差为 $U_T \ln n$，由式（6-17）可得流过 R_1（右侧）的电流为

$$I_2 = \frac{U_T \ln n}{R_1} \tag{6-19}$$

得到输出基准电压 U_{ref} 为

$$U_{\text{ref}} = U_{\text{BE},nVQ_1} + \frac{I_2}{R_1} \cdot (R_1 + R_3) = U_{\text{BE},nVQ_1} + \left(1 + \frac{R_3}{R_1}\right) U_T \cdot \ln n \tag{6-20}$$

结合式（6-13）和式（6-20）可知，在室温 300K 时，可以得到零温度系数电压 $U_{\text{ref}} \approx 1.25\text{V}$。

图 6-6 所示的是第二种基准电压的电路形式，这种电路的原理是先产生一种与温度成正比的电流，然后通过电阻转换成电压，最后再与双极晶体管的 U_{BE} 相加获得基准电压。如图 6-6 所示，中间支路产生的电流仍然为式（6-19），这个电流与温度成正比，右侧镜像支路产生电流仍然为 PTAT 电流，这个电流流过电阻形成 PTAT 电压，最后与双极型晶体管 VQ_2 的基极-发射极电压（与绝对温度成反比，CTAT）相加获得基准电压，即

$$U_{\text{ref}} = U_{\text{BE},VQ_2} + \frac{R_2}{R_1} U_T \ln n \tag{6-21}$$

结合式（6-13）和式（6-21）可知，当 $(\ln n) R_2 / R_1 = 17.2$ 时，可以获得零温度系数的基准电压。

图 6-7 所示的是获得基准电压的第三种电路，这种电路的基本原理与第二种相似，不同之处在于，在节点 U_1 和 U_2 分别加入两个电阻值相同的电阻（$R_3 = R_4 = R$），那么流过电阻的电流 $I_R = U_2 / R_4 = U_{\text{BE1}} / R$，所以流过晶体管 M_2 的电流 I_{M2} 为

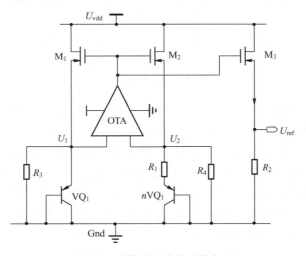

图 6-7 基准电压产生电路之三

$$I_{M2} = I_R + I_{R1} = \frac{U_{\text{BE1}}}{R} + \frac{U_T \ln n}{R_1} \tag{6-22}$$

如果 MOS 晶体管尺寸 $(W/L)_3 = (W/L)_2$，则有 $I_{M3} = I_{M2}$，得到基准电压 U_{ref} 为

$$U_{\text{ref}} = I_{M3} R_2 = \left(\frac{U_{\text{BE1}}}{R} + \frac{U_T \ln n}{R_1}\right) R_2 \tag{6-23}$$

由式（6-23）可知，这种结构得到的基准电压可以根据调节 R_2 的电阻值获得任意值。而前两种结构只能得到 1.25V 的基准电压值。

5. 基准电压源的启动问题

在图 6-6 所示的基准电压源电路中，实际上存在两个工作点，一个是电路正常时的工作点，另一个是"零电流"工作点，也就是在电源上电过程中，电路中所有的晶体管均无电流通过，而这种状态若无外界干扰将永远保持下去。这种情况就是电路的启动问题。

解决电路的启动问题，需要加入额外电路，使得存在启动问题的电路摆脱"零电流"工作状态而进入正常工作模式。对启动电路的基本要求是电源电压稳定后，待启动电路处于"零电流"工作状态时，启动电路给内部电路某一节点激励信号，迫使待启动电路摆脱"零电流"工作状态，而在待启动电路进入正常工作模式后，启动电路停止工作。启动电路如图 6-8 中的右侧部分（Startup）所示。

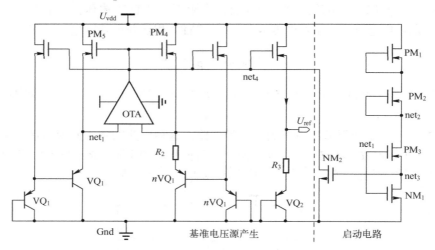

图 6-8　带启动电路的基准电压源电路图

在图 6-8 中，当电源电压正常供电，而基准电路内部仍无电流时，也就是 MOS 晶体管 PM_4 和 PM_5 均无电流通过，节点 net_1 的电压为零时，则 MOS 晶体管 PM_3 导通，NM_1 截止，节点 net_3 的电压为 $U_{vdd}-2U_{BE}$，进而使得 MOS 晶体管 NM_2 导通，节点 net_4 的电压较低接近地电位，最后使得 MOS 晶体管 PM_4 和 PM_5 导通，节点 net_1 的电压逐渐上升至约 $2U_{BE}$，基准电路逐渐正常工作。而启动电路中 MOS 晶体管 NM_1 导通，而 PM_3 截止，进而使得节点 net_3 的电压逐渐下降，NM_2 管逐渐截止。在基准电压电路正常工作后，启动电路的两条支路停止工作（NM_2/PM_3 截止）。

6.1.2　带隙基准源的版图设计

基于 6.1.1 节中带隙基准源的学习基础，本节将采用 3.3V 电源电压的中芯国际 1p6m CMOS 工艺，配合 Cadence Virtuoso 软件实现一款带隙基准源的电路和版图设计，并对其进行后仿真验证。

如图 6-9 所示，采用的带隙基准电压源主要分为 3 个部分，从左至右依次为电压偏置电路（Bias），基准电压源产生电路（Reference Circuit）和启动电路（Startup）。其中，电压偏置电路用于产生运算放大器正常工作时的偏置电压，从图中可以看出，电压偏置来源于基准电压源产生电路。基准电压源产生电路用于生成需要的基准电压（1.25V），由于电源电压比较高，可以采用双极晶体管串联形式来获得正温度系数电压，这有利于降低运算放大器失调对基准电压源的影响。启动电路用于使基准源电路脱离"零电流"工作状态。

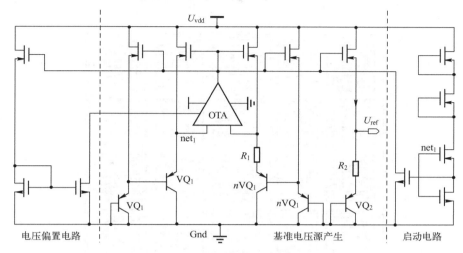

图 6-9　带隙基准电压源电路图

　　基于图 6-9 所示的电路图，规划带隙基准源电路的版图布局。首先对带隙基准电压源各模块进行布局，粗略估计其版图大小及摆放的位置，根据信号流走向，将带隙基准源的模块摆放，从左至右依次为电阻阵列，BJT 晶体管阵列，以及 MOS 晶体管区域、电容阵列。带隙基准电压源布局如图 6-10 所示。虚线框内为 MOS 晶体管区域布局结构图，从上至下依次为电流源电路、两级 OTA 电路和带隙基准源的启动电路。电源线和地线分别分布在模块的两侧，方便与之相连。

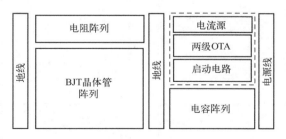

图 6-10　带隙基准源的版图布局图

　　图 6-11 所示为电阻阵列的版图，其中包括了图 6-9 中所示的 R_1 和 R_2，虽然 R_1 和 R_2 所在电路的位置和功能不同，但一般选择同样的单位尺寸电阻，然后采用电阻串/并联的形式得到。由于电路中电阻的重要性，加入保护环将电阻阵列围绕，降低其他电路噪声对其的影响，另外在电阻阵列边界加入 dummy 电阻提高匹配程度。图 6-12 所示为带隙基准源电路中的双极晶体管（BJT）阵列版图，它主要采用矩形阵列形式，必要时可在周围采用 dummy 双极晶体管进一步提高匹配程度，并同样采用保护环来提高噪声性能。

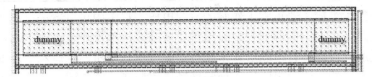

图 6-11　带隙基准源中电阻阵列版图

图 6-12　带隙基准源中双极晶体管阵列版图

图 6-13 所示为带隙基准源电路中的电容阵列版图，此版图位于带隙基准源的右下方，主要为内部两级运算放大器的补偿电容，同样采用阵列的形式来完成。

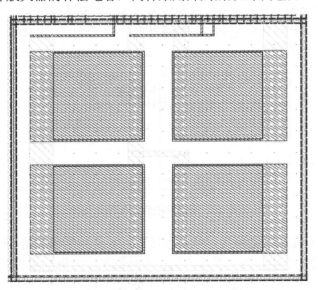

图 6-13　带隙基准源中电容阵列版图

图 6-14 所示为带隙基准源电路中的电流源版图。电流源主要讲究匹配程度，所以必须摆放得尽量靠近，最好排成一排的形式，并在左、右两侧加入 dummy MOS 晶体管，以提高匹配程度。

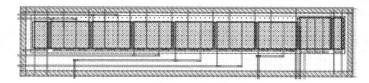

图 6-14　带隙基准源中电流源版图

图 6-15 所示为带隙基准源电路中的两级运算放大器的输入晶体管版图。为了降低外部噪声对差分对管的影响，需要将其采用保护环进行隔离；将两个对管放置得较近，并且成轴对称布局来降低其失调电压；输入差分对管两侧分别采用 dummy 晶体管来降低工艺误差带来的影响。

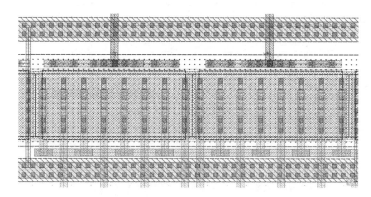

图 6-15　带隙基准源中运算放大器的第一级输入管版图

在各个模块版图完成的基础上，即可进行整体版图的拼接。依据最初的布局原则，完成带隙基准源的版图如图 6-16 所示。整体呈矩形对称分布，主体版图两侧分布较宽的电源线和地线。至此，就完成了带隙基准源的版图设计。采用 Mentor Calibre 进行 DRC、LVS 和天线规则检查的具体步骤和方法可参考第 4 章中的操作，这里不再赘述。

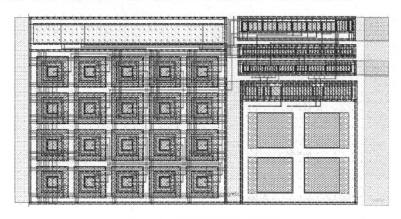

图 6-16　带隙基准源整体版图

6.1.3　带隙基准源的参数提取

在完成带隙基准源的版图设计后，需要采用 Mentor Calibre 软件进行版图的参数提取。

（1）启动 Cadence Virtuoso 工具命令 icfb，弹出 CIW 对话框，如图 6-17 所示。

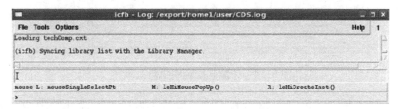

图 6-17　CIW 对话框

（2）打开带隙基准源的版图。执行菜单命令"File"→"Open"，弹出"Open File"对话框，在"Library Name"栏中选择"layout_test"，"Cell Name"栏中选择"Bandgap"，"View Name"栏中选择"layout"，如图 6-18 所示。

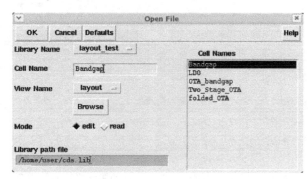

图 6-18　"Open File"对话框

单击"OK"按钮，打开带隙基准源的版图，如图 6-19 所示。

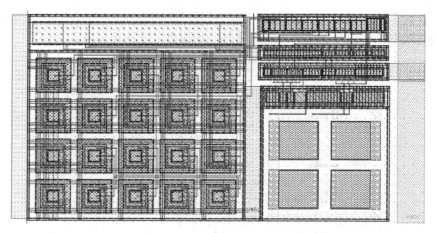

图 6-19　带隙基准源版图

（3）打开 Calibre PEX 工具。执行菜单命令"Calibre"→"Run PEX"，弹出 PEX 工具对话框，如图 6-20 所示。

（4）单击"Rules"按钮，在"PEX Rules File"栏区域单击"..."按钮，选择提取文件；在"PEX Run Directory"区域单击"..."按钮，选择运行目录，如图 6-21 所示。

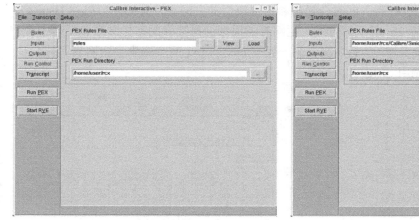
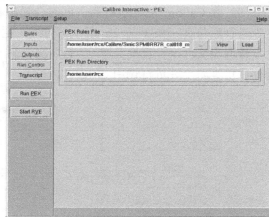

图 6-20　打开 Calibre PEX 工具　　　　　　　图 6-21　规则选项设置

（5）单击"Inputs"按钮，并在"Layout"选项卡中选中"Export from layout viewer"选项（高亮），如图 6-22 所示。

（6）单击"Inputs"按钮，选择"Netlist"选项卡，如果电路网表文件已经存在，则直接调取，并取消"Export from schematic viewer"选项的选中状态；如果电路网表需要从同名的电路单元中导出，那么在"Netlist"选项卡中选中"Export from schematic viewer"选项（高亮），如图 6-23 所示。

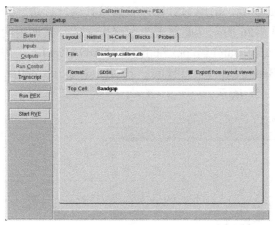
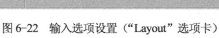
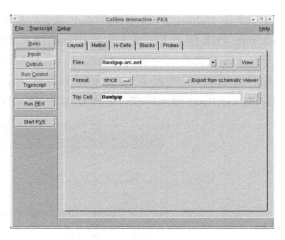

图 6-22　输入选项设置（"Layout"选项卡）　　　图 6-23　输入选项设置"Netlist"选项卡

（7）单击"Outputs"按钮，将"Extraction Type"选项修改为"Transistor Level-R+C-No Inductance"，表明是晶体管级提取，提取版图中的寄生电阻和电容，忽略电感信息；将"Netlist"选项卡中的"Format"修改为"HSPICE"，表明提出的网表需采用 Hspice 软件进行仿真；其他选项卡（Nets、Reports、SVDB）选择默认选项即可，如图 6-24 所示。

（8）单击"Run Control"按钮，选择默认设置；单击"Run PEX"按钮，Calibre 开始导出版图文件并对其进行参数提取。Calibre PEX 完成后，自动弹出输出结果并弹出图形界面（在"Outputs"选项卡中选择，如果没有自动弹出，可单击"Start RVE"按钮开启图形界面），以便查看错误信息。

（9）在 Calibre PEX 运行后，同时会弹出参数提取后的主网表，此网表可以在 Hspice 软件中进行后仿真，如图 6-25 所示。另外，主网表还根据选择提取的寄生参数包括若干个寄生参数网表文件（在反提为 R+C 的情况下，一般有.pex 和.pxi 两个寄生参数网表文件），在进行后仿真时一并进行调用。

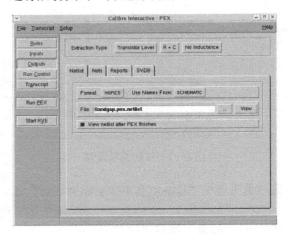

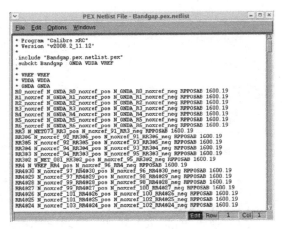

图 6-24　输出选项设置　　　　　图 6-25　Calibre PEX 提出部分的主网表图

6.1.4　带隙基准源的后仿真

采用 Calibre PEX 对带隙基准源进行参数提取后，采用 HSPICE 工具对其进行后仿真。Calibre PEX 用于 HSPICE 电路仿真的网表如图 6-26 所示（此网表为主网表文件，其调用两个寄生参数文件，分别为 Bandgap.pex.netlist.pex 和 Bandgap.pex.netlist.BANDGAP.pxi，在仿真时需要将 3 个网表放置于同一目录下。Bandgap.pex.netlist.pex 和 Bandgap.pex.netlist.BANDGAP.pxi 网表的部分截图如图 6-27 和图 6-28 所示。

图 6-26　部分主网表文件

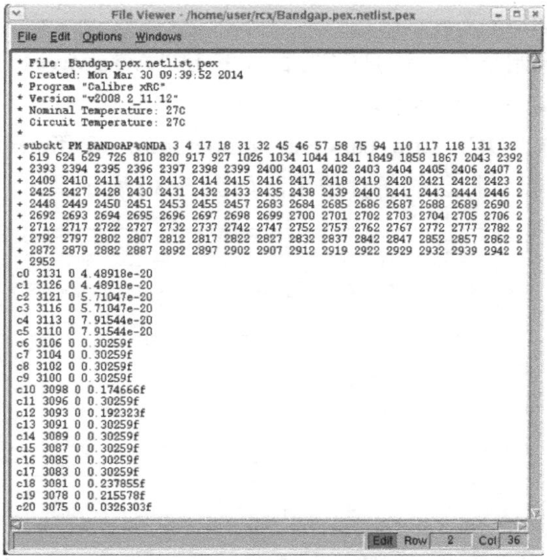

图 6-27 Bandgap.pex.netlist.pex 部分网表

图 6-28 Bandgap.pex.netlist.BANDGAP.pxi 部分网表

在完成这 3 个网表反提后，在仿真目录下建立带隙基准源的后仿真网表。由于要对带隙基准源的不同指标进行验证，所以需要建立不同的仿真网表并调用反提后的 3 个网表。

1. 带隙基准源的温度特性后仿真

带隙基准源的温度特性是输出基准电压随温度变化曲线，建立的温度特性后仿真网表 bandgap_temperature_characteristic_post_simulation.sp 如下所述。

```
.title bandgap temperature-coefficient post_simulation_program
.include 'E:\layout_book\Sixth\netlist\Bandgap.pex.netlist'
x1 gnda vdda vref bandgap
v1 vdda 0 3.3
v2 gnda 0 0
.option post accurate probe
.op
.temp 25
.dc temp -40 125 0.1
.probe dc v(vref)
.meas dc max_value max v(Vref)
.meas dc min_value min v(Vref)
.meas dc avg_value avg v(Vref)
.meas dc temp_coeff param='(max_value-min_value)/165/max_value*1000000'
.lib 'E:\models\hspice\ms018_v1p9.lib' tt
.lib 'E:\models\hspice\ms018_v1p9.lib' res_tt
.lib 'E:\models\hspice\ms018_v1p9.lib' mim_tt
.lib 'E:\models\hspice\ms018_v1p9.lib' bjt_tt
.end
```

完成带隙基准电压源温度特性的后仿真网表建立后，即可在 Hspice 中对其进行仿真。

（1）启动 Hspice，弹出 Hspice 主窗口，如图 6-29 所示。单击"Open"按钮，打开

bandgap_temperature_characteristic_post_simulation.sp 文件。

（2）在主窗口中单击"Simulate"按钮，开始仿真。仿真完成后，单击"Avanwaves"按钮，弹出"AvanWaves"窗口和"Results Browser"对话框。

（3）在"Results Browser"对话框中单击"DC: .title bandgap temperature-coefficient post_simualtion_program"，则在"Types"栏中显示打印的仿真结果，如图 6-30 所示。

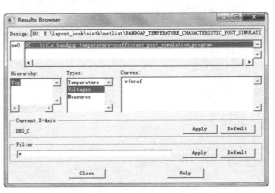

图 6-29 打开 bandgap_temperature_

图 6-30 在"Types"栏中显示打印的仿真结果

characteristic_post_simulation.sp 文件

（4）在"Types"栏选中"Voltages"，再在"Curves"栏中双击"v(vref"，则在"AvanWaves"窗口中显示带隙基准电压源温度特性的后仿真结果，如图 6-31 所示。

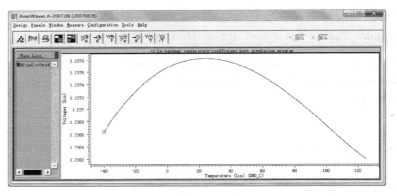

图 6-31 带隙基准电压源温度特性后仿真结果

（5）也可以通过查阅 bandgap_temperature_characteristic_post_simulation.ms0 文件来获得带隙基准电压源的温度系数，图 6-32 所示的温度系数为 7.9524ppm。

图 6-32 带隙基准电压源温度系数数据

2. 带隙基准源的电源抑制比后仿真

带隙基准电压源的电源抑制比仿真方法是对电源电压上的交流信号进行频率扫描，得到输出端对电源电压小信号的增益。建立的带隙基准电压源的电源抑制比后仿真网表 bandgap_psrr_post_simulation.sp 如下所述。

```
.title bandgap psrr post_simualtion program
.include 'E:\layout_book\Sixth\netlist\Bandgap.pex.netlist'
x1 gnda vdda vref bandgap
v1 vdda 0 3.3 ac 1
v2 gnda 0 0
.option post accurate probe
.op
.temp 25
.ac dec 100 2 10Meg
.meas ac psrr find vdb(Vref) at 1k
.probe ac vdb(vref)
.lib 'E:\models\hspice\ms018_v1p9.lib' tt
.lib 'E:\models\hspice\ms018_v1p9.lib' res_tt
.lib 'E:\models\hspice\ms018_v1p9.lib' mim_tt
.lib 'E:\models\hspice\ms018_v1p9.lib' bjt_tt
.end
```

完成带隙基准电压源电源抑制比特性的后仿真网表建立后，即可在 Hspice 中对其进行仿真。

（1）启动 Hspice，弹出 Hspice 主窗口。单击"Open"按钮，打开 bandgap_psrr_post_simulation.sp 文件，如图 6-33 所示。

（2）在主窗口中单击"Simulate"按钮，开始仿真。仿真完成后，单击"Avanwaves"按钮，弹出"AvanWaves"窗口和"Results Browser"对话框。

（3）在"Results Browser"对话框中单击"AC: .title bandgap psrr post_simulation program"，则在"Types"栏中显示打印的仿真结果，如图 6-34 所示。

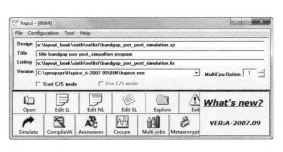

图 6-33　打开 bandgap_psrr_post_simulation.sp 文件

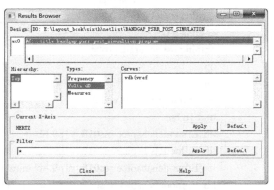

图 6-34　在"Types"栏中显示打印的仿真结果

（4）在"Types"栏选中"Volts dB"，再在"Curves"栏中双击"vdb(vref"；之后再选中"AC: .title bandgap psrr post_simulation program"，然后在"Types"栏选中"Voltages"，再在"Curves"栏中双击"v(vref"，则在"AvanWaves"窗口中显示带隙基准电压源电源抑制比的后仿真结果，如图 6-35 所示。

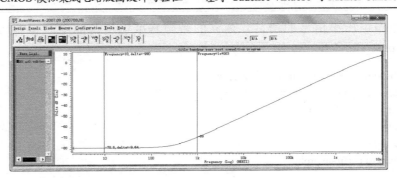

图 6-35　带隙基准电压源电源抑制比后仿真结果

从图 6-36 中可以看出，在低频带隙基准电压源的电源抑制比为-78.6dB，在 1kHz 的频率上的电源抑制比为-69dB。还可以通过打开 bandgap_psrr_post_simulation.ma0 文件来查看对特定频率下的带隙基准电压源的电源抑制比的测量结果，如图 6-36 所示。

图 6-36　文件查看带隙基准电压源的 PSRR 仿真数据

3. 带隙基准源启动功能后仿真

带隙基准电压源的启动仿真是模拟电源电压端上电时，内部电路是否能启动，进而输出正确的基准电压。建立的启动功能的后仿真网表 bandgap_startup_post_simulation.sp 如下所述。

```
.title bandgap start-up post_simulation program
.include 'E:\layout_book\Sixth\netlist\Bandgap.pex.netlist'
x1 gnda vdda vref bandgap
v1 vdda 0 pwl 0 0 1u 0 3u 3.3
v2 gnda 0 0
.option post accurate probe
.op
.temp 25
.probe tran v(vref) v(vdda)
.tran 1n 6u
.lib 'E:\models\hspice\ms018_v1p9.lib' tt
.lib 'E:\models\hspice\ms018_v1p9.lib' res_tt
.lib 'E:\models\hspice\ms018_v1p9.lib' mim_tt
.lib 'E:\models\hspice\ms018_v1p9.lib' bjt_tt
.end
```

完成带隙基准电压源启动功能的后仿真网表建立后，即可在 Hspice 中对其进行仿真。

（1）启动 Hspice，弹出 Hspice 主窗口。单击"Open"按钮，打开 bandgap_startup_post_simulation.sp 文件，如图 6-37 所示。

（2）在主窗口中单击"Simulate"按钮，开始仿真。仿真完成后，单击"Avanwaves"

按钮，弹出"AvanWaves"窗口和"Results Browser"对话框。

（3）在"Results Browser"对话框中单击"Transient: .title bandgap start-up post_simulation program"，则在"Types"栏中显示打印的仿真结果，如图 6-38 所示。

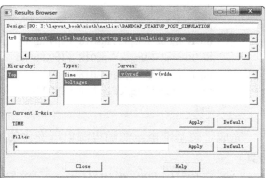

图 6-37　打开 bandgap_startup_post_simulation.sp 文件　　图 6-38　在"Types"栏中显示打印的仿真结果

（4）在"Types"栏选中"Voltages"，再在"Curves"栏中双击"v(vdda)"和"v(vref)"，在"AvanWaves"窗口中显示带隙基准电压源启动功能的后仿真结果，如图 6-39 所示。

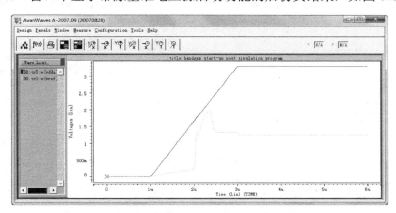

图 6-39　带隙基准电压源温度特性仿真结果

图 6-39 中最上面为模拟电源上电曲线（0～3.3V），上电时间为 1～3μs，带隙基准电压源的启动功能正常，上电后输出基准电压都可以正常启动至约 1.25V。

4. 带隙基准电压源输出随电源电压变化仿真

带隙基准电压源的输出随电源电压变化仿真是采用直流扫描的方法，确定电源电压与输出基准电压的关系。建立的带隙基准电压源输出随电源电压的后仿真网表 bandgap_vdd_post_simulation.sp 如下所述。

```
.title bandgap vref vs.vdd post simualtion program
.include 'E:\layout_book\Sixth\netlist\Bandgap.pex.netlist'
x1 gnda vdda vref bandgap
.param a=3.3
v1 vdda 0 a
```

```
v2 gnda 0 0
.option post accurate probe
.op
.temp 25
.dc a 0 3.3 0.1
.probe dc v(Vref)
.lib 'E:\models\hspice\ms018_v1p9.lib' tt
.lib 'E:\models\hspice\ms018_v1p9.lib' res_tt
.lib 'E:\models\hspice\ms018_v1p9.lib' mim_tt
.lib 'E:\models\hspice\ms018_v1p9.lib' bjt_tt
.end
```

完成带隙基准电压源随电源电压变化的后仿真网表建立后，即可在 Hspice 中对其进行仿真。

（1）启动 Hspice，弹出 Hspice 主窗口。单击"open"按钮，打开 bandgap_vdd_post_simulation.sp 文件，如图 6-40 所示。

（2）在主窗口中单击"Simulate"按钮，开始仿真。仿真完成后，单击"AvanWaves"按钮，弹出"AvanWaves"窗口和"Results Browser"对话框。

（3）在"Results Browser"对话框中单击"DC: .title bandgap vref vs. vdd post simulation program"，如图 6-41 所示，则在 Types 栏中显示打印的仿真结果。

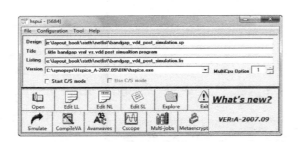

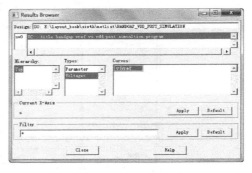

图 6-40　打开 bandgap_vdd_post_simulation.sp 文件　　图 6-41　在"Types"栏中显示打印的仿真结果

（4）在"Types"栏选中"Voltages"，再在"Curves"栏中双击"v(vref"，则在"AvanWaves"窗口中显示带隙基准电压源启动功能随电源电压变化的后仿真结果，如图 6-42 所示。

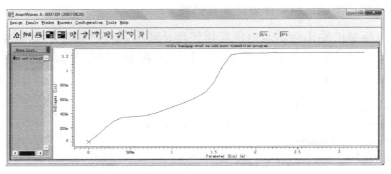

图 6-42　带隙基准电压源随电源电压变化后仿真结果

图 6-42 所示为带隙基准电压源随电源电压变化曲线，在电源电压高于 1.8V，输出基准电压可以达到约 1.25V。

6.2 低压差线性稳压器的版图设计与后仿真

无论是便携式电子设备或医疗电子设备，还是直接使用交流电或采用各种蓄电设备供电，电路工作中电路负载的不断变化及各种原因使得电源电压都在一个比较大的范围内波动，这对电路工作是非常不利的。尤其对高精度的测量、转换及检测设备而言，通常要求供电电压稳定，并具有较低的噪声。为了满足上述要求，几乎所有的电子设备都采用了稳压器进行供电。由于低压差线性稳压器具有结构简单、低成本、低噪声等优点，在便携式电子设备中得到广泛应用。

6.2.1 低压差线性稳压器的基本原理

低压差线性稳压器（Low-Dropout Voltage Regulator，LDO）作为基本供电模块，在模拟集成电路中具有非常重要的作用。电路输出负载变化、电源电压本身的波动对集成电路系统性能的影响非常大。因此 LDO 作为线性稳压器件，经常用于性能要求较高的电子系统中。

LDO 是通过负反馈原理对输出电压进行调节，在提供一定的输出电流能力的基础上，获得稳定直流输出电压的系统。在正常工作状态下，其输出电压与负载、输入电压变化量、温度等参量无关。LDO 的最小输入电压由调整晶体管的最小压降决定，通常为 150～300mV。

图 6-43 所示的是 LDO 输出电压和输入电压的关系曲线。图中，横坐标为输入电压（0～3.3V），纵坐标为输出电压。从图 6-43 可以看到，当 LDO 的输入电压 U_{in} 小于的某个值（如 1.3V）时，输出电压为零；当输入电压 U_{in} 在某个区间（如 1.3～1.8V）时，输出电压 U_{out} 随着 U_{in} 的增加而增加；而当输入电压 U_{in} 大于 2.1V，LDO 处于正常工作状态，输出电压稳定在 1.8V。

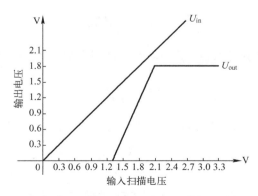

图 6-43 LDO 输出电压与输入电压的关系曲线

LDO 的基本结构如图 6-44 所示。其主要由带隙基准电压源、误差放大器、反馈/相位补偿网络及调整晶体管构成。其中，误差放大器、反馈电阻网络、调整晶体管和相位补偿网络构成反馈环路稳定输出电压 U_{out}。

　　在 LDO 中，带隙基准电压源提供与温度、电源无关的参考电压源；误差放大器将参考电压源与反馈电阻网络输出反馈电压的差值进行放大，使得反馈电压与参考电压基本相等；相位补偿网络用于对整个反馈网络的相位进行补偿，使反馈网络稳定；而调整晶体管在误差放大器输出的控制下输出稳定电压，图 6-44 中调整晶体管是 PMOS 管，也可以是 NMOS 管或 NPN 晶体管。在 CMOS 工艺中，通常选择 PMOS 管。

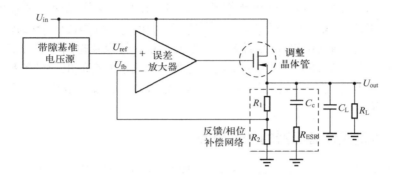

图 6-44　LDO 结构图

　　图 6-44 所示的 LDO 线性稳压器的工作原理为，当 LDO 系统上电后，电路开始启动，带隙基准电压源中的启动电路开始工作，保证整个系统开始正常工作，带隙基准电压源输出一个与电源电压和温度等均无关的稳定的参考电压 U_{ref}，而反馈/相位补偿网络的 R_1 和 R_2 产生反馈电压 U_{fb}，这两个电压分别输入到误差放大器的输入端做比较，误差放大器将比较后的结果进行放大，控制调整晶体管的栅极，进而控制流经调整晶体管的电流，最后达到使 LDO 输出稳定的电压的目的。整个调整环路是一个稳定的负反馈系统，当输入电压 U_{out} 升高时，反馈电阻网络的输入 U_{fb} 也会随之升高，U_{fb} 与 U_{ref} 进行比较与放大，使得调整晶体管的栅极电压升高，进而使得调整晶体管的输出电流降低，最终使得输出电压 U_{out} 降低，使得 U_{out} 保持在一个稳定的值上。

　　由图 6-44 可知，该 LDO 负反馈回路的闭环表达式为

$$U_{out} = \frac{A_{ol}}{1 + A_{ol}\beta} U_{ref} \tag{6-24}$$

式中，A_{ol} 为负反馈环路的开环增益，β 为环路的反馈系数，其表达式为

$$\beta = \frac{R_2}{R_1 + R_2} \tag{6-25}$$

在 $A_{ol}\beta \gg 1$ 的情况下，式（6-26）可以表达为

$$U_{out} \approx \frac{U_{ref}}{\beta} = \frac{R_1 + R_2}{R_2} U_{ref} \tag{6-26}$$

　　从式（6-25）和式（6-26）可以看出，LDO 的输出电压 U_{out} 仅与带隙基准源的参考电压 U_{ref} 及反馈电阻网络的电阻值比例有关，而与 LDO 的输入电压 U_{in}、负载电流和温度等无关。因此，可以通过调节反馈电电阻网络的电阻值比例关系得到需要的输出电压。

6.2.2　低压差线性稳压器的版图设计

基于 6.2.1 节中对低压差线性稳压器的学习基础，本节将采用 3.3V 电源电压的中芯国际 1p6m CMOS 工艺，配合 Cadence Virtuoso 软件实现一款低压差线性稳压器的电路和版图设计，并对其进行后仿真验证。采用的低压差线性稳压器电路结构图如图 6-45 所示。

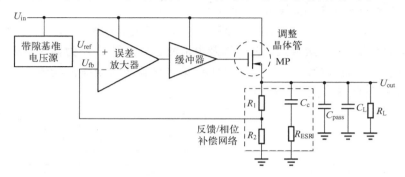

图 6-45　采用的 LDO 结构图

如图 6-45 所示，采用的 LDO 主要分为 6 个部分，从左至右依次为带隙基准电压源、误差放大器、缓冲器、调整晶体管、反馈和补偿网络。其中，带隙基准电压源产生基准电压和基准电流，误差放大器将参考电压与反馈电压的差值进行放大，电压缓冲器用于降低误差放大器的输出电阻，反馈和补偿网络用于电阻分压产生反馈电压及频率补偿。电源电压 U_{in} 为 3.3V，输出端 U_{out} 产生 1.8V 调整电压及输出 36mA 的电流。

如图 6-46 所示，采用的 LDO 电路主要分为 4 个部分（此部分不包括带隙基准电压源电路，该电路在 6.2.1 节已完整描述），从左至右依次为误差放大器、缓冲器、反馈和补偿网络和调整晶体管。

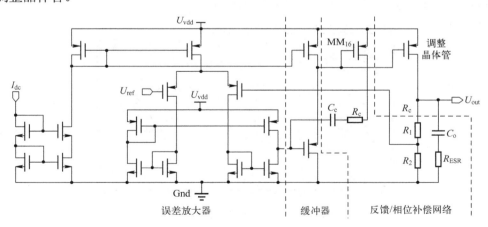

图 6-46　采用的 LDO 电路图

由于 LDO 的电源抑制比、线性调整率和负载调整率等性能指标与运算放大器的增益相关，所以为了提高放大器的直流增益，选择了两级结构，如图 6-46 所示。其中第一级采用简单的 5 管结构获得中等增益，第二级采用电流镜提供一定增益，同时提供较大的输出摆幅。图 6-46 所示的 LDO 中的电阻 R_1 和 R_2 用于获得反馈电压，LDO 环路的频率补偿采用

C_c、R_c、MM_{16} 和 C_0、R_{ESR} 实现，用于获得较好的相位特性。

　　基于图 6-46 所示的电路图，规划低压差线性稳压器的版图布局。首先对低压差线性稳压器的功能模块进行布局，粗略估计其版图大小及摆放的位置，根据信号流走向，将低压差线性稳压器的模块摆放分为上、下两层，下层为调整 MOS 晶体管，上层从左至右依次为电容阵列、电阻阵列和 MOS 晶体管区域。电源线和地线分布在模块的两侧，方便与之相连。低压差线性稳压器的版图布局如图 6-47 所示。

　　图 6-48 所示为低压差线性稳压器 MOS 晶体管区域的布局图，总共分为 4 层。第 1 层为误差放大器（OTA）第一级输入差分管以及电流源部分；第 2 层为输入电流镜和 OTA 第一级负载管和第二级输入管；第 3 层为 OTA 第二级输出级及缓冲器输入管；第 4 层为 dummy MOS 晶体管区域（图中没有示出）。

图 6-47　低压差线性稳压器版图布局图

图 6-48　低压差线性稳压器中 MOS 晶体管区域版图布局图

　　图 6-49 所示为低压差线性稳压器中电容阵列版图，版图采用 2×3 阵列，阵列排布有助于元器件的匹配，其中左下角电容为 dummy 电容，其余 5 个为电路中实际用到的电容。电容阵列采用保护环围绕可降低外界噪声对其的影响。另外，如果面积允许，在实际用到电容的四周加入 dummy 电容可以进一步提高匹配程度。

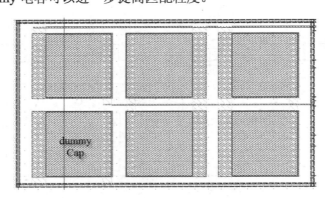

图 6-49　低压差线性稳压器电容阵列版图

　　图 6-50 所示为低压差线性稳压器电阻阵列版图。低压差线性稳压器中的电阻主要用到两处，一处为分压的反馈网络，另一处为零点跟踪。将两处材料相同的电阻归结在一起，并且其单条电阻尺寸相同有助于版图规划及降低工艺误差。在电阻两侧加入 dummy 电阻也可进一步降低工艺误差对器件的影响。

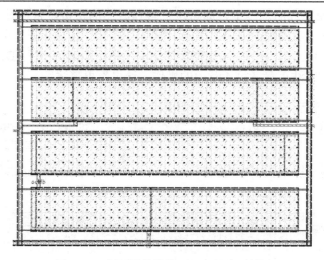

图 6-50　低压差线性稳压器电阻阵列版图

图 6-51 所示为低压差线性稳压器中调整晶体管的版图。由于需要流过较大的电流，调整晶体管的尺寸非常大，所以对其单独进行布局，放在整体版图的下方。调整晶体管版图时，需要注意的是金属线的宽度，也就是电迁移问题，需要从工艺文件中查阅金属线及接触孔能够承受的最大电流密度，在设计时留出裕度即可。另外，在特殊用途时还需要考虑有关ESD 问题。

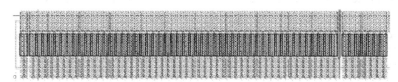

图 6-51　低压差线性稳压器中调整晶体管版图

图 6-52 黑色框内所示为低压差线性稳压器中运算放大器版图。运算放大器是低压差线性稳压器中最重要的模块，版图设计非常重要。如图 6-52 所示，版图基本成轴对称，并且版图两侧的环境要尽量相同。另外，需要采用相应的保护环进行保护和隔离。

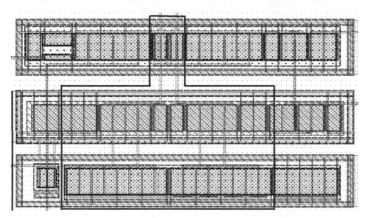

图 6-52　低压差线性稳压器中运算放大器版图

在各个模块版图完成的基础上，即可进行整体版图的拼接。依据最初的布局原则，完成低压差线性稳压器的版图如图 6-53 所示。整体呈矩形，版图两侧分布较宽的电源线和地线。至此，就完成了低压差线性稳压器的版图设计。采用 Calibre 进行 DRC、LVS 和天线规则检查的具体步骤和方法可参考第 4 章中的操作，这里不再赘述。

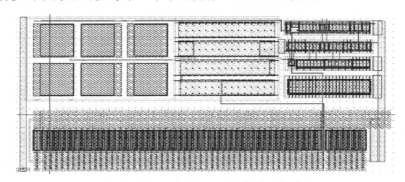

图 6-53　低压差线性稳压器的版图

6.2.3　低压差线性稳压器的参数提取

　　在完成低压差线性稳压器的版图设计后，需要采用 Mentor Calibre 软件进行版图的参数提取，具体操作流程如下所述。

　　（1）启动 Cadence Virtuoso 工具命令 icfb，弹出 CIW 对话框，如图 6-54 所示。

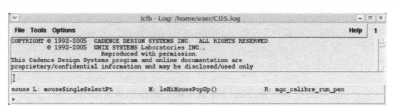

图 6-54　CIW 对话框

　　（2）打开低压差线性稳压器的版图。执行菜单命令"File"→"Open"，弹出"Open File"对话框，在"Library Name"栏中选择"layout_test"，"Cell Name"栏中选择"LDO"，"View Name"栏中选择"layout"，如图 6-55 所示。

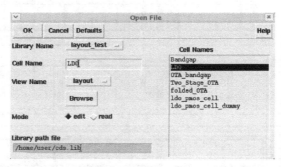

图 6-55　"Open File"对话框

　　单击"OK"按钮，打开低压差线性稳压器的版图，如图 6-56 所示。

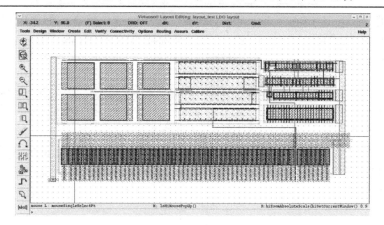

图 6-56　低压差线性稳压器版图

（3）打开 Calibre PEX 工具。执行菜单命令"Calibre"→"Run PEX"，弹出 PEX 工具对话框，如图 6-57 所示。

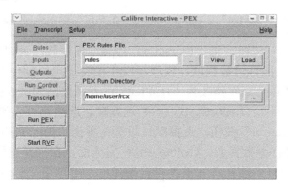

图 6-57　打开 Calibre PEX 工具

（4）单击"Rules"按钮，在"PEX Rules File"区域单击"..."按钮，选择提取文件；在"PEX Run Directory"区域单击"..."按钮，选择运行目录，如图 6-58 所示。

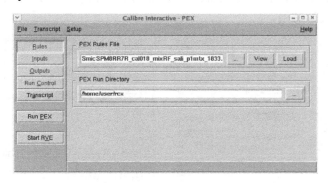

图 6-58　规则选项设置

（5）单击"Inputs"按钮，在"Layout"选项卡中选中"Export from layout viewer"选项（高亮），如图 6-59 所示。

（6）单击"Inputs"按钮，选择"Netlist"选项卡，如果电路网表文件已经存在，则直接调取，并取消"Export from schematic viewer"选项的选中状态；如果电路网表需要从同名的电路单元中导出，那么在"Netlist"选项卡中选择"Export from schematic viewer"选项（高亮），如图 6-60 所示。

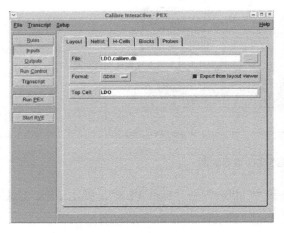

图 6-59　输入选项设置（"Layout"选项卡）

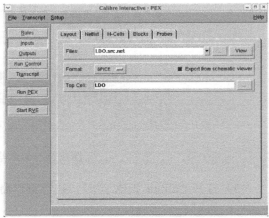

图 6-60　输入选项设置（"Netlist"选项卡）

（7）单击"Outputs"按钮，将"Extraction Type"选项修改为"Transistor Level-R+C-No Inductance"，表明是晶体管级提取，提取版图中的寄生电阻和电容，忽略电感信息；将"Netlist"选项卡中的"Format"修改为"HSPICE"，表明提出的网表需采用 Hspice 软件进行仿真；其他选项卡（Nets、Reports、SVDB）选择默认选项即可，如图 6-61 所示。

（8）单击"Run Control"按钮，选择默认设置；单击"Run PEX"按钮，Calibre 开始导出版图文件并对其进行参数提取。Calibre PEX 完成后，自动弹出输出结果并弹出图形界面（在"Outputs"选项卡中选择，如果没有自动弹出，可单击"Start RVE"按钮开启图形界面），以便查看错误信息。

（9）在 Calibre PEX 运行后，同时会弹出参数提取后的主网表，此网表可以在 Hspice 软件中进行后仿真，如图 6-62 所示。另外，主网表还根据选择提取的寄生参数包括若干个寄生参数网表文件（在反提为 R+C 的情况下，一般有.pex 和.pxi 两个寄生参数网表文件），在进行后仿真时一并进行调用。

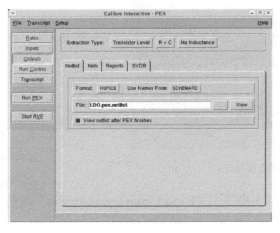

图 6-61　输出选项设置

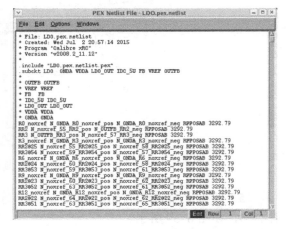

图 6-62　Calibre PEX 提出部分的主网表图

6.2.4　低压差线性稳压器的后仿真

利用 Calibre PEX 对低压差线性稳压器进行参数提取后，利用 HSPICE 工具对其进行后仿真。Calibre PEX 用于 HSPICE 电路网表如图 6-63 所示（此网表为主网表文件，其调用两个寄生参数文件，分别为 LDO.pex.netlist.pex 和 LDO.pex.netlist.LDO.pxi，在仿真时需要将 3 个网表放置于同一目录下。LDO.pex.netlist.pex 和 LDO.pex.netlist.LDO.pxi 网表的部分截图如图 6-64 和图 6-65 所示。

```
* File: LDO.pex.netlist
* Created: Wed Jul  2 20:51:22 2014
* Program "Calibre xRC"
* Version "v2008.2_11.12"
*
.include "LDO.pex.netlist.pex"
.subckt LDO  GNDA VDDA LDO_OUT IDC_5U FB VREF OUTFB
*
* OUTFB OUTFB
* VREF VREF
* FB  FB
* IDC_5U IDC_5U
* LDO_OUT LDO_OUT
* VDDA VDDA
* GNDA GNDA
R0_noxref N_GNDA_R0_noxref_pos N_GNDA_R0_noxref_neg RPPOSAB 3292.79
RR2_noxref_55_RR2_pos N_OUTFB_RR2_neg RPPOSAB 3292.79
RR3_N_OUTFB_RR3_pos N_noxref_57_RR3_neg RPPOSAB 3292.79
R3_noxref N_GNDA_R3_noxref_pos N_GNDA_R3_noxref_neg RPPOSAB 3292.79

mX303/M0_noxref N_VDDA_X303/M0_noxref_d N_VDDA_X303/M0_noxref_g
+ N_VDDA_X303/M0_noxref_s N_VDDA_X2747/M0_noxref_b P33 L=5e-07 W=1.5e-05 AD=0
+ AS=1.4475e-11 PD=0 PS=2.193e-05
mX303/M1_noxref N_VDDA_X303/M1_noxref_d N_VDDA_X303/M1_noxref_g
+ N_VDDA_X303/M1_noxref_s N_VDDA_X2747/M1_noxref_b P33 L=5e-07 W=1.5e-05 AD=0
+ AS=1.4475e-11 PD=0 PS=2.193e-05
c_1 NET81 0 0.0739263f

.include "LDO.pex.netlist.LDO.pxi"

.ends
*
*
```

图 6-63　部分主网表文件

```
* File: LDO.pex.netlist.pex
* Created: Wed Jul  2 20:51:22 2014
* Program "Calibre xRC"
* Version "v2008.2_11.12"
* Nominal Temperature: 27c
* Circuit Temperature: 27c
*
.subckt PM_LDO%GNDA 8 15 23 30 36 42 49 60 67 74 75 76 93 94 95 165 166 167 16
+ 169 170 171 172 173 174 175 176 177 178 179 180 181 182 220 221 222 223 224
+ 226 227 228 229 230 231 232 233 234 235 237 244 245 446 1447 1448 1449 1450 1451 1
+ 1405 1406 1407 1408 1409 1410 1411 1412 1446 1447 1448 1449 1450 1451 1
+ 1453 1454 1455 1456 1457 1458 1459 1460 1461 1462 1463 1464 1465 1466 1467 1
+ 1469 1470 1471 1472 1473 1474 1475 1476 1477 1478 1479 1480 1481 1482 1483 1
+ 1485 1486 1487 1488 1489 1490 1491 1492 1493 1494 1495 1496 1497 1498 1499 1
+ 1501 1502 1503 1504 1505 1506 1507 1508 1509 1510 1511 1512 1513 1514 1515 1
+ 1517 1518 1519 1520 1521 1522 1523 1524 1525 1526 1527 1528 1529 1530 1531 1
+ 1533 1534 1535 1536 1537 1538 1539 1540 1541 1542 1543 1544 1545 1546 1547 1
+ 1549 1550 1551 1552 1553 1554 1555 1556 1557 1558 1559 1560 1561 1562 1563 1
+ 1565 1566 1567 1568 1569 1570 1571 1572 1573 1574 1575 1576 1577 1578 1579 1
+ 1581 1582 1583 1584 1585 1586 1587 1588 1589 1590 1591 1592 1593 1594 1595 1
+ 1597 1598 1599 1600 1601 1602 1603 1604 1605 1606 1607 1608 1609 1610 1611 1
+ 1613 1614 1615 1616 1617 1618 1619 1620 1621 1622 1623 1624 1625 1626 1627 1
+ 1629 1630 1631 1634 1639 1644 1650 1651 1652 1661 1667 1670
c0 1736 0 1.49639e-20
c1 1731 0 1.49639e-20
c2 1726 0 1.90349e-20
c3 1721 0 1.90349e-20
c4 1713 0 2.63848e-20
c5 1711 0 2.76558f
c6 1710 0 2.63848e-20
c7 1708 0 0.812387f
c8 1706 0 0.21591f
c9 1704 0 0.225475f
c10 1702 0 0.225475f
c11 1700 0 0.225475f
c12 1698 0 0.277236f
c13 1696 0 0.225475f
c14 1693 0 0.370525f
c15 1690 0 0.0273804f
```

图 6-64　LDO.pex.netlist.pex 部分网表

```
* File: LDO.pex.netlist.LDO.pxi
* Created: Wed Jul  2 20:57:14 2014
*
.PM_LDO%GNDA N_GNDA_MM11 s N_GNDA_X262/M0_noxref_s
+ N_GNDA_X262/M0_noxref_d N_GNDA_X265/M0_noxref_s N_GNDA_X265/M0_noxref_d
+ N_GNDA_X265/M1_noxref_d N_GNDA_MM1_s N_GNDA_MM0_s N_GNDA_MM10_s N_GNDA_MM108
+ N_GNDA_MM104_s N_GNDA_MM5_s N_GNDA_MM5@2_s N_GNDA_MM504_s
+ N_GNDA_X292/R0_noxref_neg N_GNDA_X292/R0_noxref_pos N_GNDA_X292/R1_noxref_ne
+ N_GNDA_X292/R1_noxref_pos N_GNDA_X292/R2_noxref_neg N_GNDA_X292/R2_noxref_po
+ N_GNDA_X292/R3_noxref_neg N_GNDA_X292/R3_noxref_pos N_GNDA_X292/R4_noxref_ne
+ N_GNDA_X292/R4_noxref_pos N_GNDA_X292/R5_noxref_neg N_GNDA_X292/R5_noxref_po
+ N_GNDA_X292/R6_noxref_neg N_GNDA_X292/R6_noxref_pos N_GNDA_X292/R7_noxref_ne
+ N_GNDA_X292/R7_noxref_pos N_GNDA_X292/R8_noxref_neg N_GNDA_X292/R8_noxref_po
+ N_GNDA_X293/R0_noxref_neg N_GNDA_X293/R0_noxref_pos N_GNDA_X293/R1_noxref_ne
+ N_GNDA_X293/R1_noxref_pos N_GNDA_X293/R2_noxref_neg N_GNDA_X293/R3_noxref_po
+ N_GNDA_X293/R3_noxref_neg N_GNDA_X293/R3_noxref_pos N_GNDA_X293/R4_noxref_ne
+ N_GNDA_X293/R4_noxref_pos N_GNDA_X293/R5_noxref_neg N_GNDA_X293/R5_noxref_po
+ N_GNDA_X293/R6_noxref_neg N_GNDA_X293/R6_noxref_pos N_GNDA_X293/R7_noxref_ne
+ N_GNDA_X295/R0_noxref_neg N_GNDA_X294/R0_noxref_pos N_GNDA_X293/R8_noxref_po
+ N_GNDA_X295/R0_noxref_pos N_GNDA_X296/C0_noxref_neg N_GNDA_X296/C0_noxref_po
+ GNDA N_GNDA_MM14_d N_GNDA_MM14@2_d N_GNDA_M245_noxref_d N_GNDA_M245_noxref_s
+ N_GNDA_M246_noxref_s N_GNDA_M247_noxref_s N_GNDA_M248_noxref_s
+ N_GNDA_M249_noxref_s N_GNDA_R0_noxref_neg N_GNDA_R0_noxref_pos
+ N_GNDA_R3_noxref_neg N_GNDA_R3_noxref_pos N_GNDA_R6_noxref_neg
+ N_GNDA_R6_noxref_pos N_GNDA_R9_noxref_neg N_GNDA_R9_noxref_pos
+ N_GNDA_R12_noxref_neg N_GNDA_R12_noxref_pos N_GNDA_R15_noxref_neg
+ N_GNDA_R15_noxref_pos N_GNDA_R18_noxref_neg N_GNDA_R24_noxref_neg
+ N_GNDA_R21_noxref_pos N_GNDA_R21_noxref_neg N_GNDA_R24_noxref_pos
+ N_GNDA_R24_noxref_pos N_GNDA_R28_noxref_pos N_GNDA_R36_noxref_neg
+ N_GNDA_R36_noxref_pos N_GNDA_R32_noxref_neg N_GNDA_R40_noxref_pos
+ N_GNDA_R44_noxref_pos N_GNDA_R44_noxref_neg N_GNDA_R48_noxref_pos
+ N_GNDA_R48_noxref_pos N_GNDA_R52_noxref_neg N_GNDA_R52_noxref_pos
+ N_GNDA_R56_noxref_neg N_GNDA_R56_noxref_pos N_GNDA_R60_noxref_pos
+ N_GNDA_R68_noxref_neg N_GNDA_R68_noxref_pos N_GNDA_R72_noxref_neg
+ N_GNDA_R72_noxref_pos N_GNDA_R72_noxref_pos N_GNDA_R80_noxref_pos
+ N_GNDA_R80_noxref_neg N_GNDA_R80_noxref_pos N_GNDA_R84_noxref_neg
```

图 6-65　LDO.pex.netlist.LDO.pxi 部分网表

在完成这 3 个网表反提后，在仿真目录下建立低压差线性稳压器的后仿真网表。由于要对低压差线性稳压器的不同指标进行验证，所以需要建立不同的仿真网表并调用反提后的 3 个网表。

1. 低压差线性稳压器的电源抑制比仿真

低压差线性稳压器的电源抑制比仿真方法与带隙基准电压源基本相同，对电源电压上的交流信号进行频率扫描，得到低压差线性稳压器的输出端对电源电压小信号的增益。建立的低压差线性稳压器的电源抑制比的后仿真网表 LDO_psrr_post_simulation.sp 如下所述。

```
.title LDO psrr spice post simulation program
.include 'E:\layout_book\Sixth\netlist\ldo\post\LDO.pex.netlist'
x1 GNDA VDDA LDO_OUT IDC_5U FB VREF OUTFB LDO
v1 vdda 0 3.3 ac 1
v2 gnda 0 0
v3 vref 0 1.24
i1 vdda Idc_5u 5u
c1 ldo_out 0 1u
r1 ldo_out 0 50
r2 outfb fb 0
.option post accurate probe
.op
.temp 25
.ac dec 100 10 10Meg
.probe ac vdb(ldo_out)
.lib 'E:\models\hspice\ms018_v1p9.lib' tt
.lib 'E:\models\hspice\ms018_v1p9.lib' res_tt
.lib 'E:\models\hspice\ms018_v1p9.lib' mim_tt
.lib 'E:\models\hspice\ms018_v1p9.lib' bjt_tt
.end
```

完成 LDO 的后仿真网表建立后，即可在 Hspice 中对其进行仿真。

（1）启动 Hspice，弹出 Hspice 主窗口。单击"Open"按钮，打开 LDO_psrr_post_simulation.sp 文件，如图 6-66 所示。

（2）在主窗口中单击"Simulate"按钮，开始仿真。仿真完成后，单击"AvanWaves"按键，弹出"AvanWaves"窗口和"Results Browser"对话框，如图 6-67 和图 6-68 所示。

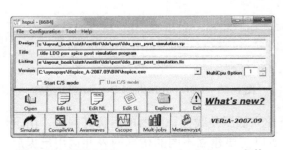

图 6-66　打开 LDO_psrr_post_simulation.sp 文件　　　图 6-67　"AvanWaves"窗口

（3）在"Results Browser"对话框中单击"AC: .title ldo psrr spice post simulation program"，则在"Types"栏中显示打印的仿真结果，如图 6-69 所示。

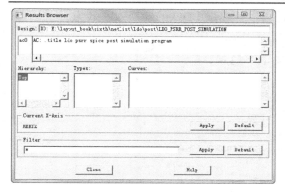

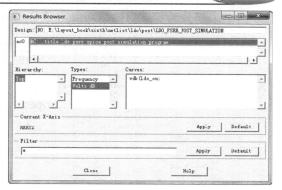

图 6-68　"Results Browser"对话框　　　　　图 6-69　在"Types"栏中显示打印的仿真结果

（4）在"Types"栏中选中"Volts dB"，再在"Curves"栏中双击"vdb(ldo_out)"，则在"AvanWaves"窗口中显示 LDO 电源抑制比的后仿真结果，如图 6-70 所示。

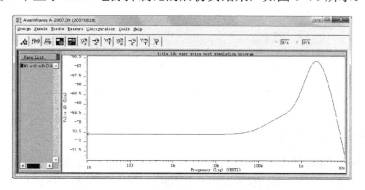

图 6-70　LDO 电源抑制比的后仿真结果图

（5）在"AvanWaves"窗口中执行菜单命令"Measure"→"Anchor cursor"，对 LDO 电源抑制比进行标注，如图 6-71 所示。由图可见，LDO 在 10kHz 的电源抑制比为 −70.6dB。

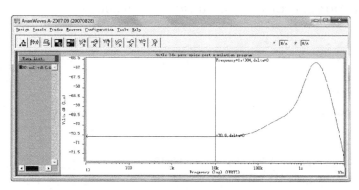

图 6-71　标注后的 LDO 电源抑制比的后仿真结果图

完成仿真结果的查看后，在主窗口中单击"Edit LL"按钮，查看电源电压提供的电流和输出电流。

图 6-72 中显示了电源电压提供电流和输出电流值，其中上半部分圈内为电源电压参

数，而下半部分为等效负载电阻参数部分，由此可以计算出 LDO 的转换效率 β 为

$$\beta = \frac{I_{out} \cdot V_{out}}{I_{in} \cdot V_{dd}} \cdot 100\% = \frac{36.1681 \cdot 10^{-3} \cdot 1.8084}{36.2754 \cdot 10^{-3} \cdot 3.3} \cdot 100\% = 54.64\%$$

```
****  voltage sources

subckt
element      0:v1          0:v2          0:v3
 volts        3.3000        0.            1.2400
 current     -36.2754m      107.4340u    -174.5271f
 power        119.7088m     0.            216.4136f

        total voltage source power dissipation=  119.7088m        watts


***** current sources

subckt
element      0:i1
 volts        1.2140
 current      5.0000u
 power       -6.0702u

        total current source power dissipation= -6.0702u        watts

****  resistors

subckt                                 x1          x1          x1
element      0:r1          0:r2        1:r0_noxre  1:rr2       1:rr3
 r value      50.0000       10.0000u    3.2928k     3.2928k     3.2928k
 v drop       1.8084        0.         -893.0003p   22.7155m    22.7153m
 current      36.1680m      0.         -271.1990f   6.8986m     6.8985m
 power        65.4061m      0.          2.422e-22   156.7044n   156.7015n
```

图 6-72   部分晶体管的直流工作点

2. 低压差线性稳压器瞬态特性后仿真

低压差线性稳压器的瞬态特性仿真是通过交替改变提供的输出电流，一般是提供的最小电流和最大电流两种情况，输出端提供的电压瞬态变化。首先观察两种情况下电流改变后电压的瞬态变化，建立稳定时间越短越好，然后再比较两种情况下的输出电压差值。建立的 LDO 瞬态后仿真网表 LDO_transient_post_simulation.sp 如下所述。

```
.title LDO transient response post simulation program
.include 'E:\layout_book\Sixth\netlist\ldo\post\LDO.pex.netlist'
x1 GNDA VDDA LDO_OUT IDC_5U FB VREF OUTFB LDO
v1 vdda 0 3.3
v2 gnda 0 0
v3 vref 0 1.24
c1 ldo_out 0 1u
r1 ldo_out net1 180000
r2 ldo_out net2 50
i1 vdda Idc_5u 5u
r3 outfb fb 0
m1 net1 clk1 gnda gnda n18 l=0.18u w=100u M=10
m2 net2 clk2 gnda gnda n18 l=0.18u w=100u M=10
v11 clk1 0 pulse(0 1.8 0 1n 1n 999u 2000u)
v12 clk2 0 pulse(0 1.8 1000u 1n 1n 999u 2000u)
.option post accurate probe
.op
.temp 25
```

```
.tran 0.1n 10m
.probe tran v(ldo_out)
.lib 'E:\models\hspice\ms018_v1p9.lib' tt
.lib 'E:\models\hspice\ms018_v1p9.lib' res_tt
.lib 'E:\models\hspice\ms018_v1p9.lib' mim_tt
.lib 'E:\models\hspice\ms018_v1p9.lib' bjt_tt
.end
```

完成 LDO 仿真网表建立后，即可在 Hspice 中对其进行仿真。

（1）启动 Hspice，弹出 Hspice 主窗口。单击"Open"按钮，打开 LDO_transient_post_simulation.sp 文件，如图 6-73 所示。

（2）在主窗口中单击"Simulate"按钮，开始仿真。仿真完成后，单击"Avanwaves"按钮，弹出"AvanWaves"窗口和"Results Browser"对话框，如图 6-74 和图 6-75 所示。

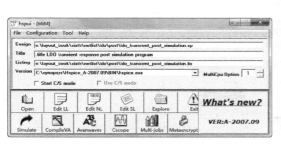

图 6-73　打开 LDO_transient_post_simulation.sp 文件

图 6-74　"AvanWaves"窗口

（3）在"Results Browser"对话框中单击"Transient: title ldo transient response post simulation program"，则在"Types"栏中显示打印的仿真结果，如图 6-76 所示。

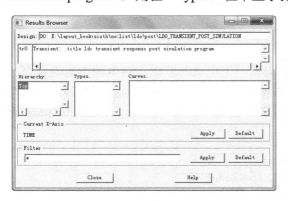

图 6-75　"Results Browser"窗口

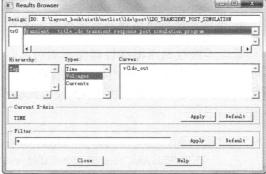

图 6-76　"Types"栏中显示打印的仿真结果

（4）在"Types"栏中选中"Voltages"，再在"Curves"栏中双击"v(ldo_out)"，则在"AvanWaves"窗口中显示 LDO 瞬态的后仿真结果，如图 6-77 所示。此结果是输出电流分别为 36mA 和 10μA 时 LDO 的输出电压，从图 6-77 中可以看到，LDO 在 10μA 和 36mA 的输出稳定在约 1.8V。

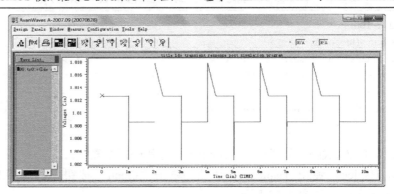

图 6-77　LDO 瞬态后仿真结果图

（5）在"AvanWaves"窗口中执行菜单命令"Measure"→"Point"，对 LDO 瞬态后仿真结果进行标注，如图 6-78 所示。由图可见，LDO 在输出电流分别为 10μA 和 36mA 时，输出电压可分别稳定在 1.808V 和 1.813V。

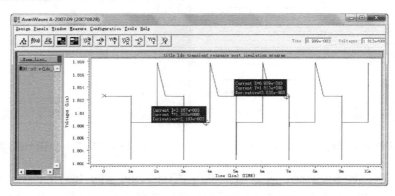

图 6-78　标注后的 LDO 瞬态后仿真结果图

3. 低压差线性稳压器线性调整率后仿真

低压差线性稳压器线性调整率的仿真是在提供一定电流的基础上对电源电压进行直流扫描，得到电源电压与输出电压之间的关系。在输出电压比较稳定的区域，计算输出电压与电源电压的变化率。建立的 LDO 线性调整率仿真网表 LDO_linereg_post_simulation.sp 如下所述。

```
.title LDO line-regulation post simulation program
.include 'E:\layout_book\Sixth\netlist\ldo\post\LDO.pex.netlist'
x1 GNDA VDDA LDO_OUT IDC_5U FB VREF OUTFB LDO
.param a=3.3
v1 vdda 0 a
v2 gnda 0 0
v3 vref 0 1.24
c1 ldo_out 0 1u
r1 ldo_out 0 50
r2 outfb fb 0
i1 vdda Idc_5u 5u
```

```
.option post accurate probe
.op
.temp 25
.dc a 0 5.5 0.05
.probe dc v(ldo_out)
.lib 'E:\models\hspice\ms018_v1p9.lib' tt
.lib 'E:\models\hspice\ms018_v1p9.lib' res_tt
.lib 'E:\models\hspice\ms018_v1p9.lib' mim_tt
.lib 'E:\models\hspice\ms018_v1p9.lib' bjt_tt
.end
```

完成 LDO 仿真网表建立后，即可在 Hspice 中对其进行仿真。

（1）启动 Hspice，弹出 Hspice 主窗口。单击"Open"按钮，打开 LDO_linereg_post_simulation.sp 文件，如图 6-79 所示。

（2）在主窗口中单击"Simulate"按钮，开始仿真。仿真完成后，单击"AvanWaves"按钮，弹出"AvanWaves"窗口和"Results Browser"对话框，如图 6-80 和图 6-81 所示。

图 6-79　打开 LDO_linereg_post_simulation.sp 文件　　　　图 6-80　"AvanWaves"窗口

（3）在"Results Browser"对话框中单击"DC: .title ldo line-regulation post simulation program"，则在"Types"栏中显示打印的仿真结果，如图 6-82 所示。

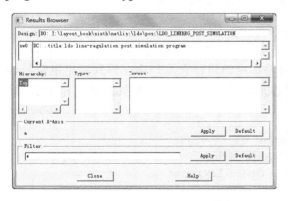
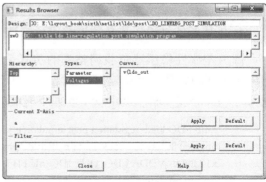

图 6-81　"Results Browser"对话框　　　　图 6-82　在"Types"栏中显示打印的仿真结果

（4）在"Types"栏中选中"Voltages"，再在"Curves"栏中双击"v(ldo_out)"，则在"AvanWaves"窗口中显示 LDO 瞬态的后仿真结果，如图 6-83 所示。

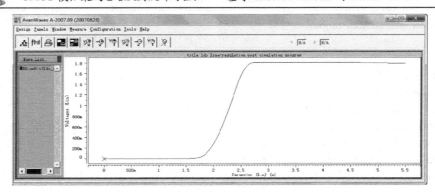

图 6-83　LDO 线性调整率的后仿真结果图

（5）在"AvanWaves"窗口中执行菜单命令"Measure"→"Point"，对 LDO 线性调整率后仿真结果进行标注，如图 6-84 所示。图中，横坐标为扫描的电源电压，纵坐标为 LDO 的输出电压。图中所测量的 3 个电压为两侧最低电压 1.7899V 和中间最高电压 1.8084V，扫描电源电压范围为 2.6817～5.5V，输出电流为最大电流 36mA，LDO 的线性调整率为 6.6mV/V。

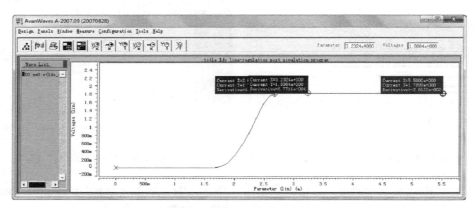

图 6-84　标注后的 LDO 线性调整率后仿真结果图

4. 低压差线性稳压器负载调整率后仿真

低压差线性稳压器负载调整率的仿真是对输出电流进行直流扫描，得到输出电流与输出电压之间的关系，计算输出电压随输出电流的变化率。建立的 LDO 负载调整率后仿真网表 LDO_loadreg_post_simulation.sp 如下所述。

```
.title LDO load-regulation post simulation program
.include 'E:\layout_book\Sixth\netlist\ldo\post\LDO.pex.netlist'
x1 GNDA VDDA LDO_OUT IDC_5U FB VREF OUTFB LDO
.param b=36m
v1 vdda 0 3.3
v2 gnda 0 0
v3 vref 0 1.24
c1 ldo_out 0 1u
i2 ldo_out 0 b
```

```
i1 vdda Idc_5u 5u
r1 outfb fb 0
.option post accurate probe
.op
.temp 25
.dc b 20u 36m 10u
.probe dc v(ldo_out)
.lib 'E:\models\hspice\ms018_v1p9.lib' tt
.lib 'E:\models\hspice\ms018_v1p9.lib' res_tt
.lib 'E:\models\hspice\ms018_v1p9.lib' mim_tt
.lib 'E:\models\hspice\ms018_v1p9.lib' bjt_tt
.end
```

完成 LDO 的后仿真网表后，即可在 Hspice 中对其进行仿真。

（1）启动 Hspice，弹出 Hspice 主窗口。单击"Open"按钮，打开 LDO_loadreg_post_simulation.sp 文件，如图 6-85 所示。

（2）在主窗口中单击"Simulate"按钮，开始仿真。仿真完成后，单击"AvanWaves"按钮，弹出"AvanWaves"窗口和"Results Browser"对话框，如图 6-86 和图 6-87 所示。

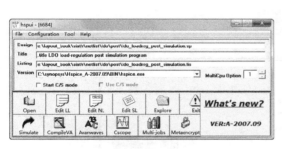

图 6-85　打开 LDO_loadreg_post_simulation.sp 文件

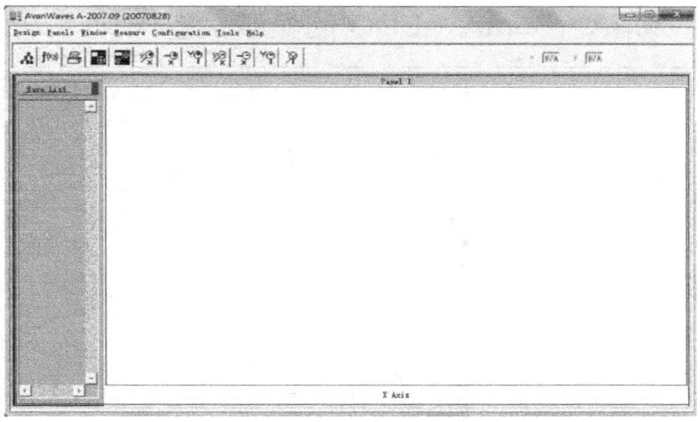

图 6-86　"AvanWaves"窗口

（3）在"Results Browser"对话框中单击"DC: .title ldo load-regulation post simulation program"，则在"Types"栏中显示打印的仿真结果，如图 6-88 所示。

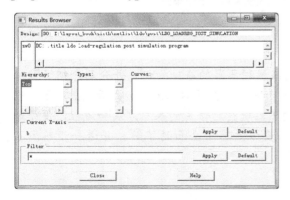
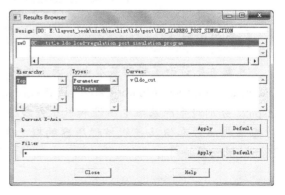

图 6-87　"Results Browser"对话框

图 6-88　在"Types"栏中显示打印的仿真结果

（4）在"Types"栏中选中"Voltages"，再在"Curves"栏中双击"v(ldo_out"，则在

"AvanWaves"窗口中显示 LDO 负载调整率的后仿真结果，如图 6-89 所示。

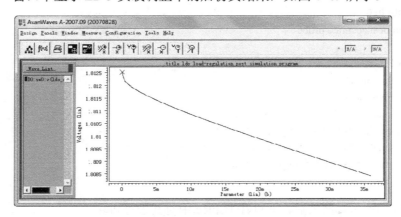

图 6-89　LDO 负载调整率后仿真结果图

（5）在"AvanWaves"窗口中执行菜单命令"Measure"→"PointToPoint"，对 LDO 负载调整率的仿真结果进行标注，如图 6-90 所示。图中，横坐标为扫描的负载电流，纵坐标为 LDO 的输出电压。图中所测量高低电压分别为 1.8125V 和 1.8084V，扫描输出电流范围为 20μA～36mA，LDO 的负载调整率为 8.78mA/V=0.00878A/V。

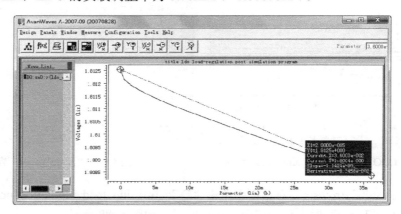

图 6-90　标注后的 LDO 负载调整率后仿真结果图

【本章小结】

本章首先讨论了带隙基准电压源和低压差线性稳压器的基础知识，并分别介绍了采用 Cadence Virtuoso 和 Mentor Calibre 进行版图设计和寄生参数提取的流程，之后又讲解了使用 Hspice 分别对带隙基准电压源和低压差线性稳压器进行后仿真的基本方法和流程，使读者对基准电压源和低压差线性稳压器的概念和仿真方法有了全面的了解，并进一步熟悉了 Hspice 的仿真操作。

第7章 比较器电路的版图设计与后仿真

比较器是模拟集成电路中重要的电路模块之一，它广泛应用于模/数（A/D）转换器、数/模（D/A）转换器、自动增益控制环路、峰值检测器等电路中，其速度、功耗、噪声、失调电压等性能指标对整体电路的速度、精度和功耗都起着至关重要的作用。本章首先概括介绍比较器电路的基本知识、性能指标和基本结构，然后介绍一种应用于逐次逼近 A/D 转换器的比较器的版图设计方法，以及利用 Hspice 仿真工具进行后仿真验证的基本流程和技巧。

 ## 7.1 比较器电路基础

比较器电路的主要功能是将一个模拟信号与另一个模拟信号或参考信号进行对比，并输出经过比较处理得到高低电平，作为二进制信号输出。理想情况下，比较器的正、负输入之差（$U_P - U_N$）为正时，比较器输出为高电平（U_{OH}）；当输入之差为负时，比较器输出为低电平（U_{OL}）。理想比较器的传输曲线如图 7-1 所示。图中，U_P 是比较器的同相输入端电压，U_N 是比较器的反相输入端电压，比较器输出电平的最大值和最小值分别定义为 U_{OH} 和 U_{OL}。在实际电路中，U_{OH} 和 U_{OL} 通常分别对应电源电压和地电压。

当比较器两个输入端的电压差为 0 时，比较器的输出将不发生跳变。在实际电路中，比较器并不能无限制地分辨微小的电压差别，由于有限增益的限制，往往存在一个最小的可分辨电压差，这称为比较器的精度（或分辨率）。图 7-2 所示为有限增益比较器的传输曲线。

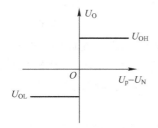

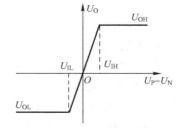

图 7-1　理想比较器的传输曲线　　　　图 7-2　有限增益比较器的传输曲线

图中的 U_{IH} 和 U_{IL} 是输出分别达到上限和下限所需要的输入电压差 $U_P - U_N$，也就是比较器的精度（分辨率）。

7.1.1 比较器性能参数

比较器特性包括静态特性和动态特性两个方面。静态特性包括比较器的增益、精度、失调电压等；动态特性主要包括小信号和大信号的工作方式。其中，在输入激励和输出响应之间有一个时间延迟，称为比较器的传输时延，这个参数会限制比较器的最高工作频率。

1）**分辨率（Resolution）** 是指能够产生正确数字输出的最小差分输入信号。在有些 A/D 转换器（如快闪型 A/D 转换器和逐次逼近 A/D 转换器）中，比较器的分辨率直接决定最终 A/D 转换器的有效精度。影响分辨率的主要因素有噪声、比较器的增益和输入失调电压。其中，失调电压的影响最为严重，且主要受到工艺条件的限制。分辨率参数定义为

$$\Delta U = \frac{U_{\text{OH}} - U_{\text{OL}}}{A_{\text{u}}} \tag{7-1}$$

式中，A_{u} 为比较器增益，即过渡曲线的斜率，其表达式为

$$A_{\text{u}} = \frac{U_{\text{OH}} - U_{\text{OL}}}{U_{\text{IH}} - U_{\text{IL}}} \tag{7-2}$$

2）**传输延迟时间（Delay）** 传输延迟时间一般定义为输入激励信号与输出数字信号之间的时间差。该参数决定了比较器的最高工作频率。

3）**摆率（Slew Rate）** 比较器的传输时延随输入幅度的变化而变化，较大的输入幅度将使延时较短。当输入电平增大到一个上限时，继续增大输入电平也无法对时延产生影响，这时的电压变化率称为摆率。

4）**回踢噪声（Kick-back Noise）** 是指输出的数字信号对输入模拟信号的反冲噪声，该反冲噪声通常是由比较器电路电荷馈通引起的结果。

5）**输入失调电压（U_{offset} 或 U_{OS}）** 输入失调电压是由输入级差分 MOS 管的几何尺寸或工艺失配产生的。MOS 器件表现出比三极管更严重的输入失调电压，输入失调电压也是影响比较器精度的重要因素之一。失调越大，比较器的精度越低。其定义为，如果将差分放大器的两个输入端连接在一起，在输出端得到的电压就是输出失调电压。带失调电压的有限增益比较器传输曲线如图 7-3 所示。

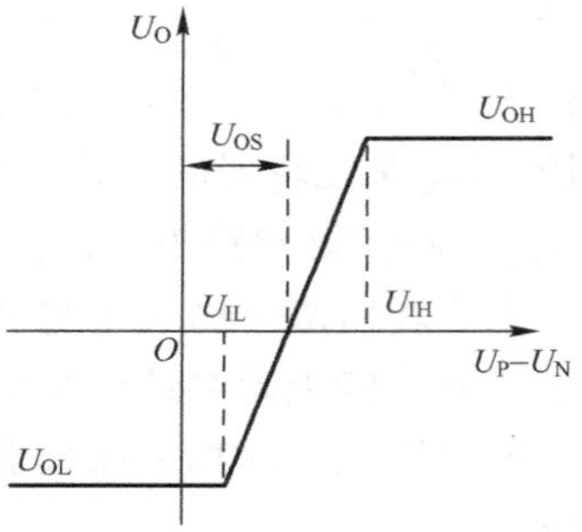

6）**输入共模范围** 是指在该范围内，比较器能连续分辨出输入电压的差值。该特性也是比较器的重要特性之一。

图 7-3　带失调电压的有限增益比较器传输曲线

7）**差分输入电压范围** 其定义为比较器工作时两个信号输入端允许施加的最大电压。

8）**输出电压摆幅** 当比较器的同相输入电压大于反相输入电压时，比较器被认为输出正电压；反之，得到负的输出电压。一般比较器内部的差分放大器和偏置网络决定了输出摆幅，同时这个摆幅也受电源电压影响。

9）**输入偏移电流** 其定义为使输出改变状态的两个输入电流差值的绝对值。

10）**输入偏置电流** 其定义为无信号输入时两个输入电流的平均值。

7.1.2　比较器特性分析

对比较器的分析主要从其性能参数入手，主要分为静态特性分析和动态特性分析两大类。

1. 静态分析

与理想比较器增益无限大不同，实际比较器的增益定义为

$$A_u = (U_{OH} - U_{OL})/(U_{IH} - U_{IL})$$

这是一个有限值。式中，U_{IH} 和 U_{IL} 是输出分别达到上限和下限所需的同相和反相输入电压值，U_{OH} 和 U_{OL} 分别是输出高电平和输出低电平，比较器的增益通常可以认为是其输入信号的函数。从比较器的结构上看，有多种提高增益值的方法。通常是在比较器之前加入一级或多级前置预放大器；或者在比较器之后加入一级反相器，将比较器输出拉至电源电压或地电位。

分辨率表示的是比较器可以分辨出的最小的输入信号的差值。由此可见，比较器的分辨率和增益之间的关系非常紧密，高分辨率高精度比较器电路也意味着其增益较高。

理想比较器的增益可以认为是无穷大的，即在输入跨越零电平的同时，输出发生跳变。但实际情况是，当输入的差分电压到达某一电压 U_{OS} 时，输出才发生跳变。此时的电压 U_{OS} 就是输入失调电压。对于输入失调电压 U_{OS}，生产工艺过程中的偏差和环境变化引入的失调是其产生的主要原因。对于工艺偏差、环境变化引入的失调，这种输入失调电压的幅度往往带有随机性，其电压极性也不可预知，且随温度变化而漂移。在比较器电路设计中，可以通过引入输入端失调存储或输出失调存储技术降低失调电压的影响。

在比较器的共模输入范围内，比较器的输入级能够对输入电压差进行比较，即输入管处于正常工作状态。也就是说在输入共模范围内，可以认为比较器中所有的晶体管都工作在饱和区。此时，比较器的分辨率和输入失调电压都可以认为是输入共模范围的函数。

2. 动态分析

分析比较器的动态特性，将对比较器的小信号特性和大信号特性进行讨论。首先讨论比较器的传输延迟时间，当比较器的输入信号较小时，比较器的分析采用小信号分析方法来完成。而当比较器的输入信号增大，传输延时减小，且当输入信号幅度增大到一定程度时，即使输入信号继续增大，传输延时也不再改变。此时的电压变化率称为摆率（Slew Rate）。随着输入信号继续增大，比较器最终进入大信号工作模式。这两种工作模式下，比较器传输延时的决定因素不同。通常，在小信号工作模式下，较大的输入幅度和较高的增益都会缩短延时。

对于小信号行为来说，传输延时主要是电路的非线性特性造成的，如电路中存在一些零点、极点；而对于大信号行为而言，摆率主要受输出级驱动能力的限制，表现为对负载电容的充/放电速度。在比较器设计中，如果要求传播延时的抖动变化较小，就应该使摆率成为主要决定因素，尽量避免电路零-极点在信号频率范围的影响。传播延时可表示为

$$\tau_p = \frac{U_{OH} - U_{OL}}{2 \cdot SR} \tag{7-3}$$

式中，SR 为比较器电路的摆率。由此可见，若要减小比较器的延迟时间，就需要增大比较器的电流能力，提高摆率。这也就意味着，比较器的功耗和速度存在一定的折中关系。

7.1.3 比较器电路结构

从工作原理上看，所有的比较器都可以看做是放大器的不同形式的应用。根据放大器的不同应用形式，可以分为开环和闭环两种基本结构。一个高增益的运算放大器工作于开环状态就是一个高分辨率的比较器，而迟滞比较器和锁存器电路则是运算放大器在两种正反馈

形式下运算放大器的闭环应用典型。

从功耗的角度来看，比较器可以分为静态比较器和动态比较器两种。二者的主要区别在于，静态比较器会消耗一定的静态功耗，而动态比较器的静态功耗为零，只有动态功耗。

按照工作原理划分，比较器电路可以分成开环比较器和再生比较器。按照电路结构划分，又可以分为单端输出结构比较器和双端输出结构比较器两种。设计时，更多的是根据应用场景选择相应的比较器电路结构进行合理设计。以下对常见的开环比较器和动态比较器进行简要介绍。

1. 开环比较器

开环比较器的特点是以运算放大器的开环应用作为基本比较器电路，这类比较器不需要频率补偿，从而可以获得尽可能大的带宽，理论上也就可以获得相对比较快的输出响应时间。这类比较器又可以根据运算放大器的结构分为单级高增益运算放大器比较器和低增益多级级联运算放大器比较器两种。

以单级运算放大器开环应用形成的比较器，主要是依靠运算放大器高增益将输入较小的差分信号放大至电源电压和地电位，从而输出高电平和低电平。这种运算放大器结构的比较器因为不存在反馈闭环，所以不必进行频率补偿，电路结构简单。但这类比较器由于失调电压、建立时间、摆率等方面性能较差，一般不能应用在高性能系统中。并且，由于这类放大器的直流增益一般都比较高，带宽较小，因此建立时间比较长，一般只适合单极点系统和小信号输入的情况。

出于对比较器建立时间的考虑，若要提高比较速度，就需要将运算放大器的主极点频率提高，同时保证其原有的单位增益带宽不变。这种方法通常会牺牲一定的直流增益，为了弥补运算放大器直流增益的减小，可以要将多个较低增益的运算放大器互相级联，形成多级级联运算放大器结构的比较器电路。

2. 动态比较器

动态比较器结构主要分为电阻分压型比较器、差分对比较器、电荷分布型比较器三大类。而其他种类的比较器结构通常是以这 3 种比较器为基础改进得到的。

电阻分压型动态比较器结构如图 7-4 所示。图中，晶体管 $M_1 \sim M_4$ 工作在线性区，其相当于压控电阻，可以通过改变其电阻值来调节比较器的阈值电压；$M_5 \sim M_{12}$ 构成锁存器。假设 $M_1 \sim M_4$ 的长度相等，且 $W_A = W_2 = W_4$，$W_B = W_1 = W_3$，比较器的阈值为

$$U_{in}^+ - U_{in}^- = \frac{W_B}{W_A}(U_{ref}^+ - U_{ref}^-) \tag{7-4}$$

在该结构中，比较器的失调主要受 $M_1 \sim M_4$ 的影响，M_5、M_6 对失调的影响相对次之。由于使用的晶体管尺寸较小，且对失调影响较大的输入管工作在线性区，该结构带来的失调较大。同时，由于输出端的大信号变化在 $M_1 \sim M_4$ 的漏端影响较小，所以这种结构的回踢噪声较小。

差分对型比较器结构如图 7-5 所示。它由两个带开关控制电流源的交叉耦合差分对与锁存器构成。该比较器的阈值电压可以通过引入耦合对的不平衡来设置。

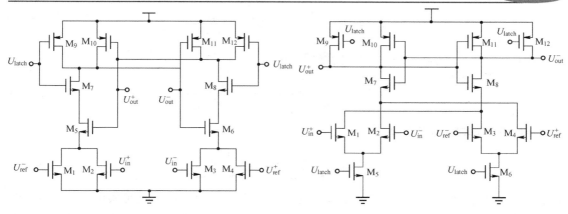

图 7-4　电阻分压型动态比较器结构　　　　图 7-5　差分对型动态比较器结构

假设耦合对 $M_1 \sim M_4$ 的长度相等，宽度为 $W_1 = W_2$、$W_3 = W_4$，则耦合对的电流为

$$I_{M1} - I_{M2} = \beta_1 U_{in} \sqrt{\frac{2 I_{M5}}{\beta_1} - U_{in}^2} \qquad (7\text{-}5)$$

$$I_{M4} - I_{M3} = \beta_3 U_{in} \sqrt{\frac{2 I_{M6}}{\beta_3} - U_{ref}^2} \qquad (7\text{-}6)$$

式 中，$\beta_i = (1/2) \mu C_{ox}(W_i / L)$，$U_{in} = U_{in}^+ - U_{in}^-$，$U_{ref} = U_{ref}^+ - U_{ref}^-$。当 $I_1 = I_{M1} + I_{M3}$ 和 $I_2 = I_{M2} + I_{M4}$ 相等时，差分对比较器的状态发生改变。该结构的失调主要受 $M_1 \sim M_4$ 的影响较大，但与电阻分压型比较器相比，其失调略小。由于输出端的大信号变化在 $M_1 \sim M_4$ 的漏端影响较大，所以此结构的回踢噪声较大。

电荷分布型动态比较器结构如图 7-6 所示。其工作原理为，当 $\overline{\text{latch}}$ 为高电平时，M_1 和 M_2 的栅极接地，U_{in}^- 和 U_{ref}^- 分别对电容 C_{in} 和 C_{ref} 充电，C_{in} 上充得的电荷为 $Q_{in} = U_{in} \cdot C_{in}$，$C_{ref}$ 上的电荷为 $Q_{ref} = U_{ref} \cdot C_{ref}$。由于此时 latch 为低电平，$M_3$ 截止，而 M_6、M_9 导通，将 U_{out}^- 和 U_{out}^+ 的电压置为电源电压，使其后的锁存器保持上次判决的电平，同时，M_4 和 M_5 均导通，使 M_1、M_2 的漏极为 VDD。当 latch 为高电平时，C_{in} 和 C_{ref} 的底极板均接地，根据电荷守恒原理可得：

$$U_{in}^- \cdot C_{in} + U_{ref}^- \cdot C_{ref} = U^- \cdot (C_{in} + C_{ref}) \qquad (7\text{-}7)$$

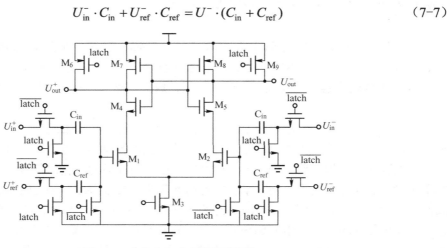

图 7-6　电荷分布动态比较器结构

$$U^- = U_{in}^- \frac{C_{in}}{C_{in} + C_{ref}} + U_{ref}^- \frac{C_{ref}}{C_{in} + C_{ref}} \qquad (7\text{-}8)$$

同理，当 latch 为高电平时，M_1 的栅极电压为

$$U^+ = U_{in}^+ \frac{C_{in}}{C_{in} + C_{ref}} + U_{ref}^+ \frac{C_{ref}}{C_{in} + C_{ref}} \qquad (7\text{-}9)$$

M_1、M_2 差分输入电压为

$$U = U_{in} \frac{C_{in}}{C_{in} + C_{ref}} - U_{ref} \frac{C_{ref}}{C_{in} + C_{ref}} \qquad (7\text{-}10)$$

式中，$U_{in} = U_{in}^+ - U_{in}^-$，$U_{ref} = U_{ref}^+ - U_{ref}^-$。此时，$M_3$ 导通，M_1 与 M_2 的栅极电压差使得它们的漏端产生电压差，从而使由 $M_4 \sim M_7$ 组成的触发器发生状态翻转，产生输出信号。由上述分析可知，当差分对管的输入电压为 0 时，比较器产生状态翻转，由此可见输入电压即为该比较器的阈值电压：

$$U_{TH} = -U_{ref} \frac{C_{ref}}{C_{in}} \qquad (7\text{-}11)$$

通过调 C_{in} 和 C_{ref} 的比值，可调节比较器的阈值。该结构的失调主要由输入对管不匹配和电容比值 C_{ref} / C_{in} 偏差决定，除回踢噪声外，开关所造成的电荷注入也在输入端引入了误差。

这三类动态比较器电路的性能比较见表 7-1。

表 7-1　动态比较器电路的性能比较

	失调电压	回踢噪声	比较速度	面积	功耗
电阻分压型	大	小	慢	小	小
差分对型	小	大	快	中	中
电荷分布型	小	中	中	大	大

7.2　比较器电路的版图设计

本节将采用电源电压为 5V 的 GSMC 1p6m CMOS 工艺，配合 Virtuoso 软件设计一款应用于逐次逼近 A/D 转换器中的差分动态比较器电路，并对其进行后仿真验证。一个典型的逐次逼近 A/D 转换器中的比较器框图和三级预放大电路、锁存器电路分别如图 7-7 和图 7-8 所示。

图 7-7 中的比较器采用了三级电容耦合的前置放大器后加锁存比较器的结构。在失调校准上，综合利用输入失调储存与输出失调储存技术各自的特点，即在第一级预放中使用输出失调储存技术，提高前级失调电压校准的精度；而在后两级输出信号幅度较大的预放中，则采用输入失调储存技术来防止耦合电容饱和带来的校准误差。该比较器的工作大致可以分成两个阶段：首先是失调校准阶段，开关 S_1 断开，S_2 闭合，使预放级 1 的正、负输入端连接在共模电压 vcm 上，同时 $S_3 \sim S_6$ 闭合，这样预放级 1 的输出失调电压就存储在 C_1、C_2 上，同时预放级 2 和预放级 3 的输入失调电压也分别存储在 C_1、C_2 和 C_3、C_4 上；之后是比

较阶段，S_1 闭合，$S_2 \sim S_6$ 断开，比较器开始比较 vcm 和输入 vin 的大小，由于预放级 1~3 的失调电压绝大部分被存储在电容 $C_1 \sim C_4$ 上，因此失调电压得以相互抵消，同时由于 3 级前置放大器增益的存在，锁存比较器失调电压的影响也减小相应的倍数。

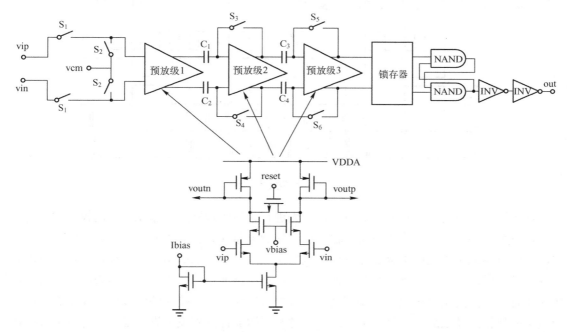

图 7-7　高速比较器框图及三级预放大电路

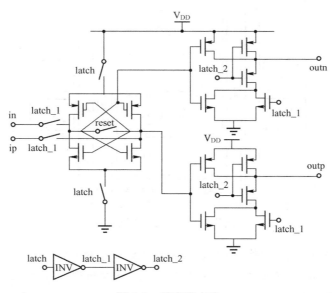

图 7-8　锁存器电路

设预放级 1~3 和锁存器的失调电压分别是 U_{os1}、U_{os2}、U_{os3} 和 U_{OSL}，预放级 1~3 的增益分别为 A_1、A_2、A_3，通过开关 $S_3 \sim S_6$ 注入到电容上的电荷失配量分别为 ΔQ_{34}、ΔQ_{56}，电容 $C_1 \sim C_4$ 的电容值都为 C，则使用失调校准技术后，比较器的残余输入失调为

$$U_{os} = \frac{U_{os2}}{A_1(A_2+1)} + \frac{U_{os3}}{A_1 A_2(A_3+1)} + \frac{U_{OSL}}{A_1 A_2 A_3} + \frac{\Delta Q_{34}}{CA_1} + \frac{\Delta Q_{56}}{CA_1 A_2} \tag{7-12}$$

比较器时序图如图 7-9 所示。图中，reset 为时钟上升沿后的周期性窄脉冲信号，用于在每次比较结果输出后对预放大器进行复位操作；latch 信号为比较器 I/O 控制信号。

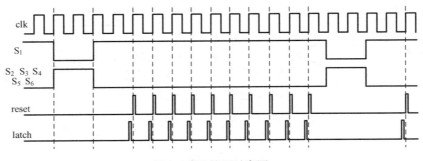

图 7-9　比较器时序图

基于图 7-7 和图 7-8 所示的电路，首先进行整体比较器的版图规划。比较器主要包括一个锁存器电路、三个预放大电路、输入级、偏置电路（为预放大电路提供偏置电压）和电容，其中电容采用工艺库中金属-绝缘层-金属电容（MIM Capacitor）。在设计之初，可以先将各个模块所需要的晶体管进行粗略摆放，以估算电路面积，再进行相应的布局。布局时，应该注意信号流向呈直线状，不要有拐弯，这样可以保证信号传输的流畅性，减小失真；各个模块晶体管的栅摆放方向尽可能一致；有源和无源器件分别集中进行摆放。考虑到各模块面积，特别是电容的面积较大，最终的版图布局如图 7-10 所示。

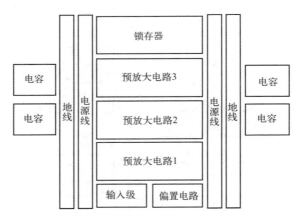

图 7-10　比较器版图布局

输入信号自底向上进行传输，输入级和偏置电路位于最底层，然后向上依次是 3 级预放大电路和锁存器电路；电源线和地线分布在主体电路的两侧，与电容隔离开来，面积较大的电容对称地摆放在主体电路两侧，整体电路基本呈对称分布。下面具体介绍各个模块电路的版图设计（具体操作和版图建立可以参考第 2 章和第 4 章）。

输入级主要包括 2 组共 4 个相位相反的 CMOS 开关和一个反相器（对 latch 信号进行反向，产生互补信号输入到 PMOS 晶体管的栅级）。首先将共模信号 vcm 的两个开关置于中间，差分输入信号的两个开关置于两侧，最左侧是反相器；PMOS 晶体管和 NMOS 晶体管分别位于上侧和下侧，并分别用 SN_M1 和 SP_M1 做 3 面的衬底保护环；可能会发生交叉的信号线分别用二层金属和三层金属相连，在交叉时可使用 45° 线相连。具体方法为，单击路径形式（path）快捷键"p"，弹出"Create Path"对话框，这时可在"Width"栏中修改路径宽度，同时将"Snap Mode"栏中修改为 diagonal 模式，就可以使路径实现 45° 角布线，如图 7-11 所示。

　　进行布线时，也可以采用创建矩形式（快捷键"r"）进行连线，然后再采用拉伸命令（快捷键"s"）来实现。

　　对电路版图完成连线后，需要对电路的输入/输出进行标注。鼠标左键在 LSW 对话框中单击 M1_TXT/dg（表示选择一层金属的标注层），然后按快捷键"1"，弹出"Create Label"对话框，如图 7-12 所示。在相应的版图层上单击，即可创建标注，如图 7-13 所示；对于其他端口的标注，选择相应金属层的标注层进行标注即可。

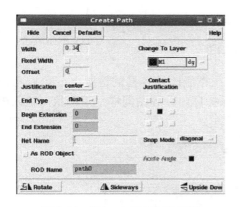

图 7-11　"Create Path"对话框

图 7-12　"Create Label"对话框

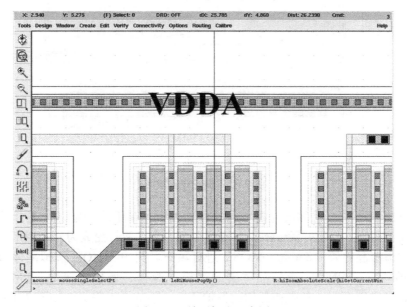

图 7-13　放置标注示意图

最终完成输入级的版图如图 7-14 所示。由图可见，它呈一个规则的矩形单元。

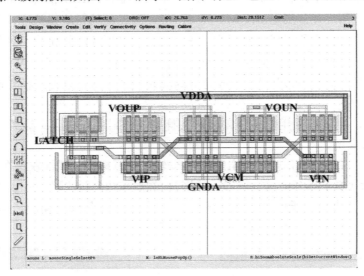

图 7-14　输入级版图

参照上述操作方法进行偏置电路的版图设计，在布线比较容易的情况下，可以考虑将 PMOS 晶体管和 NMOS 晶体管完全包裹在封闭的保护环内，版图同样呈矩形状，输入电流从左侧输入，偏置电压从右侧输出，如图 7-15 所示。

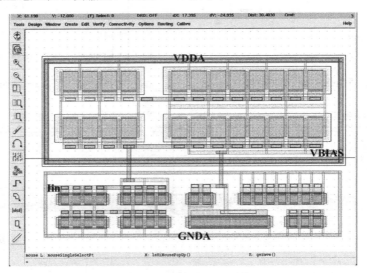

图 7-15　偏置电路版图

预放大电路版图中的对称设计是考虑的首要因素。基于这个原则，差分输入端和差分输出端分别位于两侧，复位开关 reset 布置在中部。为了使版图成为一个矩形，不足的部分可以通过添加虚拟晶体管（dummy MOS）进行填充，其中 PMOS 虚拟晶体管的漏极、源极、栅极都接电源，NMOS 虚拟晶体管的漏极、源极、栅极都接地。PMOS 晶体管和 NMOS 晶体管同样也要完全包裹在封闭的保护环内。预放大电路版图如图 7-16 所示。

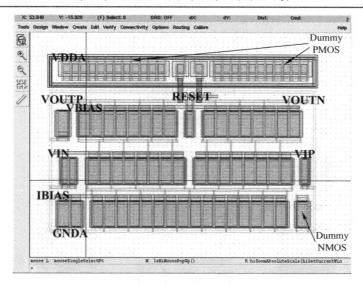

图 7-16　预放大电路版图

锁存器是一个功能电路，对版图设计的要求比较低，但其对称性也是必须遵守的原则，两个与非门和两个反相器也结合在一起进行设计，在设计中同样也要注意填充虚拟晶体管和保护环设计，其版图如图 7-17 所示。

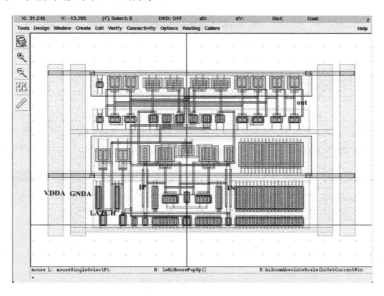

图 7-17　锁存器、与非门和反相器的整体版图

在完成各个模块版图设计的基础上，即可进行整体版图的拼接。依据最初的布局原则，完成的整体比较器版图如图 7-18 所示。由图可见，整体呈对称的矩形状，主体版图两侧分布宽的电源线和地线，电容分布在电源线和地线的外侧，与主体版图隔离开。至此，就完成了比较器的版图设计。采用 Calibre 进行 DRC、LVS 和天线规则检查的具体步骤和方法可参考第 4 章中的操作。

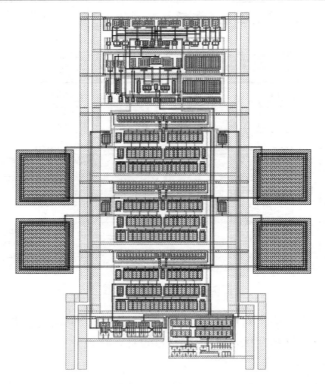

图 7-18　整体比较器版图

 # 7.3　比较器电路参数提取

在进行比较器后仿真前，首先要利用 Calibre 软件进行版图的参数提取。

（1）启动 Cadence Virtuoso 工具命令 icfb，弹出 CIW 对话框，如图 7-19 所示。

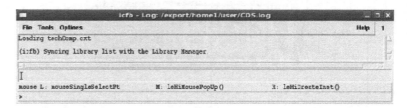

图 7-19　CIW 对话框

（2）打开比较器的电路图和版图。执行菜单命令"File"→"Open"，弹出"Open File"对话框，在"Library name"栏中选择"EDA_test"，"Cell Name"栏中选择"comparator_diff"，"View Name"栏中选择"schematic"，如图 7-20 所示。

单点"OK"按钮，弹出比较器电路。采用同样方法，仅在"View Name"栏中选择"layout"打开比较器版图。

（3）打开 Calibre PEX 工具。执行菜单命令"Calibre"→"Run PEX"，弹出 PEX 工具对话框，如图 7-21 所示。

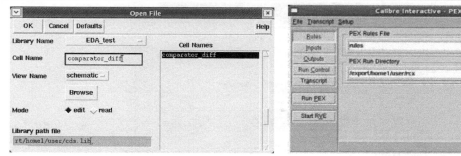

图 7-20　"Open File"对话框　　　　　　　　　　图 7-21　打开 Calibre PEX 工具

（4）单击"Rules"按钮，在"PEX Rules File"区域单击"..."按钮，选择提取文件；在"PEX Run Directory"区域单击"..."按钮，选择运行目录，如图 7-22 所示。

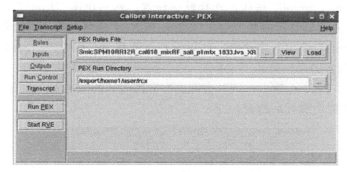

图 7-22　规则选项设置

（5）单击"Inputs"按钮，在"Layout"选项卡中选中"Export from layout viewer"选项（高亮），如图 7-23 所示。

（6）单击"Inputs"按钮，选择"Netlist"选项卡，如果电路网表文件已经存在，则直接调取，并取消"Export from schematic viewer"选项的选中状态；如果电路网表需要从同名的电路单元中导出，则在"Netlist"选项卡中选中"Export from schematic viewer"选项（高亮），如图 7-24 所示。

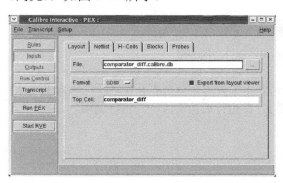　　　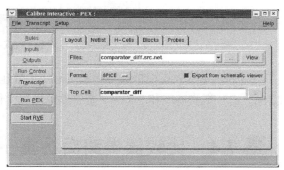

图 7-23　输入选项设置（"Layout"选项卡）　　　图 7-24　输入选项设置（"Netlist"选项卡）

（7）单击"Outputs"按钮，将"Extraction Type"选项修改为"Transistor Level-R+C-No Inductance"，表明是晶体管级提取，提取版图中的寄生电阻和电容，忽略电感信息；将"Netlist"选项卡中的"Format"修改为"HSPICE"，表明提出的网表需采用 Hspice 软件进行仿真；其他选项卡（Nets、Reports、SVDB）选择默认选项即可，如图 7-25 所示。

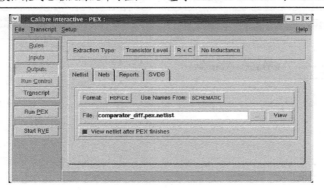

图 7-25　输出选项设置

（8）单击"Run Control"按钮，选择默认设置；然后单击"Run PEX"按钮，Calibre 开始导出版图文件并对其进行参数提取。Calibre PEX 完成后，自动弹出输出结果并弹出图形界面（在"Outputs"选项卡中选择，如果没有自动弹出，可单击"Start RVE"按钮开启图形界面），以便查看错误信息。

（9）在 Calibre PEX 运行后，同时会弹出参数提取后的主网表，如图 7-26 所示。此网表可以在 Hspice 软件中进行后仿真。

图 7-26　Calibre PEX 提出的部分主网表图

另外，主网表还根据选择提取出寄生参数包括若干个寄生参数网表文件（在反提为 R+C 的情况下，一般有.pex 和.pxi 两个寄生参数网表文件），在进行后仿真时一并进行调用。

7.4　比较器电路后仿真

采用 Calibre PEX 对比较器进行参数提取后，可以利用 HSPICE 工具对其进行后仿真。Calibre PEX 用于 HSPICE 电路网表如图 7-27 所示（此网表为主网表文件，其调用两个寄生参数文件，分别为 comparator_diff.pex.netlist.pex 和 comparator_diff.pex.netlist. comparator_diff.pxi，在仿真时需要将 3 个网表放置于同一目录下。由于主反提网表文件较大，故以下只列出前后各一部分网表的截图）。comparator_diff.pex.netlist.pex 和 comparator_diff.pex.netlist.comparator_diff.pxi 网表的部分截图如图 7-28 和图 7-29 所示。

```
.include "comparator_diff.pex.netlist.pex"
.subckt comparator_diff CLK_COMP RST VDDA VIP VCM VIN I10U1 I10U2 I10U3 I10U4
+ LATCH_CTRL OUT_COMP GNDA
*
* gnda  gnda
* out_comp        out_comp
* latch_ctrl      latch_ctrl
* I10U4 I10U4
* I10U3 I10U3
* I10U2 I10U2
* I10U1 I10U1
* VIN   VIN
* VCM   VCM
* VIP   VIP
* vdda  vdda
* RST   RST
* CLK_COMP        CLK_COMP
XXI16/MM0 N_clk_comp_b_XI16/MM0_d N_CLK_COMP_XI16/MM0_g N_VDDA_XI16/MM0_s
+ N_VDDA_MPM3_b pch5 L=1e-06 W=2e-06 AD=9.6e-13 AS=5.4e-13 PD=4.96e-06
+ PS=2.54e-06
XXI16/MM0@2 N_clk_comp_b_XI16/MM0@2_d N_CLK_COMP_XI16/MM0@2_g
+ N_VDDA_XI16/MM0@2_s N_VDDA_MPM3_b pch5 L=1e-06 W=2e-06 AD=5.4e-13 AS=5.4e-13
+ PD=2.54e-06 PS=2.54e-06
.................................
XX45/X107/M5_noxref N_GNDA_X45/X107/M5_d N_GNDA_X45/X107/M5_g
+ N_GNDA_X45/X107/M5_s N_GNDA_MNM2_b nch5 L=6e-07 W=2e-06 AD=2.7e-13 AS=2.7e-13
+ PD=1.27e-06 PS=1.27e-06
XX45/X107/M6_noxref N_GNDA_X45/X107/M6_d N_GNDA_X45/X107/M6_g
+ N_GNDA_X45/X107/M6_s N_GNDA_MNM2_b nch5 L=6e-07 W=2e-06 AD=3.4e-13 AS=3.4e-13
+ PD=1.67333e-06 PS=1.67333e-06
XXI21/XIO/MM1 N_XI21/XIO/MM1_d N_LATCH_CTRL_XI21/XIO/MM1_g
+ N_GNDA_XI21/XIO/MM1_s N_GNDA_MNM2_b nch5 L=1e-06 W=3e-06 AD=1.44e-12
+ AS=1.44e-12 PD=6.96e-06 PS=6.96e-06
XXI21/XI1/MM1 N_XI21/ctrl_out_XI21/XI1/MM1_d N_XI21/ctrl_b_XI21/XI1/MM1_g
+ N_GNDA_XI21/XI1/MM1_s N_GNDA_MNM2_b nch5 L=1e-06 W=3e-06 AD=1.44e-12
+ AS=1.44e-12 PD=6.96e-06 PS=6.96e-06
*
.include "comparator_diff.pex.netlist.comparator_diff.pxi"
*
.ends
```

图 7-27　部分主网表文件

```
* File: comparator_diff.pex.netlist.pex
* Created: Fri Jun  6 13:37:12 2014
* Program "Calibre xRC"
* Version "v2008.1_20.15"
* Nominal Temperature: 27C
* Circuit Temperature: 27C
*
.subckt PM_comparator_diff%XI17/net0132 3 4 8 9 47 48 52 53 134 141 148 155 162
+ 169 176 183
c0 197 0 0.180678f
c1 183 0 0.395446f
c2 176 0 0.33235f
c3 169 0 0.33235f
c4 162 0 0.395446f
c5 155 0 0.358523f
c6 148 0 0.296218f
c7 141 0 0.296218f
c8 134 0 0.358523f
c9 130 0 0.0594078f
c10 128 0 0.398075f
c11 127 0 0.0543118f
c12 124 0 0.0543118f
c13 121 0 0.0552234f
c14 94 0 0.00202132f
c15 93 0 0.134791f
c16 91 0 0.00202132f
c17 90 0 0.0621165f
c18 84 0 0.018075f
c19 81 0 0.154565f
c20 78 0 0.018075f
c21 50 0 0.154565f
r22 196 197 0.302128
r23 195 196 0.00425532
r24 193 194 0.00425532
r25 192 193 0.257872
r26 191 192 0.00425532
r27 188 190 0.00425532
r28 185 211 3.5
```

图 7-28　comparator_diff.pex.netlist.pex 部分网表

```
* File: comparator_diff.pex.netlist.comparator_diff.pxi
* Created: Fri Jun  6 13:37:12 2014
*
x_PM_comparator_diff%XI17/net0132 N_XI17/net0132_XI17/MNM1@2_d
+ N_XI17/net0132_XI17/MNM1_d N_XI17/net0132_XI17/MNM1@4_d
+ N_XI17/net0132_XI17/MNM1@3_d N_XI17/net0132_XI17/MNM0@2_s
+ N_XI17/net0132_XI17/MNM0_s N_XI17/net0132_XI17/MNM0@4_s
+ N_XI17/net0132_XI17/MNM0@3_s N_XI17/net0132_XI17/MNM1
+ N_XI17/net0132_XI17/MNM1@2_g N_XI17/net0132_XI17/MNM1@3_g
+ N_XI17/net0132_XI17/MNM1@4_g N_XI17/net0132_XI17/MNM2@3_g
+ N_XI17/net0132_XI17/MNM2@4_g N_XI17/net0132_XI17/MNM2
+ N_XI17/net0132_XI17/MNM2@2_g PM_comparator_diff%XI17/net0132
x_PM_comparator_diff%XI17/net0190 N_XI17/net0190_XI17/MNM3@3_d
+ N_XI17/net0190_XI17/MNM3_d N_XI17/net0190_XI17/MNM3@4_d
+ N_XI17/net0190_XI17/MNM3@2_d N_XI17/net0190_XI17/MPM11@2_d
+ N_XI17/net0190_XI17/MPM11_d N_XI17/net0190_XI17/MPM11@4_d
+ N_XI17/net0190_XI17/MPM11@3_d N_XI17/net0190_XI17/MPM11@2_g
+ N_XI17/net0190_XI17/MPM11_g N_XI17/net0190_XI17/MPM11@4_g
+ N_XI17/net0190_XI17/MPM11@3_g N_XI17/net0190_XI17/MPM8@2_g
+ N_XI17/net0190_XI17/MPM8@2_g N_XI17/net0190_XI17/MPM8@3_g
+ N_XI17/net0190_XI17/MPM8@4_g N_XI17/net0190_XI17/MPM8@5_g
+ N_XI17/net0190_XI17/MPM8@6_g N_XI17/net0190_XI17/MPM8@7_g
+ N_XI17/net0190_XI17/MPM8@8_g PM_comparator_diff%XI17/net0190
x_PM_comparator_diff%XI17/net091 N_XI17/net091_XI17/MPM11_s
+ N_XI17/net091_XI17/MPM11@3_s N_XI17/net091_XI17/MPM11@2_s
+ N_XI17/net091_XI17/MPM11@4_s N_XI17/net091_XI17/MPM12_d
+ N_XI17/net091_XI17/MPM12@3_d N_XI17/net091_XI17/MPM12@2_d
+ N_XI17/net091_XI17/MPM12@4_d N_XI17/net091_XI17/MPM12@4_g
+ N_XI17/net091_XI17/MPM12_g N_XI17/net091_XI17/MPM12@2_g
+ N_XI17/net091_XI17/MPM12@3_g N_XI17/net091_XI17/MPM9_g
+ N_XI17/net091_XI17/MPM9@2_g N_XI17/net091_XI17/MPM9@3_g
+ N_XI17/net091_XI17/MPM9@4_g N_XI17/net091_XI17/MPM9@5_g
+ N_XI17/net091_XI17/MPM9@6_g N_XI17/net091_XI17/MPM9@7_g
+ N_XI17/net091_XI17/MPM9@8_g PM_comparator_diff%XI17/net091
x_PM_comparator_diff%XI17/net0112 N_XI17/net0112_XI17/MNM6_d
+ N_XI17/net0112_XI17/MNM5_s N_XI17/net0112_XI17/MNM5@2_s
+ PM_comparator_diff%XI17/net0112
x_PM_comparator_diff%XI17/net0124__2 N_XI17/net0124__2_XI17/MNM2@4_d
```

图 7-29　comparator_diff.pex.netlist. comparator_diff.pxi 部分网表

在这三个反提网表的目录下建立的比较器后仿真网表如下所述。

```
.title comparator_diff_post
.inc "comparator_diff.pex.netlist"
x1   CLK_COMP RESET VDDA VIP VCM VIN I10U1 I10U2 I10U3 I10U4   LATCH OUT_COMP
GNDA   comparator_diff
vvdda vdda 0 5
vgnda gnda 0 0
vvcm vcm 0 2.5
II10U1 vdda I10U1 10u
II10U2 vdda I10U2 10u
II10U3 vdda I10U3 10u
II10U4 vdda I10U4 10u
vvip vip 0 pwl 0.1n 0, 1u 5, 2u 0, 2.5u 2.49,3u 2.49, 3.5u 2.505, 4u 2.505, 4.5u 2.497, 5u 2.497, 5.5u
2.502
vvin vin 0 2.5
vclk_comp clk_comp    0 pwl 0.1n 0, 1n 5, 100n 5, 100.1n 0
vlatch   latch   0 pulse(0 5 139.9n 0.1n 0.1n 10n 50n)
vreset reset 0 pulse(0 5 149.9n 0.1n 0.1n 10n 50n)
.temp 27
.lib 'F:\model\GSMC\gf018_5v.l'   tt_5V
.lib 'F:\model\GSMC\gf018_5v.l'   cap_tt
.lib 'F:\model\GSMC\gf018_5v.l'   bip_tt_5V
.lib 'F:\model\GSMC\gf018_5v.l'   res_tt
.lib 'F:\model\GSMC\gf018_5v.l'   tt
.op
```

```
.tran 0.1n 6u
.option post accurate probe nomod captab notop
.probe v(vip) v(vin) v(out_comp)
.measure powerall avg power
.end
```

完成比较器整体仿真网表建立后，即可在 Hspice 中对其进行仿真。

（1）启动 Hspice，弹出 Hspice 主窗口，如图 7-30 所示。单击"Open"按钮，打开 comparator_diff_post.sp 文件。

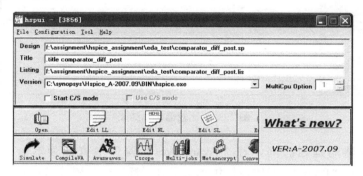

图 7-30　打开 comparator_preamp.sp 文件

（2）在主窗口中单击"Simulate"按钮，开始仿真。仿真完成后，单击"Avanwaves"按钮，弹出"Avanwaves"窗口和"Results Browser"对话框。在"Results Browser"对话框中单击"transient: comparator_diff_post"，则在"Types"栏中显示打印的仿真结果，如图 7-31 所示。

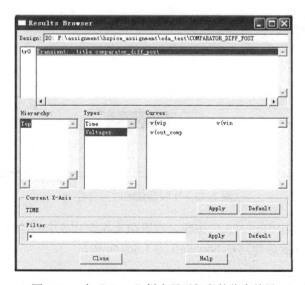

图 7-31　在"Types"栏中显示打印的仿真结果

（3）在"Types"栏中选中"Voltages"，再在"Curves"栏中依次双击"v(vip""v(vin""v(out_comp"，实现 v(vip、v(vin、v(out 仿真结果的打印，如图 7-32 所示。由图可见，比较器完成了比较功能，当 vip 大于 vin 时，比较器输出为高电平；当 vip 大于 vin 的幅度小于 2mV 时，比较器无法分辨二者大小，因此该比较器的分辨率约为 2mV。

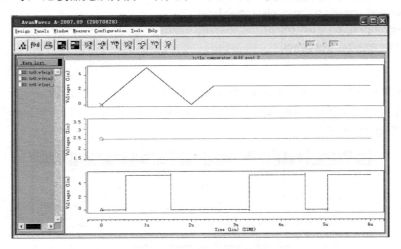

图 7-32　比较器仿真结果

再观察比较器的延迟时间，在"Avanwaves"窗口中执行菜单命令"Measure"→"Anchor cursor"和"Point"，对比较器仿真结果进行标注，如图 7-33 所示。由图可见，比较器 vip 越过 vin 的时间为 1.49942μs，比较器输出的时间为 1.54123μs，延迟时间约为0.04181μs，这就意味着比较器可以工作在最高 1/0.04181μs（约 23.91MHz）的工作频率上。

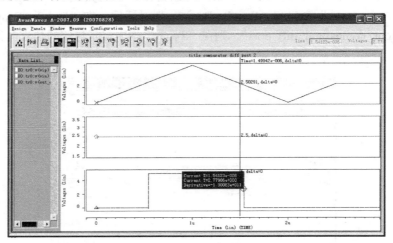

图 7-33　比较器延迟时间查看

（4）在主窗口中单击"Edit LL"按钮，查看仿真状态列表中的功耗仿真结果，如图 7-34所示。由图可见，比较器总体功耗 powerall 为 1.6044mW。

```
.title comparator_diff_post
******  transient analysis              tnom=  25.000 temp=  27.000
******
  powerall= 1.6044E-03  from=  0.0000E+00    to=  6.0000E-06
```

图 7-34　比较器总体功耗 powerall

以上就完成了比较器功能及延迟时间、功耗的性能后仿真验证。

【本章小结】

本章首先讨论了比较器电路的基础知识，包括基本概念、性能参数及基本结构，之后通过应用于逐次逼近 A/D 转换器中的动态比较器介绍了使用 Virtuoso 和 Calibre 进行比较器版图设计和后仿真的基本流程和方法，使读者对比较器的版图设计思路和仿真方法有了一个概括的了解。

第8章 标准 I/O 单元库的设计与验证

在片上系统（SoC）和超大规模集成电路（VLSI）设计流程中，单元库均被作为简化设计流程、优化设计参数的重要工具而使用。单元库包括标准逻辑单元库和标准 I/O 单元库，前者是数字流程不可或缺的一环；后者作为宏观到微观的桥梁，不仅需要兼顾芯片之间互连的电学指标兼容性，同时需要满足内部向外的驱动能力、外部向内的传输功能及整体抗静电放电能力（ESD）等诸多要求。一套好的标准 I/O 单元库不仅可以满足芯片的基本电学参数要求，同时兼具面积小、功能多、适应性强等诸多优点。本章首先概括性介绍标准 I/O 单元库的基本知识、性能指标和基本电路结构，之后介绍一套应用于数模混合的标准 I/O 单元库设计方法，以及利用 Hspice 仿真工具进行后仿真验证的基本流程和技巧。

8.1 标准 I/O 单元库概述

标准 I/O 单元库是沟通宏观（芯片外部封装）到微观（芯片内部电路）的桥梁。在宏观领域，设计者需要关注焊盘（Pad）开口尺寸等物理参数，以及标准 I/O 单元库抗静电放电能力（ESD）的大小；在微观领域，设计者需要关注标准 I/O 单元芯片的输入高/低电平（U_{ih}、U_{il}）、输出高/低电平（U_{oh}、U_{ol}）等电学参数，以及标准单元库横向和纵向的单元基本长度（Pitch）等物理信息。

按照使用环境划分，标准 I/O 单元库可分为模拟标准 I/O 单元库和数字标准 I/O 单元库；按照功能划分，可分为信号 I/O 单元（输入单元、输出单元、双向单元）、电源地单元（I/O 电源、内核电源、模拟电源）、连接单元（填充单元 filler、角落单元 corner）、特殊单元（电源切断单元等）；按照使用条件划分，可分为线性型（liner 或 in line）和交错型（stagger）。

1. 标准 I/O 单元库基本性能参数

标准 I/O 单元库的性能参数包含物理参数和电学参数两个大的方面。下面分别给出一些有代表性的标准 I/O 单元库的性能参数并加以详解。

1）焊盘开口（Pad Opening）　焊盘开口不同于焊盘尺寸，因为它体现的是焊盘上方对于钝化层的掩膜尺寸，在每个边上比金属一般小约 5μm。焊盘没有开口是不能够作为外部电学连接使用的，因为如果没有对于钝化层的掩膜，在焊盘金属上方会有一层致密的金属钝化层，无法对其进行任何形式的封装操作。焊盘开口也决定了后续封装操作时，金丝的最大直径。例如，开口为 65μm 的焊盘进行 PGA 封装时，优选使用直径约 25μm 的金丝，经验公式为，焊盘开口=2.5×金丝直径（PGA 封装时金球为 2 倍金丝直径）。过小的焊盘开口无法进行封装，所以在进行标准 I/O 单元库设计的前期，需要与封装厂商沟通现行常用的封装方式及对于焊盘开口的尺寸要求。

2）**单元基本宽度**（Pitch）　一般情况下，单元基本宽度在整个标准 I/O 单元库中是通用的，即一套标准 I/O 单元库中的每个单元具有同样的横向和纵向尺寸（宽度和高度）。该特点的存在主要是基于如下两个原因：首先，自动封装的存在条件是任意相邻的两个焊盘中心距离具有同样的尺寸，这就要求在单元库设计时，每个单元具有同样的横向尺寸；其次，后端流程在设计过程中会面临两个问题，即没有同样纵向尺寸的两个单元无法精确拼接，以及没有同样横向尺寸的两个单元无法使用同样一个偏移量（offset）进行描述。基于上述原因，单元基本宽度在一般情况下是整个标准 I/O 单元库通用的（特殊情况下会存在非正常单元基本宽度，设计者需要另行考虑）。单元基本宽度决定了单元库的基本物理性能，过大的单元基本宽度会浪费流片面积，而过小的单元基本宽度则会影响正常版图的布局，从而间接影响到标准 I/O 单元库的基本电学参数。

3）**输入高/低电平**（U_{ih}、U_{il}）　输入高/低电平的限定条件是根据产品级及接口的相关限定而来的。就芯片来说，标准 I/O 单元库体现了芯片基本的 DC 和 AC 参数，对于产品级的相应电学参数要求就成为针对标准 I/O 单元库的电学参数要求。因此，标准 I/O 单元库的设计需要满足 JEDEC 相关的设计规范（并非业界强制要求，但是为了互连需要，一般会要求满足），Interface Standard 和 Standard Logic Divice 相关标准需要在设计前进行考虑，其值大小依赖于具体接口标准（常见的接口标准有 CMOS、TTL 等）。一般来说，芯片产品输入高/低电平的值仅与标准 I/O 单元库中输入单元的设计有关，而且其设计需依赖工艺的稳定性及多次流片的实际测试验证。

4）**输出高/低电平**（U_{oh}、U_{ol}）　输出高/低电平的要求与输入的相类似，但不同点在于输出高低电平的大小一般仅与标准 I/O 单元库中输出单元的设计有关，并且会对于输出驱动能力有一定的要求，其设计需依赖工艺的稳定性及多次流片的实际测试验证。

5）**输出驱动能力**（I_{oh}）　输出驱动能力与输出单元最后一级缓冲器的设计尺寸有关。需要注意的是，在标准 I/O 单元库中，一般会设计多个输出驱动能力的单元，以满足不同的输出需要，常见的输出电流有 2mA、4mA、8mA、16mA、24mA、32mA 等多种。

2. 标准 I/O 单元库分类

本节以应用环境及使用方式为出发点，介绍基本的单元库分类。

1）**数字标准 I/O 单元库**　随着栅氧厚度逐步减小，数字电路的设计工艺尺寸逐步降低，从而获得了更高的集成度和更低的功耗，但是过薄的栅氧也对数字电路的可靠性提出了更高的要求。为了解决上述矛盾，业界在进行数字电路设计时，一般采用双电源的方式，即由电位较高的外围电压（也称 IO 电压）给外围厚氧工艺的电路结构供电，由电位较低的核心电压（也称 core 电压）给内核薄氧工艺的电路结构供电，其结构如图 8-1 所示。这也就要求数字 I/O 单元库拥有高低电压转换（Level Shifter）、多电源环等特点。

2）**模拟标准 I/O 单元库**　模拟标准 I/O 单元库不同于数字标准 I/O 单元库，这是因为模拟版图相比于数字版图更关注元器件寄生问题，且不会对 I/O 有驱动能力的要求（模拟版图一般都从芯片参数分解开始考虑驱动能力的设计）。所以，模拟标准 I/O 单元库一般比数字标准 I/O 单元库使用的元器件更少，更偏向于使用寄生更少的二极管（Diode）进行设计。

3）**线性型和交错型单元库**　线性型和交错型是两类主要的 I/O 单元库版图设计大类。二者针对不同的内核尺寸应用可达到最大化的版图面积优化。通常，芯片版图面积可能由两个方面来决定，即内核电路的版图面积和外围 I/O 电路的面积（其核心为引脚数目）。第一种情况一般业界称之为 core-limited，第二种情况一般业界称之为 pad-limited。在 core-limited 的版图结构中，一般使用线性型 I/O 单元库；而在 pad-limited 的版图结构中，一般使用交错型 I/O 单元库。这是因为交错型相比于线性型的同样单元，其横向尺寸（宽度）一般约为其 50%，而纵向尺寸（高度）一般约为其 2 倍。这就确保了在相同的宽度下，交错型的排列方式可容纳的 I/O 单元数量比线性型可增加 1 倍。二者之间的关系如图 8-2 所示。

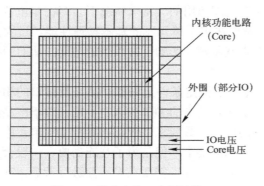

图 8-1　数字电路双电源结构

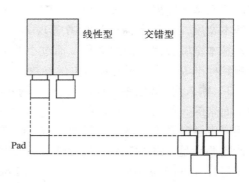

图 8-2　线性型单元库和交错型单元库的关系

8.2　I/O 单元库基本电路结构

　　一个完整的 I/O 单元库按照功能划分可分为信号 I/O 单元（输入单元、输出单元、双向单元）、电源地单元（I/O 电源、内核电源、模拟电源）、连接单元（填充单元 filler、角落单元 corner）、特殊单元（电源切断单元等）。其中，最基本的单元为 I/O 单元（inout）、电源单元、电源切断单元。

1. 数字双向模块基本电路结构

　　数字双向模块是数字标准 I/O 单元库的最基本单元之一，它涵盖了输入模块及输出模块等基本电路结构，进行简单分割即可得到数字输入单元及数字输出单元的电路结构。所以在一般情况下，最大驱动能力（针对于输出模块）的数字双向模块尺寸是制约数字 I/O 单元库单元基本宽度的关键因素。一个简略的数字双向模块基本电路结构如图 8-3 所示。

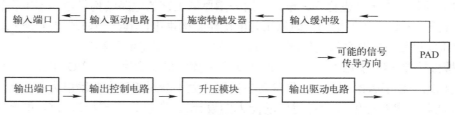

图 8-3　数字双向模块基本电路结构

　　1）**输入缓冲级**　输入缓冲级的基本电路结构如图 8-4 所示。其中，M_4 的栅端始终接 U_{VDD-IO} 电平，当 PAD 端输入 0V 的信号时，M_1、M_2、M_4 导通，A 端为高电平；而当输入 2.5V 信号时，由于 M₄ 具有阈值损失作用，M₂ 与 M₃ 的栅电压约为 $U_{VDD-IO}-U_{thn}$。当输入上浮到 5V 电压，由于 M₄ 具有阈值损失作用，M₂ 与 M₃ 的栅电压依旧约为 $U_{VDD-IO}-U_{thn}$，这就保证了图 8-4 所示输入缓冲级可在工作电压 2.5V 以上，兼容 5V 工作电压，而不会引起内部电路栅氧的可靠性问题。M₁ 晶体管影响输入缓冲级的输入高/低电平，通过调节 M₁ 的宽长比，可仿真结合实际测试得到需要的输入高低电平的值。R₁ 电阻是抗 ESD 结构的一部分，其电阻值约为 200Ω，在 PAD 到 R₁ 电阻之间可根据工艺特征和代工厂（FAB 或 Foundry）提供的设计手册选取合适的抗静电单元来预防静电放电的发生。

2）**施密特触发器**　施密特触发器（Schmitt Trigger）不同于普通门电路，它拥有两个阈值电压。在信号由低电平上升到高电平过程中，使得输出发生改变的输入电压称为正向阈值电压；反之，则为负向阈值电压。这种双阈值的现象被称为迟滞现象，说明施密特触发器具有记忆性。所以从本质上来说，施密特触发器是一种双稳态多谐振荡器。输入单元内部的施密特触发器具有抗干扰及波形整形的作用，不仅可以利用其双阈值防止输入端噪声进入芯片内部，而且可以对输入波形整形，使得波形更加陡峭。施密特触发器电路结构如图 8-5 所示。

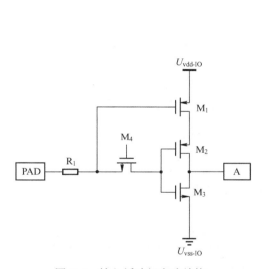

图 8-4　输入缓冲级电路结构

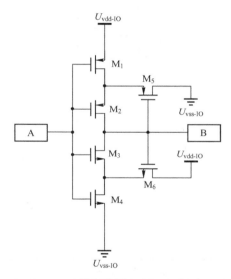

图 8-5　施密特触发器电路结构

3）**输入驱动电路**　输入驱动电路的作用是使得输入单元能够对于内部单元有足够的驱动能力。一般情况下，认为仿真中输入驱动电路可在工作频率或更高频率下可驱动 0.5pF 负载，输出并无功能缺失则认为输入驱动电路设计无隐患（0.5pF 是一个经验值，具体仿真中需增加负载的大小需依赖具体工艺和连接器件类型）。同时。输入驱动电路也可将输入的 U_{vdd-IO} 变更为内环使用的 $U_{vdd-core}$。输入驱动电路的电路结构如图 8-6 所示。

4）**输出控制电路**　由于双向单元模块同时具有输入与输出的功能，为了避免在 PAD 位置处发

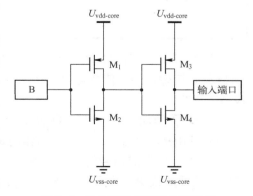

图 8-6　输入驱动电路的电路结构

生功能冲突，一般会给 I/O 模块单独配置使能端进行信号选通。而输出相比于输入部分，晶体管数目多而且尺寸大，长期导通工作对于芯片功耗的影响极大，所以一般将使能端加于输出部分。常见的输出控制电路有逻辑门选通与传输门选通两种。本节介绍常见逻辑门选通方式，其电路结构如图 8-7 所示。通过逻辑门选通方式，可将输出单元分解为输出上拉模块（输出端为 C）及输出下拉模块（输出端为 D），这样的分解是为最后一级驱动器使用低功耗结构而进行输入上拉和下拉拆分使用的。输出上拉模块输出 C 及输出下拉模块输出 D 的真值表见表 8.1。

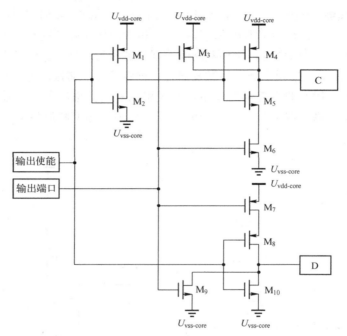

图 8-7   输出控制电路结构

表 8-1   输出控制电路真值表

输出使能（OEN）	输出端口	C	D
1	1	1	0
1	0	1	0
0	1	1	1
0	0	0	0

通过真值表可看出，本节提供的输出控制电路为低有效，当输出使能端为 0 时，C 端口与 D 端口随输出端口值变化而变化；当输出使能端为 1 时，C 端口被强制置 1，而 D 端口被强制置 0。

5）升压模块   在标准 I/O 单元库中使用的升压模块通常采用的是被称为电平移位（Level Shifter）的结构。该结构的作用是在 IO 电源电压域（$U_{\text{vdd-IO}}$）及 core 电源电压域（$U_{\text{vdd-core}}$）之间完成信号的逻辑传递，同时完成电路器件由内核的薄栅氧器件到外围 IO 的厚栅氧器件的改变，从而提高外围电路的耐压性。一个标准的四管 level shifter 结构如图 8-8所示。

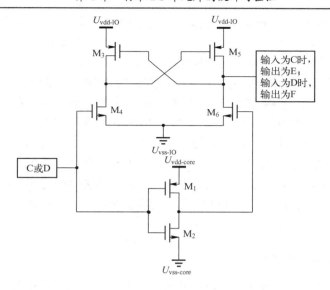

图 8-8　标准四管电平移位电路结构

6）**输出驱动电路**　对于数字标准 I/O 单元库来说，输出驱动电路通常包括两个部分。首先是芯片工作状态下用于驱动外部负载的驱动管；其次是为了提高抗 ESD 水平而增加的抗 ESD 器件。二者的共同点是均采用厚栅氧器件进行设计，并且二者的尺寸均很大。出于对工艺一致性及 dummy 器件利用的考虑，数字电路一般使用 MOS 管进行抗静电单元的设计，具体的设计规则需要参考各个代工厂提供的静电设计手册或版图设计注意事项。在图 8-9 中给出了输出驱动电路中的基本电路结构，其中 R_1 及 R_2 的增加主要是为了 MOS 管的开启一致性考量，这有助于提高整个芯片的抗静电等级。

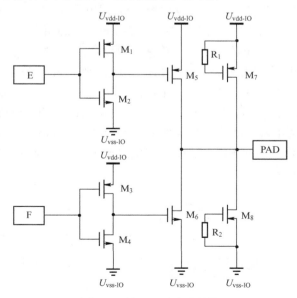

图 8-9　输出驱动电路结构

2. 模拟 I/O 模块基本电路结构

模拟 I/O 模块不同于其在数字电路中的应用。由于电路特点及原理的限制，模拟电路易受噪声影响，寄生效应对其影响很大。因此，对于模拟输入端口，常采用二极管进行保护（现有常见模拟模块抗静电保护单元还有 SCR，即晶闸管），就是利用二极管的寄生效应很小，同时具有电压钳位的作用（设二极管导通电压为 0.7V，图 8-10 中电路会将 PAD 电位钳位到 U_{vss-IO}−0.7V 到 U_{vdd-IO}+0.7V 之间）这一特点。图 8-10 中左侧为模拟输入单元，右侧为模拟输出单元，二者的区别主要在于电阻 R_1，由于模拟电路一般具有高输入电阻（输入一般为栅），所以在输入进行两级保护并增加电阻 R_1 并不会影响电路的电学参数。而模拟输出有可能为电流输出或电压输出，如果在输出端增加电阻，势必会影响芯片的正常工作，所以在输出端仅用双二极管进行保护。当然，根据特殊的使用环境，模拟输入及模拟输出交换其使用位置也是可以的。在这一点上，具体电路设计问题需要具体分析。出于设计便利性的考虑，有时模拟 I/O 单元会使用数字 I/O 单元的抗静电保护结构，本章 8-3-2 节实例中就使用了该设计方式。

3. 电源与地模块基本电路结构

电源与地模块承载着为内核功能电路和外围 I/O 供电，以及对于电源到地这一电流通路进行 ESD 电流泄放的任务。在数字后端设计过程中，为了减小 IR-Drop，每 5~10 个信号 I/O 单元需要有一组电源为其供电，足见对于标准 I/O 单元库来讲，电源与地模块设计的重要性。而对于电源与地模块版图来说，其结构并不复杂，在电源单元及地单元模块版图中，主要组成为被称为 Power-clamp 的电流泄放单元。该单元可以由多种器件组成，典型的 Power-clamp 有二极管（Diode）、大尺寸 NMOS 管（Big-Fet）、栅接地 NMOS 管（GGMOS）、晶闸管（SCR）等。

本节介绍的标准 I/O 单元库设计采用的是一种常见的大尺寸 MOS 管的 Power-clamp。其电路原理图如图 8-11 所示。其电路工作原理为，当电路处于正常工作状态时，晶体管 M_1 栅电位为电容器 C_1 电压，即 U_{vdd-IO}。经反相器，M_3 栅电压为 U_{vss-IO}，最后一级 NMOS 处于关断状态。也就是说，在电路正常工作状态，该 Power-clamp 并不工作，只会产生微小的漏电流。而当 U_{vdd-IO} 上存在静电放电高压（数百伏到数万伏），由于电容和电阻组成的延时单元，导致 M_1 栅位置电压依旧为 U_{vdd-IO}，而 M_1 电源电压则远超过该电压，满足 M_1 导通条件下，M_1 导通，并将 M_3 栅电压迅速上拉，直至晶体管 M_3 导通为止。晶体管 M_3 为一个宽长比极大的厚栅氧 MOS 晶体管，随着它的导通，迅速将电源上的电荷传输到地上，外围 I/O 电源上的电压随之迅速下降。而当 M_1 不满足导通条件时，Power-clamp 恢复正常工作状态，M_3 关闭，避免工作状态漏电流的产生。该电路设计的核心为 R_1 与 C_1 值的选取，一般常见 RC 延时为 50~100ns。

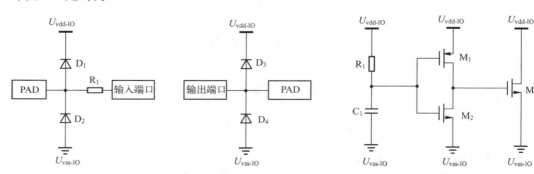

图 8-10　模拟 I/O 模块电路结构　　　　　图 8-11　频率触发 Power-clamp 电路原理图

4. 切断单元与连接单元

切断单元（Split Cell）与连接单元（Filler&Corner）是标准 I/O 单元库中两类基本的版图单元，它们的作用仅作为电源连接及电源分断使用，并不影响整体芯片的外部参数。连接单元为多层金属的跳线连接，而切断单元则是为了防止混合信号电路中，数字信号的快速翻转引起的噪声影响到模拟电源而引入。电源切断单元一般由一级或多级二极管组成，级数越多，屏蔽效果越好，但对 ESD 等级的影响也就越大，所以在设计时一般会进行折中。图 8-12 所示为一种电源切断单元的电路原理图。

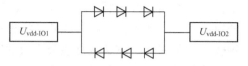

图 8-12　电源切断单元电路原理图

8.3　I/O 单元库版图设计

本节将设计一款交错型数字 I/O 单元库和一款交错型模拟 I/O 单元。由于数字 I/O 单元的内部单元数目较多，对面积的要求较大，因此在本章中首先进行数字 I/O 单元的版图设计，然后按照数字 I/O 单元的版图进行模拟 I/O 单元的版图设计。其中，数字交错式双向 I/O 单元的电路结构如图 8-3 所示，模拟交错式双向 I/O 单元的结构则根据数字交错式 I/O 单元版图结构简化而来，其结构为直通结构，抗 ESD 单元使用的器件为 MOS 管（结构见图 8-9）。

8.3.1　数字 I/O 单元版图设计

本节将采用 SMIC 某 1p10m CMOS 工艺，配合 Virtuoso 软件，设计一款数字交错式双向 I/O 单元。

由于标准 I/O 单元库的设计要求纵向和横向尺寸（Pitch）具有一致性，因此在设计之初可以先将每个模块所需的晶体管进行粗略的摆放，以估算电路面积，再进行相应的布局。注意，在实际使用中，一个应用于混合信号芯片设计的标准 I/O 单元库中面积最大的单元一般是驱动能力最大的数字 I/O 单元（本节中设计的数字 I/O 单元的最大驱动能力为 8mA），因此在面积估算确定横向或纵向尺寸时需以其作为最大约束。

在版图布局时，应注意需要隔离低压逻辑区域（包括前文所述输出控制电路、升压模块等电路，又称 predriver）及高压区域（包括驱动电路和 ESD 保护单元，即 postdriver），该设计要点可以有效避免噪声及栓锁（latch-up）的传导或发生，最终的版图布局如图 8-13 所示。

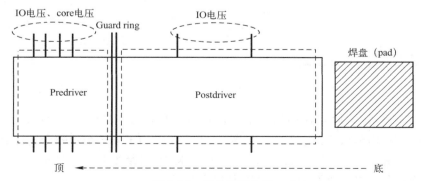

图 8-13　芯片版图布局

当单元作为输入使用时（芯片外部到芯片内部），输入信号自底向上进行传输，焊盘位于最下方，而上方为标准 I/O 电路的 postdriver，然后向上为 predriver。下面具体介绍各个模块电路的版图设计。具体操作和版图建立可以参考第 2 章和第 4 章中。

　　进行 ESD 防护电路的相关设计时，需要特殊制作在 I/O 单元中使用的 postdriver 大尺寸 MOS 管（Big Fet），这种类型的 MOS 管一般表现为非对称结构。在某些代工厂的 PDK 中，可以自由调节 S/D（源 source 或漏 drain），但是大多数代工厂提供的 PDK 中，S/D 只能对称调节。所以在进行 ESD 结构设计前，首先要进行相关模块的制作。本节首先介绍一种较为简单快捷的方法进行该类模块的制作。注意，本节出现的参数均为示例使用，并非真正工艺参数，如果进行某特定工艺条件下 I/O 单元库的制作，需要该工艺条件下的 Design rule 文件中 ESD、latch-up 及 EM 部分章节支撑，如果质疑参数并非最优（事实上，代工厂给出的设计参数都多少会留下一定裕度）可自行设计 test pattern 进行研究，或者向工艺提供者进行技术咨询。

　　数字 I/O 单元的版图设计过程如下所述。

　　（1）新建一个单元，命名为 PB8_ESD_P_f1，并插入一个该工艺下的高压器件（快捷键"i"）。

　　（2）将其参数分别设置为 length=400nm，finger width=26μm，fingers=1，S/D to gate=500nm，完成后的晶体管如图 8-14 所示。

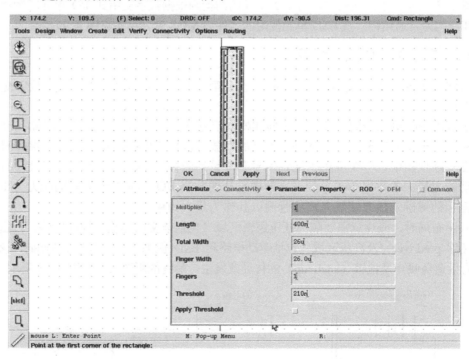

图 8-14　插入高压器件

　　（3）将 MOS 管的原点移动到左下方，执行菜单命令"Edit"→"Other"→"Move origin"，并将光标移至晶体管左下方，如图 8-15 所示。由于下一个步骤会进行 PDK 的破坏操作且过程不可逆（可以重新生成单元，但是 PDK 中的参数不能保存），需要在此步骤前仔细检查以上操作，核实版图中的晶体管参数是否正确。

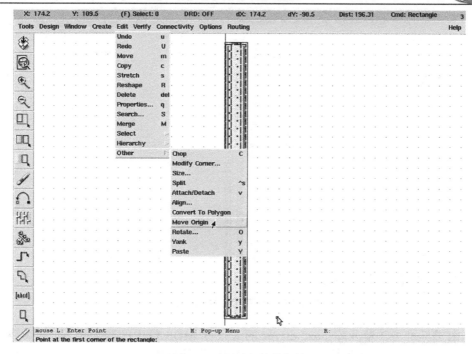

图 8-15　调整晶体管参数

　　确认完成后，用鼠标选择晶体管，并执行菜单命令"Edit"→"Hierarchy"→"Flatten"（见图 8-16），在弹出的对话框中选中"Display levels"选项和"Flatten Pcells"选项，如图 8-17 所示。

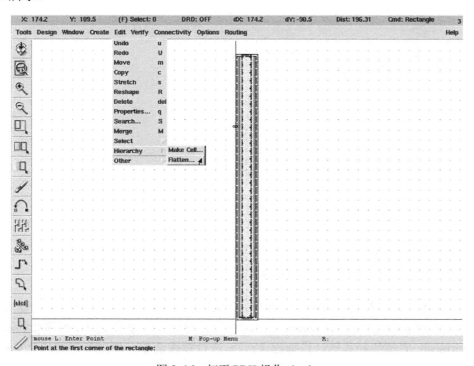

图 8-16　打平 PDK 操作（一）

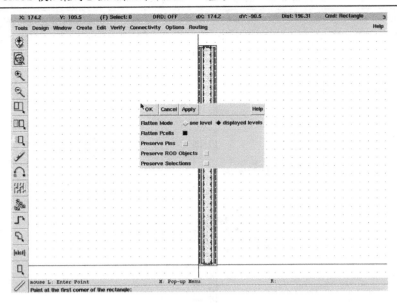

图 8-17　打平 PDK 操作（二）

（4）由于标准 I/O 单元库 post driver 的大尺寸 MOS 管中的漏端接 pad，需要通孔到栅的距离保持一个较大的距离（代工厂会在 ESD 设计规则中给出一个参考值，单元库的设计中可以参考该值，也可结合实验适当加以优化处理），如图 8-18 所示。本例采用的值为 2.5μm，该值可用 ruler 进行标注（快捷键 "k"）。

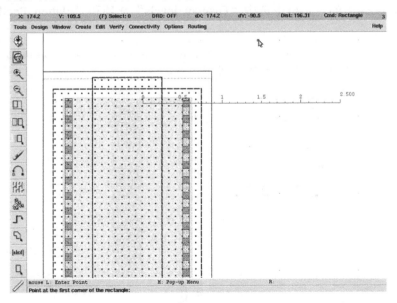

图 8-18　标注拉伸位置

（5）选中图中的 CT 层、NW 层、SP 层、M1 层，使用 virtuoso 的拉伸功能（快捷键 "s"），将其移动到标注位置，如果在移动过程中存在部分区域并未按照预想移动的情况，可以使用 virtuoso 的拉伸和移动（快捷键 "m"）进行细微调整，使之满足要求，如图 8-19 所示。

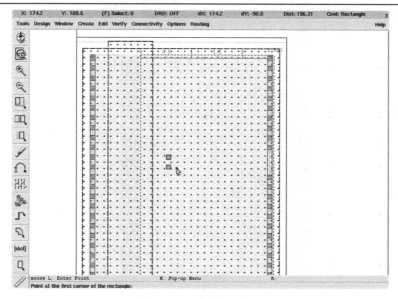

图 8-19　拉伸及细微调节

（6）通过上述操作，可以得到一个 S/D 非对称的大尺寸 MOS 管局部，还需要进行自对准多晶硅化物块（salicide block）和 ESD 注入等两层的添加。注意，两层的添加会很大程度影响最后的抗静电等级，推荐使用代工厂提供的工艺参数进行设计。若需优化，可使用自己设计的 Test Pattern 进行测试。

salicide 是指，待工艺进行到完成栅刻蚀及源漏注入后，以溅射的方式在 POLY 上淀积一层金属层（一般为 Ti、Co 或 Ni），然后进行一次快速升温退火处理（RTA），使多晶硅表面和淀积的金属发生反应，形成的金属硅化物。由于可以根据退火温度设定，使得其他绝缘层（氮化层或氧化层）上的淀积金属不能与绝缘层反应而产生不希望的硅化物，因此这是一种自对准的工艺过程。生成金属硅化物后，再用一种选择性强的湿法刻蚀（$NH_4OH/H_2O_2/H_2O$ 或 H_2SO_4/H_2O_2 的混合液）清除不需要的金属淀积层，留下栅极及其他需要做硅化物的自对准多晶硅化物（salicide）。另外，还可以经过多次退火形成更低电阻值的硅化物连接。由于金属硅化物的目的是降低接触电阻，所以在希望提高电阻值的场合可以使用自对准多晶硅化物块来阻止自对准多晶硅化物的生成，从而达到增大电阻的目的。

ESD 注入（ESD implant process）是指，因轻掺杂漏（Lightly Doped Drain，LDD）的引入造成在 S 和 D 两端之间的沟道区域存在尖端，当 MOS 管应用于输出级时，该结构易被 ESD 破坏。为了避免这种情况的发生，工艺上一般在同一个工艺条件下制作两种类型的晶体管，一种是具有 LDD 结构的芯片内部使用的晶体管，另外一种是在标准 I/O 单元库中使用的类似早期长沟道晶体管，在 Virtuoso 中，一般通过 ESD 注入层来实现这两种器件的区分。

本例首先添加 salicide blockage，在 LSW 窗口中选中 SAB 层，选择矩形工具（快捷键"r"）或在 drain 端整体覆盖 salicide blockage，而后使用 chop 功能（快捷键"c"）来实现 SAB 层上的挖孔，如图 8-20 所示。注意，务必不要在 CT（Contact）上方覆盖 SAB 层，因为这样会影响 CT 的电连接特性。而具体 SAB 覆盖 GT（Ploy）的宽度和 SAB 到 CT 的距离在设计规则文件中均有描述，在设计规则检查（DRC）也会有相应的规则约束。

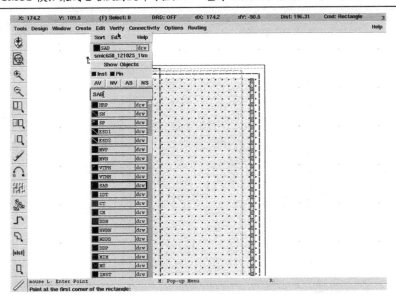

图 8-20 SAB 层相关处理

ESD 注入层一般都会要求覆盖整个 bigfet 区域，所以要在后续步骤中整体实现。

（7）保存制作好的单元为 PB8_ESD_p_f1。在 library 下新建 cellview 名为 PB8_ESD_p_f8，调用制作好的 PB8_ESD_p_f1（快捷键"i"）放置于原点处，首先通过复制（快捷键"c"），并选中 CT 孔的右侧边缘，然后开启复制选项（按"C"键，然后按"F3"键）中的左右镜像（"sideways"表示左右镜像，"rotate"表示旋转，"upside down"表示上下翻转），使得图像翻转，得到镜像后的结果，将其对准 CT 孔左侧边缘。这样就得到了一个原版图的镜像版图，多次重复操作后就可得到一个多指版图，本文采用 8 指结构加以实现。完成后的 8 指版图如图 8-21 所示。

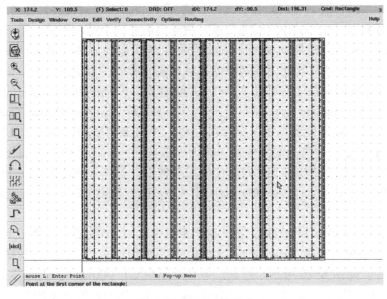

图 8-21 bigfet 的形成

（8）在上述步骤完成后，即可在上方覆盖 ESD 注入层，添加方法类似于前面 SAB 层的添加，首先在 LSW 中选择 ESD 层，而后使用矩形工具（快捷键"r"）覆盖整个区域即可。

（9）完成 bigfet 的制作后，进行数字功能区域的布置，在已布局规划好的 core 电源、core 地、IO 电源、IO 地区域内分别按照电路图放置元器件，并进行连接。本单元设计基本思路是使用 M₁ 进行电源环内部连线，如晶体管到电源和地的连接及同一个电源环内部连线；使用 M₂ 进行电源环之间的晶体管连线，如长距离的连线或跨电源域的连线等。数字功能区域规划如图 8-22 所示。

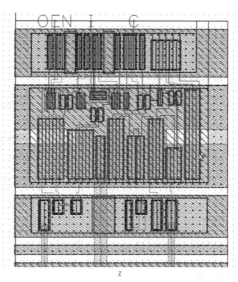

图 8-22　数字功能区域规划

连线的具体方法为单击路径形式（Path）快捷键"p"，弹出"Create Path"对话框（如对话框并未出现则可按"F3"键进行设置），这时可在"Width"栏中修改路径宽度，同时在"Snap Mode"栏中修改为 diagonal 模式，就可以使路径实现 45°角布线（需注意使用 path 方式的布线很可能有 off-grid 问题，该问题需要使用 chop 功能将光标无法移动到的格点拐点位置去除，或者使用 polygon 功能添加拐点的格点），路径形式 path 界面如图 8-23 所示。

进行布线时，也可以采用创建矩形式（快捷键"r"）进行连线，然后再采用拉伸命令（快捷键"s"）实现。

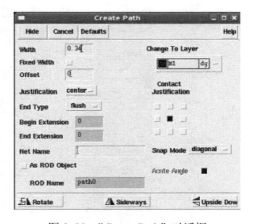

图 8-23　"Create Path"对话框

注意，在进行焊盘到内部的连线时，由焊盘直接引入的金属宽度最好在 50μm 以上；并且为了避免尖端放电，在开槽区域需要进行倒角处理，倒角的大小根据开槽宽度而有所不同，本节的倒角一律采用 2μm 大小处理。倒角的处理效果如图 8-24 所示。

（10）对电路版图完成连线后，需要对电路的 I/O 进行标注。在 LSW 对话框中单击

M1_TXT，表示选择一层金属的标注层，然后按快捷键"1"，弹出"Create Label"对话框，如图 8-25 所示。在相应的版图层上单击即可；其他端口标注也应选择相应金属层的标注层进行标注。

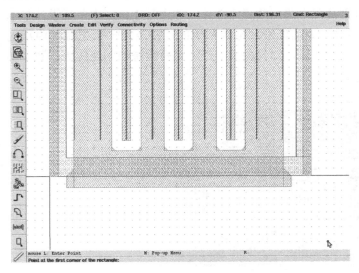

图 8-24　输入金属的宽度和倒角　　　　　　图 8-25　"Create Label"对话框

上述步骤完成后的版图如图 8-26 所示。

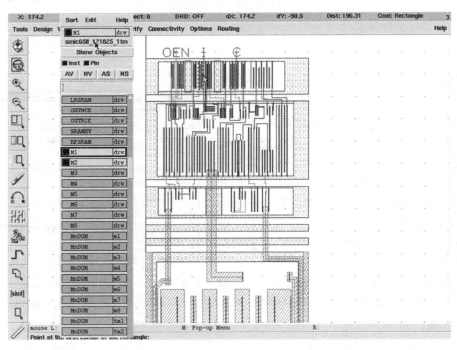

图 8-26　完成的数字 I/O 单元版图 M_1-M_2 连线

（11）完成底层单元的布线后，接下来进行上层的布线布局。首先创建一个 cellview，取名为 PB8_border，按照版图规划进行 M₃ 及以上横向金属连接。注意，IO 电源和 IO 地上的电阻值会极大影响 ESD 泄放通路，所以需要尽可能宽的金属连接和尽可能多的孔，但是由于电流的集边效应（电流分布不均匀，电流会在金属边缘传输），要求孔距离金属边缘要略远一些。

　　而横向连接在版图方面主要需要考虑两个问题，即 slot 开槽方式和边孔连接方式。其中，slot 是指大面积金属的开槽，主要是为了避免由于金属和介质热膨胀系数不同，在加工过程中，金属受热膨胀而造成芯片损坏的现象；同时，适当的开槽位置和方式也会很大程度减小电流集边效应对于芯片的影响，使得芯片可以承受更大的静电电流。而边孔连接方式则是因为标准 I/O 单元只是芯片中的一小部分，它们需要彼此连接才能实现特定的 I/O 组合，边孔连接则是连接过程中必须考虑的 DRC 规则之一。

　　常见的 slot 开槽方式有两种，即边缘开槽型和中央开槽型，如图 8-27 所示。边缘开槽型的优点在于更容易拼接，拼接后出现 DRC 的错误很低，但其缺点在于如果需要开槽的区域很长，则为了开槽优化而进行的手动操作要更多，更复杂。中央开槽型的优点在于更易操作，而其缺点在于其拼接适应性更差，如果没有 filler，则进行 IO 环的手动拼接在 chip-top 层面进行的手动操作更多。本例中的横向电源环连接采用了边缘开槽的方式。

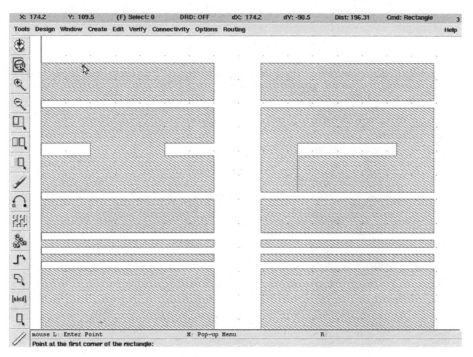

图 8-27　两种 slot 开槽方式的比较——边缘开槽型和中央开槽型

　　常见的边缘孔连接方式也有两种，即边缘孔型和中央孔型，如图 8-28 所示。其中，边缘放孔需要孔对于单元的边缘对称（孔的一半属于下个单元），否则就会违反 DRC 规则，而中央放孔则要注意孔到金属边缘要大于孔最小间距的 1/2。本例采用的是中央放孔的方式。完成后的上层电源环连接 PB8_border 如图 8-29 所示。

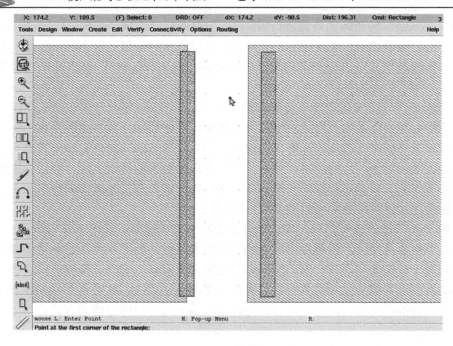

图 8-28　两种边孔方式的比较——边缘孔型和中央孔型

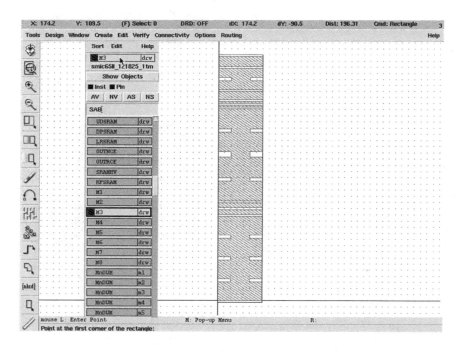

图 8-29　PB8_border 版图

（12）在各个模块版图完成的基础上，即可进行整体数字双向版图的拼接。依据最初的布局原则，完成数字双向电路的版图，如图 8-30 所示。由图可见，整体呈对称的矩形状，主体版图顶端按照电源环分布宽的电源线和地线。至此，就完成了数字双向版图设计。

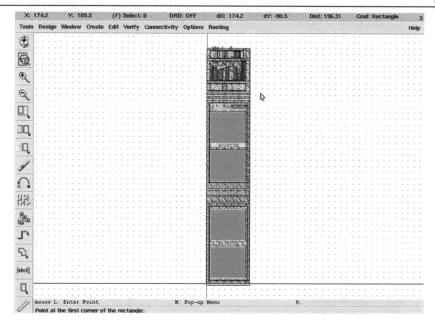

图 8-30　数字双向版图

采用 Calibre 进行 DRC、LVS 和天线规则检查的具体步骤和方法可参考第 4 章中的操作。在此说明一下，由于 I/O 单元库的功能性，除单个单元必须要满足 DRC、LVS、天线等规则外，为保证单元的正常使用，还需要确保两两拼接之后无违反上述设计规则的现象，这就体现了检查流程中拼接检查的重要性。

8.3.2　模拟 I/O 单元的制作

模拟 I/O 单元，一般为焊盘（或称为压点）通过宽金属被引入芯片内部，通过在金属线两端增加器件对于 ESD 电流进行泄放处理。常见的预防器件有二极管（Diode）、MOS 管等，电源钳位（Power Clamp）及晶闸管（SCR）也可被应用于模拟电路 ESD 的预防，不过复杂器件及结构的引入需要对于寄生引入的未知路径进行仔细研究，否则会对芯片带来意料之外的损害。

本节模拟单元设计采用与数字单元类似的抗 ESD 结构来代替二极管（结构见图 8-9），具体做法是利用 8.3.1 节制作的 PB8_ESD_p_f8 单元。因此下面的步骤是已将 PB8_ESD_p_f8 单元制作好后的后续流程。因为横向和纵向的 pitch 都相等（同工艺库），也可以利用数字 I/O 单元进行简单修改，这样可以节约大量工作量。

（1）按照数字 I/O 单元的尺寸绘制底层电源环（M_1 及以下）（参考 8.3.1 节步骤（1）至步骤（8））。

（2）将 PB8_ESD_p_f8 放置在合适的电源环内部（8.3.1 节步骤（9））。

（3）进行输入金属连线，本例思路为使用 M_2 进行焊盘（pad）到芯片内部的连线，使用 M_3 及以上进行横向电源环连线。当然，如果遇到需要输出的电流过大的情况，应根据电流密度进行金属的拓宽，在面积有限的前提下，可以考虑使用多层金属进行电流的引入。完成的连线版图如图 8-31 所示。

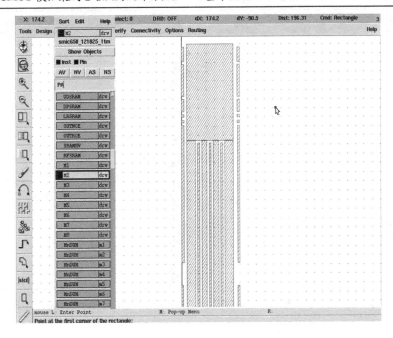

图 8-31　模拟 I/O 单元到内部连线局部

（4）注意，在进行焊盘到内部的连线时，由焊盘直接引入的金属宽度最好在 50μm 以上，并且在开槽区域需要进行倒角处理，倒角的大小根据开槽宽度而有所不同，本例的倒角一律采用 2μm 大小处理。

（5）上层金属连线（M_3 及以上）可以使用图 8-29 所示的 PB8_border 结构。

LVS 检查、DRC 检查，以及拼接 LVS 检查、拼接 DRC 检查等可以参考 8.3.1 节步骤（11）的内容来进行。

8.3.3　焊盘（pad）的制作

在数字双向 I/O 版图及模拟 I/O 版图绘制完成后，还需要进行焊盘的制作。交错型（Stagger）I/O 单元中的焊盘分为 long 和 short 两类，通过交错分布完成信号的引出。焊盘制作虽然并不复杂，但是作为连接芯片内部与外部系统中的一环，极易犯错，所以在本例介绍焊盘的原理及其基本制作方法。

焊盘是利用多层金属从顶层（MT）到底层（M1）堆叠而成，而为了防止封装时应力对焊盘本身的破坏，采用通孔交错布局的方式。注意，在顶层上方，芯片会被一层厚金属钝化层所覆盖（为了防止金属氧化造成的电学连接性能下降），而被覆盖的区域是无法封装（Bonding）及进行探针测试（Probe station）的。所以在 Virtuoso 中，为了使得顶层金属裸露在外面便于进行封装和测试，一般会有特定的层进行标注。本工艺条件下该层名称称为 PA（Passivation Blockage）。

本例制作一个尺寸为 50μm×50μm 的焊盘，其操作步骤如下所述。

（1）在 LSW 窗口下选择 M1 层。

（2）使用矩形工具（快捷键 "r"）制作一个 50μm×50μm 的正方形。在 LSW 窗口中不断更改金属层，直到所有的金属层均制作完毕为止。使用标尺找到正方形的中心（标尺调到 45°

斜线模式，并在正方形相邻两个端点向对角线进行连线，交点即是中心）。或者在 edit-set valid layers 中选择一个有交叉（×）的形状，那样，显示出的交叉点即为实际几何中心。

（3）在中心错层放置通孔，如图 8-33 所示。注意，在焊盘使用的孔，一般要略大于在逻辑电路中的孔，并在设计规则中有专门的规则约束。

图 8-32　LSW 窗口调节

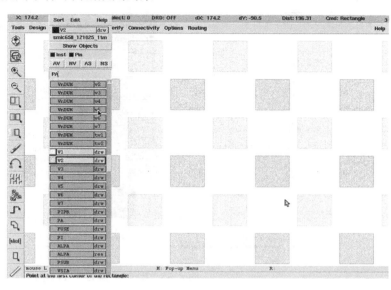

图 8-33　通孔交错形式

（4）在完成的焊盘上部加上 PA 层，增加方法与金属的增加方法类似。注意，PA 区域一般会小于金属覆盖的区域。一个完成的金属焊盘如图 8-34 所示。图中，中间深色部分为 PA 层所覆盖区域。

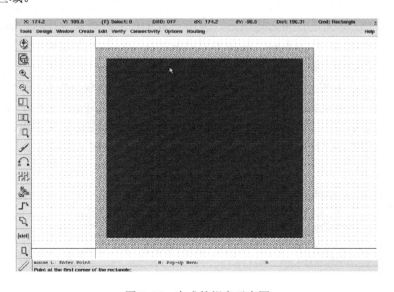

图 8-34　完成的焊盘示意图

（5）交错型结构的 long 与 short 焊盘的区别在于焊盘与单元的连接方式。注意，连线最小保持约 50μm 的宽度（如果不够，可采用多层连线并联来实现），而焊盘之间的最小距离

（经验值）约为 5μm，太小的焊盘间距会在封装时因金属应力而造成失效。

一个完成的 long 与 short 结构拼接图如图 8-35 所示。

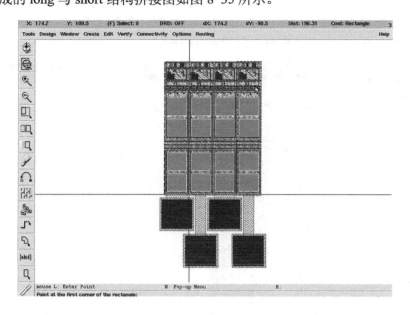

图 8-35　IO 与焊盘的拼接示意图

8.4　电路参数提取及后仿真

本节以数字标准 I/O 单元为例，进行电路参数提取及后仿真。具体方法是，用 Calibre PEX 对数字标准 I/O 单元进行参数提取后，使用 HSPICE 工具对其进行后仿真。由于参数提取的步骤和之前章节并无明显不同，故在本节只叙述在得到参数提取网表后的操作，关于参数提取的部分可参考第 5 章。

对于数字标准 I/O 单元库进行参数提取，得到 PB8_dig.pex.netlist、PB8_dig.pex.netlist.pex 和 PB8_dig.pex.netlist.PB8_dig.pxi 三个文件。其中，PB8_dig.pex.netlist 为主网表文件，它引用了另外两个文件，三者需要放置于同一文件夹下，一起在仿真文件中进行调用。

在这 3 个反提网表的目录下建立数字 I/O 单元的后仿真网表如下所述。

```
.title PB8_dig
.inc "PB8_dig.pex.netlist"
x1  PAD  OEN  I  C  VSS  VDD  VSSD  VDD25    PB8_dig
.lib 'F:\model\SMIC\v1p4.lib'  TT
.lib 'F:\model\SMIC\v1p4.lib'  DIO_TT
.lib 'F:\model\SMIC\v1p4.lib'  BJT_TT
.temp 25
.param Voen=1.2
VVDD VDD 0 1.2
VVSS VSS 0 0
VVDD25 VDD25 0 2.5
```

```
VVSSD  VSSD  0 0
VOEN   OEN   0   Voen
Vin    I 0 pulse (0 1.2 0 0.3n 0.3n 3.7n 8n)
Cout   PAD   0   5pf
Cin    C  0  0.5pf
Itie   PAD  VSSD  8mA
.op
.tran 0.1n   30n
.option  post  accurate  probe
.probe   V(*)
**********************
.alter
.param   Voen=0
**********************
.end
```

具体操作步骤如下所述。

（1）启动 Hspice，弹出 Hspice 主窗口。在主窗口中单击"open"按钮，打开 PB8_dig.sp 文件，如图 8-36 所示。

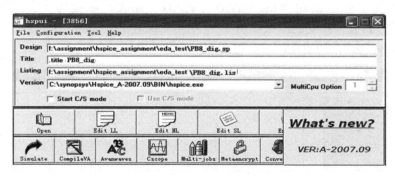

图 8-36　打开 PB8_dig.sp 文件

（2）在主窗口中单击"Simulate"按钮，开始仿真。仿真完成后，单击"Avanwaves"按钮，弹出"AvanWaves"窗口和"Results Browser"对话框。在"Results Browser"对话框中单击"transient: PB8_dig"，则在"Types"栏中显示打印的仿真结果，如图 8-37 所示。

（3）在"Types"栏中选中"Voltages"，再在"Curves"栏中依次双击"v(i"、"v(c"和"v(pad"，实现 v(i、v(c、v(pad 仿真结果的打印（v(i) 为 8.2 节中输出端口电压，v(pad) 为 8.2 节中 pad 焊盘端电压，v(c) 为 8.2 节中输入端口电压），如图 8-38 所示。由图可见，数字 I/O 单元可以完成 I/O 的基本功能，信号

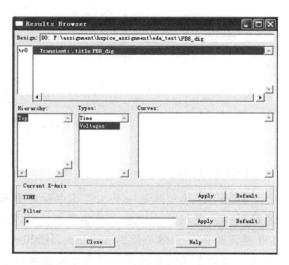

图 8-37　在"Types"栏中显示打印的仿真结果

传导方向为 i → pad → c。

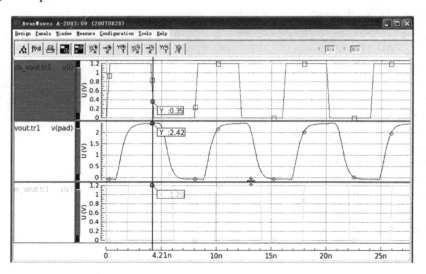

图 8-38　数字 I/O 单元仿真结果（一）

（4）将仿真文件中语句"Itie　PAD　VSSD　8mA"修改为"Itie　VDD25　PAD　8mA"，重新进行仿真，得到的结果如图 8-39 所示。比较图 8-38 和图 8-39，并在 y 方向加入 tracer，分析 v（pad）的电压，可以得到 $U_{ol}=0.06V$，$U_{oh}=2.42V$。

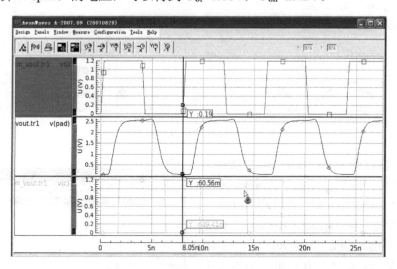

图 8-39　数字 I/O 单元仿真结果 2

【本章小结】

标准 I/O 单元库是一个工艺库中最重要的主要部分。本章首先讨论了标准 I/O 单元库的基础知识，包括基本概念、性能参数、分类方法及基本结构，然后以数字 I/O 单元及模拟 I/O 单元为例，介绍了使用 Virtuoso、Calibre 及 Hspice 进行版图设计和后仿真的基本流程和方法，使读者从物理版图和仿真方法上加深了对标准 I/O 单元库的认识和理解。